Deskriptive Statistik

Franz Ferschl, *20.6.1929 in Freistadt (Oberösterreich). Ab 1948 Studium der Mathematik und Physik an der Universität Wien. Dort 1952 Lehramtsprüfung für das Lehramt an Gymnasien, 1956 Promotion zum Dr. phil. 1955–1965 Statistiker in der Bundeskammer der gewerblichen Wirtschaft in Wien. 1964 Habilitation für Statistik an der Rechts- und Staatswissenschaftlichen Fakultät der Universität Wien. 1965 bis 1972 ordentlicher Professor für Statistik an der Universität Bonn, 1972 bis 1975 an der Universität Wien, seit 1975 an der Universität München im Institut für Statistik und Wissenschaftstheorie.

Franz Ferschl

Deskriptive Statistik

3., korrigierte Auflage

Physica-Verlag · Würzburg–Wien
1985
ISBN 3 7908 0336 7

CIP-Kurztitelaufnahme der Deutschen Bibliothek

Ferschl, Franz:
Deskriptive Statistik / Franz Ferschl. – 3.,
korrigierte Aufl. – Würzburg : Physica-Verlag,
1985
   (Physica-Paperback)
   ISBN 3-7908-0336-7

Das Buch oder Teile davon dürfen weder photomechanisch, elektronisch noch in irgendeiner anderen Form ohne schriftliche Genehmigung des Verlages wiedergegeben werden.

© Physica-Verlag, Würzburg 1978, 1980, 1985
Composersatz und Offsetdruck „Journalfranz" Arnulf Liebing GmbH + Co., Würzburg
Printed in Germany

ISBN 3 7908 0336 7

Vorwort

Grundlage dieses Buches sind zwei Statistik-Skripten, die ich seit 1965 im Einführungsunterricht an den Universitäten Bonn und Wien verwendet habe. An beiden Orten erstreckte sich die Einführung in die Statistik für Wirtschafts- und Sozialwissenschaftler auf zwei Semester; die Vorlesung des ersten Semesters war dabei hauptsächlich der deskriptiven Statistik gewidmet. Viele spezielle Einzelheiten sind somit im praktischen Unterricht erprobt; einige Besonderheiten der Reihenfolge, die dem Kenner auffallen werden (Indexrechnung vor den mehrdimensionalen Merkmalen, die Reihenfolge: qualitativ, quantitativ, ordinal beim Studium des Zusammenhangs in Kapitel 5.) wurden dabei, der Unterrichtspraxis folgend, bewußt beibehalten.

Neben dem elementaren Kanon der deskriptiven Statistik finden hier einige Themen besondere Berücksichtigung, die vor allem Wirtschafts- und Sozialwissenschaftler interessieren können: Theorie der Mittelwerte, Messung der Konzentration, Indexrechnung und Standardisierung, Maße der nominalen und ordinalen Assoziation sowie das mehrmals wiederkehrende Thema der Streuungszerlegung. Die verwendete Mathematik ist fast durchwegs ganz elementar; die Matrizenrechnung etwa wird nur im Abschnitt über die multiple Regression eingesetzt. Ausdruck des elementaren Charakters sollten auch die ausführlichen Rechenschemata und die zahlreichen vollständig durchgerechneten Beispiele sein, welche die theoretischen Überlegungen begleiten. Man kann natürlich fragen, ob so etwas zu tun im Zeitalter der „statistical packages", die heute schon zu Taschencomputern angeboten werden, noch sinnvoll ist. Nun, diese Programme enthalten im wesentlichen genau das, was hier im Detail dem direkten Verständnis nahegebracht werden soll. Besonderes Augenmerk wurde auch auf die Bereitstellung von geeigneten Übungsaufgaben gelegt. Originelle, ohne großen Aufwand rechenbare Aufgaben zu finden, ist gerade in der deskriptiven Statistik – im Gegensatz etwa zur Wahrscheinlichkeitsrechnung – nicht ganz leicht. Neben Aufgaben, die in Statistik-Klausuren und Tutorenkursen erprobt wurden, die also in relativ kurzer Zeit „von Hand" durchgerechnet werden können, habe ich – vor allem im 5. Kapitel – auch Beispiele aufgenommen, die eine größere Realitätsnähe mit etwas größerem Rechenaufwand erkaufen. Schließlich findet man auch Ergänzungen des Stoffes in theoretische Aufgaben gekleidet, die von einem interessierten Leser leicht gemeistert werden können. Nicht zuletzt sollte dieser Typ von Aufgaben zeigen, daß auch in der deskriptiven Statistik eine Reihe von weiterführenden und zugleich interessanten Fragestellungen zu finden sind.

Es erscheint mir angemessen, die Präsentation eines Lehrbuches der deskriptiven Statistik mit einigen Reflexionen über die Bedeutung dieses Teils der Statistik einzubegleiten. Überblickt man die statistische Literatur der letzten Jahrzehnte, so bemerkt man, daß die Beschäftigung mit der deskriptiven Statistik als selbständiger statistischer Methode zunächst drastisch zurückgegangen war. In der Pionierzeit der modernen Statistik sowohl im angelsächsischen Bereich als auch auf dem europäischen Kontinent fehlte zunächst eine klare Trennung zwischen der Beschreibung und Analyse von Fakten einerseits und der statistischen Inferenz andererseits. Mit der rasanten Entwicklung der mathematischen Statistik, die eine Fülle von wahrscheinlichkeitsbezogenen Modellen zur Lösung mannigfacher Probleme hervorbrachte, wurde die bewußte Pflege der Deskription etwas ins Abseits gedrängt. Nur in den Bereichen der Bevölkerungs- und Wirtschaftsstatistik, die es direkt mit sehr großen Aggregaten zu tun haben, war naturgemäß die Frage nach der „geeigneten Maßzahl" zur Beschreibung eines Phänomens im Vordergrund geblieben. Musterbeispiele sind die Konzentrationsmessung und die Indexrechnung. Ansonsten wurden Daten immer mehr als Stichproben und Maßzahlen hauptsächlich nach ihren Verteilungseigenschaften bei der Schätzung unbekannter Parameter von stochastischen Modellverteilungen beurteilt. *Ein* Anliegen des vorliegenden Buches ist es zu zeigen, daß die deskriptive Statistik *mehr* beinhaltet als bloße Datenverarbeitung für die Zwecke der statistischen Inferenz. Neuerdings scheint sich hier eine Tendenzwende anzubahnen. Zum Zeugen seien zwei rezente Publikationen aufgerufen. *Tukey* [1977] ist eine sehr ausführliche und eingehende Darstellung der deskriptiven Statistik, die hier als „Exploratory Data Analysis" apostrophiert wird. Dort finden wir auf Seite 1f.:

> The processes of criminal justice are clearly divided between the search for the evidence ... and the evaluation of the evidence's strength – a matter of juries and judges. In data analysis a similar distinction is helpful. Exploratory data analysis is detective in character. Confirmatory data analysis is judicial or quasi-judicial in character ... Unless the detective finds the clues, judge or jury has nothing to consider. *Unless exploratory data analysis uncovers indications, usually quantitative ones, there is likely to be nothing for confirmatory data analysis to consider.*

Die Arbeit *Guttman* [1977] setzt sich kritisch mit gewissen Fehlanwendungen der inferenzstatistischen Methode auseinander und betont dabei die Bedeutung, ja den Vorrang der (deskriptiven) Datenanalyse (S. 82):

> In recent years eminent mathematical statisticians ... have underlined limitations of statistical inference; there is increasing emphasis on the need for focusing on data analysis instead.

Und zur selbständigen Bedeutung der Daten selbst:

> ... Nor do such investigators show that they are aware of the fact that their data analytic problem would remain even if there were no sampling error ...

Vorwort

In dem vorliegenden Buch wird also „exploratory data analysis" betrieben; die Daten werden als für sich stehend betrachtet und nicht in erster Linie als Stichproben aus einer Grundgesamtheit (auch dann, wenn sie tatsächlich als Stichproben gewonnen wurden). Das zieht allerdings bei der Wahl von Bezeichnungen manche Schwierigkeit nach sich. Ein typisches Beispiel hiefür bietet die empirische Varianz, die mit σ^2 bezeichnet wurde. Fast durchwegs wird in der Datenanalyse hierfür das Symbol s^2 gebraucht und der Nenner $n - 1$ zur Division der Quadratsumme der Abweichungen verwendet. Natürlich ist die Zahl $n - 1$ nicht aus einer sachlichen Interpretation des Streuungsphänomens zu rechtfertigen, sondern nur aus Eigenschaften eines *Schätzers* für die Varianz einer hinter den Daten liegenden Modellverteilung. Jedoch: Welcher Schätzer? Welche Eigenschaften? Welche Verteilung? Diese Fragen zeigen, daß ein Argumentieren mit Stichprobeneigenschaften — zumindest in diesem Fall — für die deskriptive Statistik nichts einbringt. Deskriptiv am sinnvollsten erscheint die Division durch n. Würde man dieses Ergebnis aber mit s^2 bezeichnen, entstünde erst recht eine arge Bezeichnungskollision mit dem gewohnten Gebrauch dieses Symbols. Anders die Lage beim Korrelationskoeffizienten. Er wurde mit r bezeichnet, einem Symbol, das häufig für eine Stichprobenfunktion verwendet wird. Da bei Verwendung von ρ der Rechenausdruck für den — empirischen — Korrelationskoeffizienten mit dem Parameter einer *speziellen* Modellverteilung, nämlich der bivariaten Normalverteilung, leicht verwechselt wird, wurde in diesem Fall das Stichprobensymbol übernommen und ρ für *Spearman*s Koeffizient verwendet. Im Grunde wird durch diese Schwierigkeiten nur deutlich, daß hinter scheinbar harmlosen Bezeichnungskonventionen theoretische Entscheidungen stehen, aber neuen theoretischen Konzepten leider oft nicht mit einem — an sich notwendigen — kompletten neuen Satz von Symbolen entsprochen werden kann.

Dieses Lehrbuch hat vor allem drei „geistige Väter", deren Einfluß zum Teil schon die Abfassung der ihm zugrundeliegenden Skripten begleitete[1]). Es sind dies *Pfanzagl* [1972], *Calot* [1973] und *Benninghaus* [1974]. Das Büchlein von *Pfanzagl* ist insofern bahnbrechend, als es zeigt, daß nach wie vor originelle Methoden und scharfsinnige Argumente auch in scheinbar einfachsten Gebieten der Datenanalyse ihren Platz haben. Das umfangreiche Werk von *Calot* hat mich ermutigt, auch bei einfacheren Fragen der Datenorganisation eine ausführliche Darstellung beizubehalten. Beide Werke haben besonders das Kapitel 4 über Indexrechnung und Standardisierung stark beeinflußt. *Benninghaus* kommt das Verdienst zu, das Opus der Autoren *Goodman* und *Kruskal* über nominale und ordinale Assoziationsmaße für den

---

[1]) Dies betrifft in erster Linie frühere Auflagen der zitierten Bücher von *Pfanzagl* und von *Calot*.

deutschsprachigen Einführungsunterricht aufbereitet zu haben. Gegenüber der Skripten-Urfassung wurde dann auch Kapitel 5 am stärksten umgearbeitet und erweitert. Einen Anstoß dazu gab *Benninghaus* [1974].

Die Aufgabensammlung dieses Buches hätte ohne ein am Institut für Statistik der Universität Wien entstandenes Manuskript „100 Aufgaben zur deskriptiven Statistik" nicht in der vorliegenden Form gegeben werden können. Herr Werner *Till*, Wien hatte einen wesentlichen Beitrag zum Zustandekommen dieses Manuskripts geleistet. Herrn Dr. Klaus *Steiner*, Bonn, verdanke ich einige zentrale Beispiele dieser Sammlung. Die Grundlagen für das Sachverzeichnis steuerte Herr Dr. Klaus *Haagen* bei; Frau Rosi *Maisberger* hat bei der Überprüfung der Druckfahnen wertvolle Hilfe geleistet. Schließlich möchte ich auch Frau Adelheid *Schuller* danken, die sich um die zeitgerechte Fertigstellung des Manuskripts große Verdienste erworben hat.

München, im Herbst 1977

Vorwort zur 2. Auflage

Bis auf einige kleine, aber nicht unwesentliche Verbesserungen konnte der Text der ersten Auflage unverändert übernommen werden. Für mehrere wertvolle Änderungsvorschläge bin ich insbesondere Herrn Prof. Dr. Leo Knüsel, München, zu großem Dank verpflichtet. Für weitere Anregungen möchte ich auch den Herren Dr. Klaus Haagen, München, und Dr. Fritz Poustka, Mannheim, recht herzlich danken.

München, im Frühjahr 1980

Vorwort zur 3. Auflage

Der Text der ersten beiden Auflagen wurde im wesentlichen unverändert übernommen. Immerhin wurden bei einer erneuten Durchsicht eine größere Zahl von Druckfehlern und kleineren Unstimmigkeiten entdeckt und nunmehr ausgemerzt. Für die genaue Durcharbeitung des Textes der zweiten Auflage danke ich besonders Dipl.Stat. Angelika Rösch und Dipl.Stat. Harald Schmidbauer.

München, im Herbst 1985

Inhaltsverzeichnis

1. Einführung. Grundbegriffe 13
1.1 Die Rolle der Statistik im Konzert der Wissenschaften 13
1.2 Deskriptive und induktive Statistik 14
1.3 Die statistische Verteilung 16
1.3.1 Grundgesamtheit, Merkmal, Merkmalsausprägungen 16
1.3.2 Die Klassifikation von Merkmalen 19
1.3.3 Mehrdimensionale Merkmale 22
1.3.4 Hinweise auf einige weitere, oft gebrauchte Begriffe und Bezeichnungen 23

2. Datenorganisation; die Darstellung eindimensionaler Verteilungen . 27
2.1 Die Tabellendarstellung von Verteilungen 27
2.1.1 Die allgemeine Form der Verteilungstabelle bei einer endlichen Zahl von Merkmalsausprägungen 27
2.1.2 Die allgemeine Form der Verteilungstabelle bei quantitativ-stetigem Merkmal; Klassenbildung 29
2.2 Die geometrische (graphische) Darstellung von Verteilungen . . 33
2.2.1 Häufigkeitsdiagramme 33
2.2.2 Die Darstellung kumulierter Häufigkeiten; Summenkurven . . 36
2.2.3 Häufigkeitsverteilungen mit ungleichen Klassenbreiten, der Vergleich von Verteilungen 39
2.3 Aufgaben zu Kapitel 2 44

3. Verteilungsmaßzahlen 46
3.1 Lagemaßzahlen (Lageparameter, Lokalisationsparameter) . . . 48
3.1.1 Das arithmetische Mittel 48
3.1.2 Das geometrische Mittel 58
3.1.3 Das harmonische Mittel 61
3.1.4 Das quadratische Mittel. Potenzmittel 63
3.1.5 Der Median (Zentralwert) 65
3.1.6 p-Quantile und daraus abgeleitete Lagemaße 71
3.1.7 Der Modalwert (Modus) einer Verteilung 74
3.1.8 Aufgaben und Ergänzungen zu Abschnitt 3.1 75
3.2 Streuungsmaßzahlen 83
3.2.1 Allgemeine Überlegungen zum Phänomen der Streuung . . . 83
3.2.2 Streuungsmaße, die von Quantilen abhängen 87
3.2.3 Streuungsmaße, welche die Abstände aller Merkmalsausprägungen voneinander berücksichtigen 88

Inhaltsverzeichnis

3.2.4 Streuungsmaße, welche die Abstände der Merkmalsausprägungen von einem Lagemaß benutzen ... 89
3.2.5 Die Varianz ... 92
3.2.6 Dispersionsmaße. Der Variationskoeffizient ... 102
3.2.7 Die Entropie ... 104
3.2.8 Aufgaben und Ergänzungen zum Abschnitt 3.2 ... 105
3.3 Höhere Verteilungsmaßzahlen. Momente ... 108
3.3.1 Einleitung: Gründe für die Betrachtung höherer Verteilungsmaßzahlen ... 108
3.3.2 Schiefemaßzahlen ... 109
3.3.3 Maße der Kurtosis (Wölbungs- oder Steilheitsmaße) ... 112
3.3.4 Zur Beurteilung von Formmaßzahlen ... 113
3.3.5 Momente einer Verteilung ... 114
3.3.6 Aufgaben und Ergänzungen zu Abschnitt 3.3 ... 120
3.4 Die Messung der Konzentration ... 122
3.4.1 Das Konzentrationsphänomen ... 122
3.4.2 Konstruktion der Lorenzkurve und eines zugehörigen Konzentrationsmaßes für Einzeldaten ... 124
3.4.3 Lorenzkurve und Konzentrationsmaß von *Lorenz/Münzner* für gruppierte Daten ... 130
3.4.4 Aufgaben und Ergänzungen zu Abschnitt 3.4 ... 134

4. Allgemeine Theorie der Maß- und Indexzahlen ... 141
4.1 Die Konstruktion von Maßzahlen ... 141
4.1.1 Maßzahlen und äquivalente Sachverhalte ... 141
4.1.2 Eine Klassifikation von Maßzahlen ... 142
4.2 Meßzahlenreihen (einfache Indizes) ... 147
4.2.1 Definitionen und Bezeichnungen ... 147
4.2.2 Umbasierung von Meßzahl-(Index-)Reihen ... 148
4.2.3 Verkettung von Meßzahl-(Index-)Reihen ... 148
4.2.4 Gleichzeitige Betrachtung mehrerer Meßzahlreihen ... 150
4.3 Theorie der Preis- und Mengenindexzahlen ... 152
4.3.1 Entwicklung der Fragestellung des Preisindex an Hand eines Beispiels ... 153
4.3.2 Preisindizes ... 156
4.3.3 Indizes zur Messung von Mengenänderungen ... 158
4.3.4 Der Zusammenhang zwischen Preis-, Mengen- und Umsatzindizes ... 160
4.3.5 Spezialprobleme der Indexrechnung ... 162
4.3.5.1 Erweiterung des Indexschemas ... 162
4.3.5.2 Substitution einer Ware ... 165

4.3.5.3 Teil- oder Subindizes 168
4.3.5.4 Der Durchschnittswertindex 171
4.3.5.5 Der ökonomische oder „Befriedigungsindex" 173
4.4 Standardisierung 174
4.4.1 Die Aufgabenstellung der Standardisierung 174
4.4.2 Das formale Modell der Standardisierung 177
4.4.3 Kaufkraftparitäten 184
4.5 Aufgaben und Ergänzungen zu Kapitel 4 190

5. Mehrdimensionale Merkmale 195
5.1 Einleitende Bemerkungen 195
5.2 Die Tabellendarstellung bei zweidimensionalen Merkmalen . . 196
5.2.1 Allgemeine Bezeichnungen; Grundbegriffe 196
5.2.2 Randverteilungen 200
5.2.3 Bedingte Verteilungen; Unabhängigkeit 201
5.2.4 Aufgaben und Ergänzungen zu Abschnitt 5.2 205
5.3 Qualitative Merkmale: Assoziationsmaße für Kontingenztafeln . 206
5.3.1 Allgemeine Gesichtspunkte für die Konstruktion von Assoziationsmaßen 206
5.3.2 Maße der prädiktiven Assoziation 208
5.3.3 Assoziationsmaße, die auf der Größe χ^2 aufbauen 212
5.3.4 Vierfeldertafeln 218
5.3.5 Aufgaben und Ergänzungen zu Abschnitt 5.3 222
5.4 Quantitative Merkmale: Korrelations- und Regressionsrechnung . 225
5.4.1 Der Korrelationskoeffizient 226
5.4.2 Die Regressionsgerade 233
5.4.3 Die Streuungszerlegung. Bestimmtheitsmaße 246
5.4.4 Aufgaben und Ergänzungen zu Abschnitt 5.4 254
5.5 Quantitative Merkmale: Multiple Regression und Korrelation. Partielle Korrelation 262
5.5.1 Regressionsebenen 263
5.5.2 Multiple Regression und Korrelation. Darstellung im Matrizenkalkül 269
5.5.3 Partielle Korrelation; Scheinkorrelation 272
5.5.4 Nichtlineare Regression 276
5.5.5 Aufgaben und Ergänzungen zu Abschnitt 5.5 280
5.6 Rangmerkmale: Ordinale Maße des Zusammenhangs 283
5.6.1 Der *Spearman*'sche Rangkorrelationskoeffizient 284
5.6.2 Maßzahlen, die auf der Betrachtung konkordanter und diskordanter Paare aufbauen 287
5.6.3 Aufgaben und Ergänzungen zu Abschnitt 5.6 294

Literaturverzeichnis 298

Autorenregister 301

Sachregister 302

1. Einführung. Grundbegriffe

1.1 Die Rolle der Statistik im Konzert der Wissenschaften

Zunächst eine Vorbemerkung zum *Namen* „Statistik": Dieser wird in der Umgangssprache in zwei verschiedenen Bedeutungen gebraucht:

a) als Name einer wissenschaftlichen Betätigung; „Statistik" kann also eine *Wissenschaft* bezeichnen.

b) als Name des *Ergebnisses* einer wissenschaftlichen Betätigung; in diesem Sinn wird das Ergebnis einer Volkszählung als „Statistik" bezeichnet, kommt man zu den Ausdrücken wie „Statistik der Tariflöhne", „Statistik der Ehescheidungen" etc. Im angelsächsischen Sprachraum unterscheidet man zwischen „statistics" (Fall a) und „statistic" (Fall b).

Statistik wird hier als *Hilfswissenschaft* aufgefaßt. Sie ist eine der Methoden, mit der die Verbindung zwischen Theorie und Erfahrung (Empirie) systematisch reflektiert wird. Außer den reinen Formalwissenschaften wie Mathematik und Logik hat jede Wissenschaft „theoretische" und „empirische" Bestandteile. Die Einsatzmöglichkeit der statistischen Methoden reicht demnach von Naturwissenschaften wie Physik, Astronomie, Biologie bis zu den Gesellschafts- und Geisteswissenschaften wie Nationalökonomie, Linguistik, Geschichte, usw. Genaugenommen müßte also jeder Einzelwissenschaftler mit seiner Wissenschaft auch die zugehörigen statistischen Methoden lernen. Vorlesungen wie „Statistik für Psychologen", „,– Mediziner", „,– Agrarwissenschaftler", etc. tragen dieser Erkenntnis Rechnung. Es zeigt sich jedoch, daß diese Methoden wesentliche gemeinsame Züge aufweisen. Dieses Gemeinsame ist der Gegenstand der *theoretischen Statistik.*

Im folgenden wird hier theoretische Statistik betrieben. Anwendungsbeispiele kommen dabei grundsätzlich aus allen Bereichen, hauptsächlich aber aus den Sozial- und Wirtschaftswissenschaften.

Von der theoretischen Statistik sei das Gebiet der *„praktischen Statistik"* abgehoben:
Die praktische Statistik befaßt sich mit der Frage:
„Wie kommt man zu statistischen Ergebnissen?"; sie untersucht etwa die Methodik einer Volkszählung, einer Betriebszählung, einer Gesundheitsstatistik, etc. Die theoretische Statistik fragt hingegen: „Wie sind diese Ergebnisse möglichst informativ *darzustellen,* wie sind sie zu *beurteilen?"*

Die Statistik ist ein Instrument, das *exakte* und *formale* Züge in die Erfahrungswissenschaften hineintragen will.

a) *„Exakt"* heißt nicht etwa „genau" im Sinne einer quantitativen Meßtechnik, sondern *exakt vorgehen heißt, mit möglichst präzisen Begriffen* ein Abbild der Wirklichkeit zu geben versuchen.

b) *„Formal"* heißt, sich bei der Konstruktion von Modellen der Wirklichkeit einer *möglichst eindeutigen Sprache* zu bedienen; sie wird zweckmäßig als Kunstsprache entwickelt, die *Formeln* in einer eigenen, jeweils spezifischen Symbolik gebraucht. Dies hat den Vorteil gegenüber der Verwendung von Ausdrücken der Umgangssprache, daß die *Erklärungsbedürftigkeit* der Symbolik und der mit ihnen bezeichneten Begriffe offenkundig wird.

Es ist jedenfalls *nicht mehr korrekt,* Statistik nur als Lehre von den *Massenerscheinungen* zu betrachten. Die Gültigkeit der wesentlichen Fragestellungen in der Statistik ist von der Anzahl der Beobachtungen unabhängig.

1.2 Deskriptive und induktive Statistik

Zunächst seien einige ganz einfache Beispiele statistischen Datenmaterials angeführt:

Beispiel 1.1 Ein Unternehmen der Fahrzeugindustrie erhält gegossene Motorblöcke von einer Zulieferfirma. Man überlegt, ob man zu einem neuen Lieferanten übergehen soll, da man mit der bisherigen Qualität nicht zufrieden ist und vergleicht die Probelieferung eines neuen Lieferbetriebes mit den bisherigen Ergebnissen:

	Letzte Lieferung des bisherigen Produzenten	Neue Probelieferung
Gesamtzahl der Stücke:	1000	100
darunter fehlerhaft:	64	5
Fehleranteil	6,4 %	5,0 %

Beispiel 1.2. Aus dem Jahresbericht „Münchener Statistik" für 1974 und 1975 entnimmt man die folgenden Daten über Selbstmorde:

Jahr	Anzahl der Selbstmorde männlicher Personen	
	absolut	auf 100.000 der männl. Bev.
1974	205	31,6
1975	186	29,1

Beispiel 1.3. Aus dem Statistischen Jahrbuch der Stadt Hildesheim entnimmt man folgende Daten:

Lebendgeburten 1957	Anzahl
Knaben	593
Mädchen	623
insgesamt:	1216

Dieses Ergebnis scheint der bekannten Tatsache des Knabenüberschusses bei Geburten zu widersprechen.

Beispiel 1.4. Vierzehn Tage vor einer Wahl wird von einem Meinungsforschungsinstitut eine „repräsentative" Stichprobe von 2000 Wählern über ihre Parteipräferenzen befragt. Das Ergebnis lautet:

	Anzahl der Präferenzen
Partei 1	840
Partei 2	711
sonstige Parteien	108
Unentschiedene	341
	2000

In allen Beispielen wurden statistische Fakten erhoben. Man kann sie unter verschiedenen Gesichtspunkten betrachten:

a) *Deskriptive Statistik*: Sie befaßt sich mit der Erhebung und Betrachtung der Daten als solchen. Die Daten werden als *historisches Faktum* angesehen.

Man stellt fest, daß die Fehlerrate der neuen Probelieferung kleiner ist, daß die Selbstmordrate 1974 größer ist als 1975; man bemerkt das Faktum des Knabenüberschusses in Hildesheim im Jahr 1957 und registriert das Ergebnis der Parteipräferenzen in der Stichprobe.

b) *Induktive Statistik*: Sie versucht, aus den erhobenen Fakten *Schlüsse* auf die *Ursachenkomplexe* zu ziehen, welche diese Daten produziert haben.

Man möchte etwa wissen, ob die neue Zulieferfirma „wirklich" besser produziert als der bisherige Lieferant. Es könnte sein, daß die Unterschiede nur „zufällig" sind.
Man kann fragen, ob die Selbstmordquote Münchens im Jahr 1974 „tatsächlich" höher war als im Jahr 1975, oder ob der Unterschied noch in dem Erklärungsbereich bloß „zufälliger" Schwankungen fällt.
Im Falle der Hildesheimer Geburtenstatistik fragt man, ob hier besondere Ursachen wirkten, die abweichend vom allgemeinen Knabenüberschuß bei Geburten hier einen Mädchenüberschuß bewirkten, oder ob die Abweichung noch als „zufällig" angesehen werden kann.
Die Absicht der Stichprobenerhebung ist es von vornherein, aus der Stichprobe Schlüsse auf die Verhältnisse in der (nicht direkt der Untersuchung zugänglichen) Gesamtbevölkerung der Wahlberechtigten zu ziehen. Die Zielsetzung der induktiven Statistik wird hier wohl am deutlichsten sichtbar.

c) *Die Entscheidungstheorie* fragt: Welche *Entscheidungen* sind aus dem Ergebnis abzuleiten, wenn man den Zufall, also die „*Unsicherheitssituation*" explizit berücksichtigt und dazu eine *Bewertung der Konsequenzen* der Entscheidung in Betracht ziehen kann?

Der Gesichtspunkt der Entscheidungstheorie ist nicht in allen Situationen in gleicher Weise anwendbar. Im Beispiel 1.1 ist die Entscheidungssituation unmittelbar gegeben: Soll man zum neuen Lieferanten übergehen? Man wird dabei Preise und Umstellungskosten in Betracht ziehen. In den anderen Beispielen können die „Kosten" einer Fehlentscheidung nicht ohne weiteres angegeben werden.

Das Bindeglied zwischen deskriptiver Statistik und induktiver Statistik ist der Begriff „*Zufall*", der in der *Wahrscheinlichkeitstheorie* systematisch behandelt wird. Folgendes Schema mag die Verhältnisse verdeutlichen:

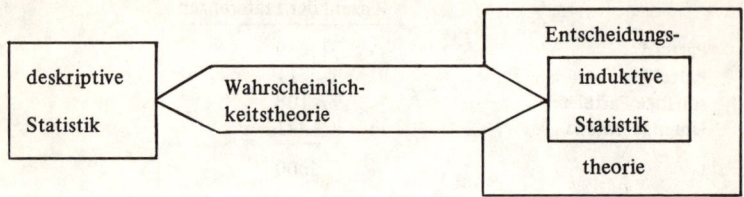

1.3 Die statistische Verteilung

Der Verteilungsbegriff ist der grundlegende Begriff der Statistik. Statistik könnte daher „Lehre von den Verteilungen" genannt werden. Allerdings umfaßt der Verteilungsbegriff nicht das gesamte Gebiet, das üblicherweise unter dem Titel „Statistik" behandelt wird (eine dieser Ausnahmen bildet z.B. die allgemeine Theorie der Maß- und Indexzahlen).

Den Begriff der statistischen Verteilungen bilden die drei nachstehend behandelten Teilbegriffe:

1.3.1 Grundgesamtheit, Merkmal, Merkmalsausprägungen

Definition 1.1. Unter einer *empirischen Grundgesamtheit* **G** versteht man eine endliche Menge von Gegenständen. Diese Gegenstände heißen die Elemente der Grundgesamtheit. Die *Anzahl* der Elemente bezeichnen wir mit N.

In der Schreibweise der Mengenlehre hat man also:

$\mathbf{G} = \{a_1, a_2, \ldots, a_N\}$

$a_i, i = 1, \ldots, N$ ... Elemente der Grundgesamtheit

$N = \|\mathbf{G}\|$ ... Anzahl der Elemente in der Grundgesamtheit
oder
Kardinalzahl der Grundgesamtheit

Beispiele für empirische Grundgesamtheiten sind:
- die Wohnbevölkerung der Bundesrepublik Deutschland am Stichtag der Volkszählung 1970
- Lebendgeborene in Bayern im Jahre 1976
- Betriebe der chemischen Industrie Bayerns am 31.12.1976
- ein Produktionslos von 100 Leuchtröhren

Zur Konstruktion einer empirischen Grundgesamtheit gehören zwei wichtige Schritte:

Statistische Verteilung

a) Die *Abgrenzung* der Grundgesamtheit. Von jedem Gegenstand der Umwelt muß klar sein, ob er zur Grundgesamtheit gehört oder nicht.
b) Die *Bildung der Elemente* der Grundgesamtheit.

Beide Forderungen können in der Praxis auf nicht unerhebliche Schwierigkeiten stoßen. Hier setzt die Arbeit der *praktischen Statistik* ein.

Beispiel 1.5. Zum Abgrenzungsproblem. Die Wohnbevölkerung eines Landes wird zunächst durch einen Stichzeitpunkt (etwa 27.5.1970, 1 Uhr) bestimmt. Darüber hinaus hat man zu beachten, daß „Wohnbevölkerung" — im Gegensatz zur „anwesenden Bevölkerung" — ein abstrakter Begriff der Demographie ist, dessen Fassung in Zweifelsfällen besonderer Sorgfalt bedarf: Für Studenten, Militärpersonen, Personen in Heil- und Pflegeanstalten, Fremdarbeiter, Berufspendler, etc. müssen explizit Zuordnungsregeln gefunden werden.

Beispiel 1.6. Zum Problem der Bildung von Elementen. Das Beispiel einer Grundgesamtheit von Betrieben wirft etwa folgende Fragen auf: Sollten örtlich getrennte Arbeitsstätten (z.B. Lagerplätze, Verkaufsstellen) als eigene Betriebe betrachtet oder zu einem einzigen Element „Betrieb" zusammengefaßt werden, wenn sie eine gemeinsame Betriebsorganisation besitzen? Wie geht man vor, wenn die chemische Produktion in einer Fabrik gemeinsam mit anderen Fertigungszweigen betrieben wird? Wie werden Zentralbüros behandelt?

Definition 1.2. Unter einem Merkmal versteht man eine *Klasseneinteilung* (Zerlegung) der Grundgesamtheit. Eine Zerlegung muß
— *disjunkt* sein, d.h. *kein* Element darf in *mehrere* Klassen fallen
— *vollständig* sein, d.h. *jedes* Element muß in *mindestens eine* Klasse fallen.

Anmerkung: Dabei können leere Klassen zugelassen werden. Mit dem Phänomen leerer Klassen muß man insbesondere bei tiefgegliederten Tabellen rechnen.

Weitere Charakterisierungen des Begriffes „Merkmal" sind:
Einteilungsgrund für die Elemente der Grundgesamtheit; *Meßvorgang*, der jedem Element der Grundgesamtheit ein Meßergebnis zuordnet.

Definition 1.3. Unter einer *Merkmalsausprägung* versteht man eine Eigenschaft. Durch eine Merkmalsausprägung werden die Elemente einer bestimmten Klasse charakterisiert, welche bei der Zerlegung durch ein Merkmal entstanden sind.

Die beiden vorangegangenen Definitionen beanspruchen nicht völlige Exaktheit. In der präzisen Sprache der Prädikatenlogik bedeutet Merkmalsausprägung ein *Prädikat*, Merkmal eine *Prädikatenfamilie*.

Beispiel 1.7. Es seien hier einige Beispiele zum Begriffstripel Grundgesamtheit, Merkmal und Merkmalsausprägung in Tabellenform gegeben. Dabei werden etwa notwendige genauere Bestimmungen der Grundgesamtheit (regionale Abgrenzung, Stichzeitpunkt) der Kürze halber weggelassen.

Grundgesamtheit	Merkmal	Merkmalsausprägungen
Wohnbevölkerung	Geschlecht	männlich, weiblich
	Familienstand	ledig, verheiratet, verwitwet, geschieden
	Erwerbskonzept	erwerbstätig, erwerbslos (arbeitslos), nicht erwerbstätig
Gemeinden	Gemeindegröße (ausgedrückt durch die Wohnbevölkerung)	7080, 642, 201, 314, ...
Betriebe	Betriebsgröße (ausgedrückt durch die Zahl d. Beschäftigten)	40, 1, 252, 20, 739, ...
Die Monate eines Jahres	Anzahl der Verkehrsunfälle in München	1996, 2142, 2306, ...
Kinder einer Volksschulklasse	Körpergröße	129,4 cm, 122,1 cm, ...
Klausurarbeit eines Statistik-Prüfungstermines	Prüfungsergebnis	sehr gut, gut, ...
Stichprobe aus einer Tagesproduktion von Leuchtröhren	Qualität	gut, schlecht
	Lebensdauer	2240 Stunden, 1870 Stunden, ...

Die Forderung, daß die Einteilung der Grundgesamtheit erschöpfend sein soll, bedingt in der Praxis oft die Einführung von *Restgruppen*. Betrachten wir etwa das Merkmal „Religionsbekenntnis". Neben den Hauptgruppen wird man zweckmäßigerweise folgende Gruppen bilden:
— sonstiges Religionsbekenntnis
— ohne Religionsbekenntnis
— Religionsbekenntnis unbekannt.

Es sei noch bemerkt, daß der umgangssprachliche Gebrauch des Wortes „Eigenschaft" mehrdeutig ist. Manchmal werden auch Merkmale (wie z.B. Alter, Größe) als „Eigenschaft" angesehen.

Bei quantitativen Merkmalen (siehe Abschnitt 1.3.2) muß der Zusammenhang zwischen Merkmal, Merkmalsausprägung und Klasseneinteilung noch genauer diskutiert werden. Näheres hierzu findet man im Abschnitt 2.1.2.

Bei der *statistischen Erhebung* werden für jedes Element der Grundgesamtheit die Merkmalsausprägungen der interessierenden Merkmale festgestellt. Eine konkrete Aufschreibung, in der die Zuordnung der Merkmalsausprägungen zu den einzelnen Elementen festgehalten ist, nennt man eine *Urliste*. In der Praxis können Urlisten durch ein Paket von Fragebogen oder Lochkarten oder einfach durch die Aufzeichnung von Meßergebnissen gegeben sein.

Das Ergebnis dieses Abschnitts läßt sich zusammenfassen in dem

> *Merksatz:*
> Die Merkmalsausprägungen beschreiben eine Klasseneinteilung der Grundgesamtheit, die durch das zugehörige Merkmal bewirkt wird.

1.3.2 Die Klassifikation von Merkmalen

Die *tatsächliche Zuordnung* der Merkmalsausprägungen zu den Elementen der Grundgesamtheit ist Sache der jeweiligen Spezialdisziplin, in deren Bereich statistische Methoden verwendet werden. Allgemein bezeichnet man diesen Zuordnungsprozeß als *Messung*. Die *Theorie des Messens*[1]) verweist nun darauf, daß die Menge der Merkmalsausprägungen eine mehr oder weniger reiche *innere Struktur* aufweisen kann, die den Anlaß zur Klassifikation der zugehörigen Merkmale gibt.

Eine verbreitete Klassifikation für Merkmale auf Grund der Meßtheorie ist durch folgende Übersicht gegeben:

qualitative Merkmale
*Rang*merkmale
quantitative Merkmale, darunter
    diskrete Merkmale
    stetige Merkmale

Qualitative Merkmale:

Kennzeichnend für qualitative Merkmale ist, daß sie außer der Klasseneinteilung *keine weiteren Relationen* zwischen den Elementen der Grundgesamtheit anzeigen. Insbesondere spielt die *Reihenfolge* der Merkmalsausprägungen *keine Rolle*. Eine zu einem qualitativen Merkmal gehörige Liste von Merkmalsausprägungen nennt man eine *Systematik*. Die Aufstellung einer geeigneten Systematik kann unter Umständen eine schwierige Aufgabe der praktischen Statistik sein (Berufssystematik, Systematik der Wirtschaftszweige, Warensystematiken).

Beispiele für qualitative Merkmale sind:
– Geschlecht
– Familienstand
– Beruf
– Wirtschaftszweig
– Warenart
– Krankheitsart

---

[1]) Eine gründliche Darstellung dieser Theorie findet man in *Pfanzagl* [1971].

Rangmerkmale:

Um das Wesen eines Rangmerkmals zu erklären, gehen wir von einem Beispiel aus. Die Prüfungen eines bestimmten Termins bilden eine empirische Grundgesamtheit, bei der das Merkmal „Prüfungsergebnis" betrachtet werden soll. Merkmalsausprägungen sind die Noten

sehr gut, gut, befriedigend, genügend, nicht genügend.

Zum Unterschied von einem qualitativen Merkmal ist jetzt die *Reihenfolge* der Merkmalsausprägungen wesentlich; sie drückt eine sachliche *Beziehung* zwischen den Merkmalsausprägungen aus.

Bezeichnet man die Relation „besser als" mit dem Symbol „ $>$ ", so gilt

sehr gut $>$ gut $>$ befriedigend $>$ genügend $>$ nicht genügend.

Manchmal bezeichnet man die Merkmalsausprägungen von Rangmerkmalen mit *Rangnummern,* in unserem Beispiel etwa mit den „Noten" 1, 2, 3, 4, 5. Man beachte aber, daß Rangnummern von den Zahlen *nur das Ordnungsprinzip* übernehmen, nämlich die *Reihenfolge der Zahlen.* Es wäre aber z.B. nicht sinnvoll zu sagen: „genügend (4)" ist doppelt so schlecht wie „gut (2)". Ebenso können *Differenzen* zwischen Rangnummern *nicht verglichen* werden.

Kennzeichnend für Rangmerkmale ist eine lineare Ordnungsbeziehung. Neben dieser Ordnungsbeziehung sind keine weiteren Relationen vorhanden.

Beispiele für Rangmerkmale sind:
− Prüfungsergebnisse
− Beliebtheit von Personen
− Nutzen (ordinales Nutzenkonzept)
− Güteklassen von Obstsorten

Quantitative Merkmale:

Quantitative Merkmale ordnen jedem Element der Grundgesamtheit eine reelle Zahl zu, die Merkmalsausprägungen sind also reelle Zahlen. Man nennt ein quantitatives Merkmal auch *statistische Variable,* die Merkmalsausprägungen auch *Werte* dieser Variablen.

Wir *bezeichnen:* quantitative Merkmale ... $X, Y, ...$
(statistische Variable)

Merkmalsausprägungen ... $x, y, ...$
(Werte der Variablen)

a) Quantitativ − diskrete Merkmale:

Ein quantitatives Merkmal (eine statistische Variable) heißt *diskret,* wenn als Merkmalsausprägungen (Werte) nur *isolierte Zahlenwerte* möglich sind.

Statistische Verteilung

Der häufigste Fall ist der, daß die Merkmalsausprägungen nicht negative ganze Zahlen sind: 0, 1, 2, ... Man spricht dann von einer *Zählvariablen*.

Beispiele für diskrete Merkmale:
- Kinderzahl von Familien
- Haushaltsgröße } gemessen durch eine Personenanzahl
- Betriebsgröße
- Anzahl der Geburten } in aufeinanderfolgenden Tagen
- Anzahl von Verkäufen

b) Quantitativ – stetige Merkmale:

Ein quantitatives Merkmal (eine statistische Variable) heißt *stetig*, wenn alle Zahlen eines *Intervalls* als Merkmalsausprägungen (Werte) möglich sind.

Beispiele für stetige Merkmale:
- Alter von Personen
- Abfüllgewichte bei Markenartikeln
- Kohlenstoffgehalt von Stahllegierungsproben
- Mittagstemperatur an einer Beobachtungsstelle

Allgemein kann man alle Meßgrößen, die dem Raum (Länge, Flächeninhalt, ...), der Zeit (Lebensdauer, Alter, ...), der Masse (Gewicht, ...) oder Funktionen dieser Größen (Geschwindigkeit, spezifisches Gewicht) zugeordnet sind, als stetige Variable auffassen. Es sind dies gerade jene Variablen, die man im *gewöhnlichen Sprachgebrauch* als „Meßgrößen" bezeichnet.

Man beachte:

1. Diskrete Merkmale werden oft wie stetige Merkmale behandelt, wenn die Schrittweite in Bezug auf die beobachteten Größen sehr klein ist.
   Beispiel: monetäre Größen, wie Einkommen, Umsatz, ... sind genaugenommen Vielfache der kleinsten Währungseinheit, werden jedoch fast immer als stetig betrachtet.
2. Jede (praktische) Messung bei stetigen Merkmalen ist – durch die jeweilige Grenze der Meßgenauigkeit bedingt – diskret. Sei die Meßgenauigkeit etwa 0,1 mm, so sind alle Meßangaben Vielfache von 0,1 mm. Das Wesen des stetigen Merkmals besteht nicht darin, daß man zu jedem Element der Grundgesamtheit genau einen Punkt auf der Zahlengerade angeben kann, sondern *unabhängig von den technischen Möglichkeiten* des Meßvorganges darin, daß *jeder Punkt eines Intervalls* von vornherein *als Merkmalsausprägung gedacht* werden kann.

Skalen:

In der Theorie des Messens bezeichnet man als Skala eine relationstreue *Abbildung eines Gegenstandsbereichs* in ein System von reellen Zahlen. Skalen unterscheiden sich nach der Menge der Transformationen, die im Zahlbereich zulässig sind. Unter anderem entsprechen den einzelnen Merkmalsarten bestimmte Typen von Skalen (ohne allerdings alle Möglichkeiten für Skalen auszuschöpfen):

qualitatives Merkmal	Nominalskala
Rangmerkmal	Ordinalskala
quantitatives Merkmal	metrische Skala

Der Skalenbegriff, welcher in der empirischen Psychologie und Soziologie eine Rolle spielt, wird im folgenden nur bei der Besprechung des Medians eine gewisse Rolle spielen.

1.3.3 Mehrdimensionale Merkmale

Einer bestimmten Grundgesamtheit können im allgemeinen mehrere Merkmale zugeordnet werden. Jedes dieser Merkmale bewirkt für sich eine Zerlegung der Grundgesamtheit.

Eine neue Situation tritt ein, wenn man eine Grundgesamtheit nach zwei oder mehreren Merkmalen *zugleich* gliedert, d.h. eine *kombinierte Gliederung* nach mehreren Merkmalen vornimmt.

Kombination von Merkmalsausprägungen nennt man eine durch das logische Partikel „und" bewirkte Verknüpfung von zwei oder mehreren Merkmalsausprägungen.

Beispiel 1.8. Wir betrachten eine Grundgesamtheit mit zwei Merkmalen:

Grundgesamtheit:	Merkmal 1:	Merkmal 2:
Wohnbevölkerung	Geschlecht	Familienstand
	Merkmalsausprägungen:	
	männlich	ledig
	weiblich	verheiratet
		verwitwet
		geschieden

Kombinationen von Merkmalsausprägungen sind etwa

männlich *und* verheiratet
weiblich *und* ledig

Insgesamt gibt es hier $2 \times 4 = 8$ solcher Kombinationen.

Alle möglichen Kombinationen von Merkmalsausprägungen bilden, wie man sich leicht überzeugt, wieder eine Zerlegung der Grundgesamtheit, definieren also ein (neues) Merkmal:

Definition 1.4. Unter einem mehrdimensionalen (k-dimensionalen, $k = 2, 3, \ldots$) Merkmal versteht man eine Zerlegung, die durch alle Kombinationen von Merkmalsausprägungen von k gegebenen Merkmalen beschrieben wird.

Mehrdimensionale Merkmale schreiben wir als (ungeordnete) *Merkmalspaare, -tripel,* ... ; siehe dazu die

Beispiele für mehrdimensionale Merkmale:

Grundgesamtheit:	Merkmalskombination:
Wohnbevölkerung	(Bundesland, Geschlecht, Alter)
Betriebe	(Wirtschaftszeig, Betriebsgröße)
Geburten	(Geschlecht des Neugeborenen, Legitimität, Vitalität, Alter der Mutter)
Bremsversuche	(Bremsweg, Geschwindigkeit)

Bei der Bildung der Paare, Tripel, etc. können durchaus *verschiedene Merkmalstypen* kombiniert werden.

Der Ausdruck „*mehrdimensionales Merkmal*" leitet sich von der Möglichkeit ab, im Fall der Kombination von quantitativen Merkmalen die einzelnen Elemente der Grundgesamtheit als Punkte einer Fläche, des Raumes, ... darstellen zu können.

In der Praxis enthalten fast alle Tabellen mehrdimensionale Verteilungen. Die Dimensionszahl ist meist zwei oder drei; nur ausgefeilte Tabellentechnik vermag in seltenen Fällen vier oder gar mehr Dimensionen zu bewältigen.

Die formale Struktur mehrdimensionaler Merkmale wird in Theorie und Praxis der Statistik tatsächlich ausgenutzt, etwa bei der Betrachtung von *Kontingenztafeln* (= Kombinationen von qualitativen Merkmalen) oder in der Korrelations- und Regressionstheorie (Kombination von quantitativen Merkmalen). Die Betrachtung mehrdimensionaler Merkmale ist das wichtigste Hilfsmittel der *statistischen Ursachenforschung*.

1.3.4 Hinweise auf einige weitere, oft gebrauchte Begriffe und Bezeichnungen

a) Die Urliste:

Unter einer Urliste versteht man die *Aufzeichnung aller Merkmalsausprägungen* für die Elemente einer Grundgesamtheit. (Siehe dazu etwa Beispiel 2.1).

b) Weitere Bezeichnungen für „*Grundgesamtheit*":

Statistische Reihe wird vor allem in älteren Darstellungen verwendet.

Meßreihe wird im Bereich der technischen Statistik gebraucht, wobei der Stichprobenaspekt in den Vordergrund tritt.

Kollektiv ist eine Bezeichnung, welche in der Begründung des Wahrscheinlichkeitsbegriffes bei R.v. MISES vorkommt. Sie weist auf die später zu besprechenden „unendlichen" Grundgesamtheiten hin.

Population, universe sind englische Bezeichnungen für Grundgesamtheiten.

c) Die statistische Masse:

Sie ist Objekt der deskriptiven Statistik, die nicht als empirische Grundgesamtheit aufgefaßt, aber dennoch durch Merkmale in ähnlicher Weise wie empirische Grundgesamtheiten gegliedert werden kann[2]).

Beispiele hiefür sind etwa:
- die Einfuhr und Ausfuhr eines Landes
- das Volkseinkommen eines Landes
- der Umsatz eines Industriezweiges
- die Spareinlagen an einem bestimmten Stichtag

} im Jahr 1972

Man unterschied früher *stetige* und *diskrete* statistische Massen. Diskrete statistische Massen im alten Sinn sind gerade die empirischen Grundgesamtheiten nach unserer Definition 1.1, unter stetigen statistischen Massen verstand man statistische Massen, wie in obigen Beispielen angeführt.

Bei der Behandlung von Maßzahlen werden wir statistische Massen in den Kreis der Betrachtung einbeziehen.

d) Bestands- und Bewegungsmassen:

Diese beiden Ausdrücke betreffen *Spezialfälle* von Grundgesamtheiten, die bei der *Abgrenzung der Grundgesamtheit* und bei der *Konstitution der Elemente* explizit auf die *Zeit* Bezug nehmen. Sie kommen vor allem in der Bevölkerungsstatistik vor.

Ihre Bedeutung ist aus nachstehendem Schema zu entnehmen:

	Bestandsmassen	Bewegungsmassen
Grundgesamtheit abgegrenzt durch:	Stichzeit*punkt*	Zeit*raum*
Elemente	haben eine Zeit*dauer*	sind Zeit*punkte* (Ereignisse)
Beispiele:	Wohnbevölkerung Betriebe Versichertenbestand Lagerbestand	Geburten, Todesfälle Gründungen Unfälle Verkäufe

An Elemente, die eine zeitliche Dauer besitzen, kann man zwei Bewegungsmassen anschließen, nämlich *Zugangsmassen* und *Abgangsmassen*.

---

[2]) Wie dies im einzelnen geschieht, wird in *Ferschl* [1975] erläutert. Dort wird auch dargestellt, wie der traditionsreiche Begriff der statistischen Masse in das hier gegebene Schema von Grundbegriffen eingeordnet werden kann.

Statistische Verteilung

Die Namen „Bestandsmasse" und „Bewegungsmasse" stammen aus einer Zeit, in der zwischen „Grundgesamtheit" und „statistischer Masse" noch nicht unterschieden wurde.

e) Das Identifikationsmerkmal:

Die Elemente einer Grundgesamtheit G kann man sich durch ein Merkmal mit mindestens zwei Merkmalsausprägungen aus einer größeren Menge herausgehoben denken:

A_1 ... das Element ist der Grundgesamtheit G zuzurechnen

A_2 ... das Element gehört nicht zur Grundgesamtheit.

Ein solches Merkmal nennen wir *Identifikationsmerkmal,* da durch eine seiner Merkmalsausprägungen die Grundgesamtheit definiert wird.

Beispiel 1.9. Aus der Grundgesamtheit „Wohnbevölkerung" wird durch das Merkmal „Erwerbskonzept" die Teilmenge der „Erwerbstätigen Personen" ausgesondert. Diese Teilmenge kann wiederum als Grundgesamtheit aufgefaßt werden, die etwa nach dem Merkmal „Beruf" weiter gegliedert werden kann.

f) Extensive und intensive Merkmale:

Bei quantitativen Merkmalen kann man folgende Unterscheidung treffen:
Extensive Merkmale. Sie lassen eine sachlich interpretierbare *Summenbildung* der Merkmalsausprägungen zu.
Intensive Merkmale. Sie lassen eine sachlich interpretierbare *Durchschnittsbildung* zu; die Summenbildung ergibt unmittelbar keinen Sinn.

Beispiel 1.10. Die Unterscheidung extensives – intensives Merkmal sei an einigen Fällen verdeutlicht:

	Elemente der Grundgesamtheit	Merkmal
extensive Merkmale	Haushalte	Haushaltseinkommen
	Gemeinden	Einwohnerzahl
intensive Merkmale	Personen	Alter
	Kalendertage	Mittagstemperatur

g) Häufbare Merkmale:

In manchen Fällen scheint es auf den ersten Blick nicht möglich zu sein, jedem Element der Grundgesamtheit genau eine Merkmalsausprägung zuzuordnen; vielmehr entsteht der Anschein einer „Häufung" von Merkmalsausprägungen.

Beispiel 1.11a. Eine Lehrlingsstatistik zum Stichtag 31.12.1972 gliedert die Lehrlinge unter anderem nach dem Lehrberuf. Es gibt Lehrlinge, die mehrere Berufe zugleich erlernen, wie z.B.: Schlosser und Schmied, Bücker und Zuckerbäcker, Friseur und Kosmetiker.

Beispiel 1.11b. Die Kammern der gewerblichen Wirtschaft gliedern die handwerklichen Betriebe nach *Innungen*. Betriebe können mehreren Innungen als Mitglieder angehören.

Es gibt verschiedene Möglichkeiten, bei Vorliegen von „häufbaren" Merkmalen zu einer korrekten Konstruktion von Verteilungen zu kommen:

— *die Einführung von Kombinationsfällen*.

Kombinationsfälle von Merkmalsausprägungen werden als weitere Merkmalsausprägungen der ursprünglichen Liste hinzugefügt:

Schlosser
Schmied
Schlosser und Schmied

Dieser Weg ist nur gangbar, wenn relativ wenige Häufungen vorkommen.

— *Übergang zu einer neuen Grundgesamtheit*.

Dabei geht man von der Grundgesamtheit der „realen Einheiten" zur Grundgesamtheit der „Fälle" über:

Grundgesamtheit der	
realen Einheiten	Fälle
Lehrlinge	Beruferlernungsfälle
Handwerksbetriebe	Innungsmitgliedschaften

— *Konstruktion eines mehrdimensionalen Merkmals*.

Diese Methode ist nur gangbar, wenn wenige „häufbare" Merkmalsausprägungen vorkommen. Sind ursprünglich k Merkmalsausprägungen vorhanden, wird ein k-dimensionales Merkmal konstruiert, dessen Komponenten „Ja — Nein"-Alternativen in Bezug auf die ursprünglichen Merkmalsausprägungen darstellen.

h) Primärstatistik, Sekundärstatistik:

Diese beiden Begriffe gehören in den Bereich der *praktischen* Statistik und beziehen sich darauf, wie die statistischen Daten tatsächlich gewonnen werden, vor allem im Bereich der Wirtschafts- und Sozialstatistik.

Von einer *Primärstatistik* spricht man, wenn die Urliste einer Verteilung eigens zu statistischen Zwecken erhoben wird.

Eine *Sekundärstatistik* liegt vor, wenn Unterlagen verwendet werden, die nicht ursprünglich zu statistischen Zwecken angefertigt wurden, jedoch im *Nachhinein* zur Gewinnung von Verteilungen herangezogen worden sind.

Typisches *Beispiel* für
Primärstatistiken: — Volkszählung
                     — Betriebszensus
                     — Konsumerhebung
Sekundärstatistiken: — Statistik der   aus den Karteien
                       Arbeitslosen   der Arbeitsämter

- Einkommens- aus Steuererklärun-
  statistik   gen bei den Finanz-
                ämtern
- Kraftfahrzeugbe- aus Karteien der
  standsstatistik Verkehrsämter

Neuerdings werden die Unterschiede zwischen den beiden Begriffen fließend; man geht immer mehr dazu über, bei amtlich zu registrierenden „Vorfällen" eigene statistische Erhebungsformulare neben dem amtlichen Dokument ausfüllen zu lassen.

Beispiele: Meldewesen, Todesursachenstatistik, Verkehrsunfallstatistik.

2. Datenorganisation; die Darstellung eindimensionaler Verteilungen

2.1 Die Tabellendarstellung von Verteilungen

2.1.1 Die allgemeine Form der Verteilungstabelle bei einer endlichen Zahl von Merkmalsausprägungen

Es sei eine Grundgesamtheit **G** mit N Elementen gegeben. Wir betrachten Merkmale mit k Merkmalsausprägungen und schreiben allgemein:

Merkmal		Merkmalsausprägung
qualitativ:	A	$A_1, \ldots, A_i, \ldots, A_k$
quantitativ diskret:	X	$x_1, \ldots, x_i, \ldots, x_k$

Durch das Merkmal A (bzw. X) wird eine Zerlegung oder *Klasseneinteilung* der Menge **G** bewirkt.

Definition 2.1. Die *Menge* der Elemente mit der Merkmalsausprägung A_i (bzw. x_i) heißt die *Klasse i*.

Definition 2.2. Die *Anzahl* der Elemente in der Klasse i heißt die *absolute Häufigkeit* (kurz auch Häufigkeit, Besetzungszahl) der Klasse i. Sie wird mit f_i bezeichnet.

Definition 2.3. Die *relative Häufigkeit* der Klasse i ist gegeben durch

$$p_i = f_i/N \tag{2.1}$$

Es gelten folgende Beziehungen:

$$\sum_{i=1}^{k} f_i = N \qquad (2.2)$$

$$\sum_{i=1}^{k} p_i = 1 \qquad (2.3)$$

Einer Tabelle, welche die Verteilung darstellt, gibt man dann die *allgemeine Form:*

Merkmal		Häufigkeit	relative Häufigkeit
A_1	x_1	f_1	p_1
⋮	⋮	⋮	⋮
A_i	x_i	f_i	p_i
⋮	⋮	⋮	⋮
A_k	x_k	f_k	p_k
Summe		N	1

Anmerkung: Die beiden Schreibweisen für Merkmalsausprägungen, nämlich A_i (für qualitative Merkmale) und x_i (für quantitative Merkmale) wurden in der Spalte „Merkmal" zugleich angeführt.

Bei verhältnismäßig kleinen Datenmengen gewinnt man die Tabelle aus der Urliste mittels einer *Strichliste*. Ein zweckmäßiges Schema für eine Strichliste und die daraus gewonnene Tabelle sei in nachstehendem Beispiel gegeben:

Beispiel 2.1. Für eine Einkommensstudie wird eine Stichprobe von 40 Haushalten untersucht. Die Urliste der Haushaltsgrößen (ausgedrückt durch die Anzahl der Haushaltsmitglieder) ist

1	6	4	4	1	4	5	2	3	5
2	6	2	3	4	4	4	5	2	5
3	4	1	5	1	3	3	3	4	3
3	6	3	7	2	5	3	3	4	7

Tabellendarstellung von Verteilungen

Die Strichliste wird nun in folgender Form angelegt:

Haushaltsgröße		Häufigkeit
1	IIII	4
2	IIII	5
3	IIII IIII I	11
4	IIII IIII	9
5	IIII I	6
6	III	3
7	II	2
	Summe	40

Die zugehörige Verteilungstabelle schreiben wir mit der allgemeinen Tabellenzeile im Kopf der Tabelle; beigefügt wird hier eine Spalte der mit 100 multiplizierten relativen Häufigkeiten, die dann in Form von *Prozentsätzen* erscheinen. Sie zeichnen sich oft durch leichtere Lesbarkeit aus.

x_i	f_i	p_i	$100\, p_i$
1	4	0,100	10,0
2	5	0,125	12,5
3	11	0,275	27,5
4	9	0,225	22,5
5	6	0,150	15,0
6	3	0,075	7,5
7	2	0,050	5,0
Σ	40	1,000	100,0

2.1.2 Die allgemeine Form der Verteilungstabelle bei quantitativ-stetigem Merkmal; Klassenbildung

a) Klasseneinteilung

Die Merkmalsausprägungen eines stetigen quantitativen Merkmals können nicht unmittelbar eine Klasseneinteilung erzeugen. Vielmehr hat man eine *künstliche Klasseneinteilung* zu schaffen, indem man auf der Zahlengeraden geeignete *Intervalle* bildet, in die man alle vorhandenen Merkmalsausprägungen *einordnet*. Dies geschieht in folgender Weise:

– Man bestimmt ein Intervall, in dem sich alle Merkmalsausprägungen befinden.
– Der gefundene Bereich wird möglichst in *gleichgroße* Intervalle geteilt.

- Für die *Anzahl* der Intervalle ist folgende Überlegung maßgeblich: Zuviele Klassen machen das Bild unübersichtlich, zuwenige Klassen lassen Information verloren gehen. Meist kommt man mit 5 – 20 Klassen aus. Man sollte jedenfalls nicht mehr als $\sqrt{N}$ Klassen verwenden.
  Liegen die Merkmalsausprägungen sehr *ungleich dicht,* kann es vorteilhaft sein, *ungleiche* Klassenbreiten zu verwenden.
- *Offene Klassen* sollte man nach Möglichkeit vermeiden, da weitere Berechnungen (Mittelwerte, Streuung) dann auf Schwierigkeiten stoßen. Im Bereich der Wirtschaftsstatistik, in der oft Verteilungen mit sehr stark streuenden Merkmalsausprägungen vorkommen, werden sie aus Platzersparnisgründen dennoch häufig verwendet, z.B.:

	Einkommen in DM pro Jahr
unten offene Klasse	bis 10 000
...	...
oben offene Klasse	10 000 000 und darüber

Für die Beschreibung der Klasseneinteilung verwenden wir folgendes graphisches *Schema:*

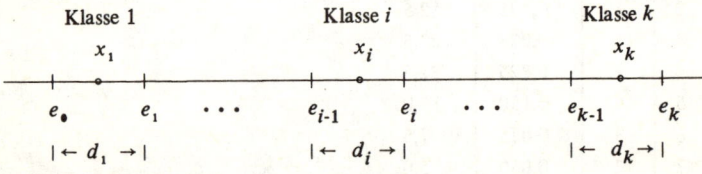

sowie folgende Begriffe und Bezeichnungen:

> *Anzahl* der Klassen: k
> jeder Klasse i ($i = 1, \ldots, k$) werden zugeordnet:
> die *Klassengrenzen*
>   untere Klassengrenze: e_{i-1}
>   obere Klassengrenze: e_i
> die *Klassenbreite* $d_i = e_i - e_{i-1}$
> die *Klassenmitte* $x_i = \frac{1}{2}(e_i + e_{i-1})$

Von besonderer Bedeutung sind für die weitere Rechnung die Klassenmitten. Sie werden in derselben Weise wie die Merkmalsausprägungen im quantitativ-diskreten Fall verwendet und daher auch wie diese bezeichnet.

b) Rundung von Meßergebnissen und Klassenbildung

Quantitativ-stetige Merkmalsausprägungen sind als Ergebnis von Messungen anzusehen, die nur in *gerundeter Form* angegeben werden. Gerundete Zahlen repräsentieren jedoch *Intervalle*, welche die „tatsächliche" (aber unbekannte) Merkmalsausprägung enthalten.

Die Daten einer Urliste sollten in einheitlicher Weise gerundet werden; das dabei verwendete Rundungsintervall nennen wir *Urlistenintervall*.

Diese Verhältnisse seien in folgenden Beispielen verdeutlicht:

Meßergebnis	Urlistenintervall	Breite des Urlistenintervalls
3,6 kg	3,55 kg – 3,65 kg	0,1 kg
161 cm	160,5 cm – 161,5 cm	1 cm
68,27 Zoll	68,265 Zoll – 68,275 Zoll	0,01 Zoll

Bei der Klassenbildung und der Einordnung der Merkmalsausprägungen hat man nun die Tatsache der Rundung zu berücksichtigen. Dies kann auf zweierlei Weise geschehen:

Methode 1: Man wählt die Klassengrenzen so, daß sie mit den *Grenzen* von Urlistenintervallen zusammenfallen.

Methode 2: Man wählt die Klassengrenzen als „runde" Zahlen, die mit den *Mitten* von Urlistenintervallen zusammenfallen.

Beispiel 2.2. An der Universitätsfrauenklinik Graz wurde folgende Stichprobe von 20 Geburtsgewichten neugeborener Mädchen beobachtet:

3,6 2,9 3,2 3,4 3,5 3,1 3,0 3,0 3,4 3,1
2,9 2,8 3,1 3,2 3,8 3,5 3,1 3,5 3,4 3,2

Diese Daten sollen gruppiert werden. Man erhält zunächst:

kleinster Wert: 2,8   größter Wert: 3,8

Wir wählen vier gleichbreite Klassen mit der Klassenbreite $d = 0,3$.
Als Ergebnisse der Einteilung erhält man nach den beiden vorgeschlagenen Methoden:

	tatsächliche Klassengrenzen	praktisch verwendete Schreibweise	Klassenmitten
Methode 1	2,75 – 3,05	2,8 – 3,0	2,9
	3,05 – 3,35	3,1 – 3,3	3,2
	3,35 – 3,65	3,4 – 3,6	3,5
	3,65 – 3,95	3,7 – 3,9	3,8
Methode 2	2,7 – 3,0		2,85
	3,0 – 3,3		3,15
	3,3 – 3,6		3,45
	3,6 – 3,9		3,75

Quelle der Daten: *Kreyszig* [1965, S. 47]

Bei *Methode 1* verwendete man zweckmäßig eine Schreibweise, welche die gerundeten Daten so zusammenfaßt, als wären sie diskrete Werte. Die Klassengrenzen *scheinen* dann nicht zusammenzustoßen. Diese Schreibweise kann auch auf die Gruppierung von diskreten Daten übertragen werden.

Bei *Methode 2 scheinen* gewisse Meßwerte auf die Klassengrenzen zu fallen. Tatsächlich jedoch lagert sich hier ein Urlistenintervall so um die Klassengrenze, daß je eine Hälfte unterhalb und oberhalb der Klassengrenze zu liegen kommt:

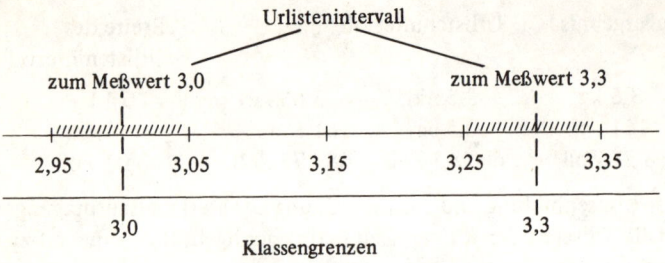

c) Die Gewinnung der Verteilungstabelle

Ist die Klasseneinteilung gewählt, erfolgt das „Einfüllen" der Urlistendaten in die einzelnen Klassen (in einfachen Fällen wieder mittels einer Strichliste).

Bei *Methode 1* ist dies ohne weiteres möglich, da jedes Urlistendatum eindeutig einer Klasse zugeordnet werden kann.

Bei *Methode 2* der Klassenbildung kann man so vorgehen: Alle Werte der Urliste, welche auf die Klassengrenzen zu fallen scheinen, werden der Reihe nach alternierend mit „+" und „–" zusätzlich markiert und die mit „+" markierten der oberen benachbarten Klasse, die mit „–" bezeichneten der unteren benachbarten Klasse zugeordnet[1]).

Beispiel 2.2. (Fortsetzung) Die Urlistendaten der 20 Geburtsgewichte können nun in die vorgeschlagenen Klasseneinteilungen eingeordnet werden:

Methode 1

Klasse	x_i	f_i
2,8 – 3,0	2,9	5
3,1 – 3,3	3,2	7
3,4 – 3,6	3,5	7
3,7 – 3,9	3,8	1
	Σ	20

Methode 2

Klasse	x_i	f_i
2,7 – 3,0	2,85	4
3,0 – 3,3	3,15	8
3,3 – 3,6	3,45	6
3,6 – 3,9	3,75	2
	Σ	20

[1]) Eine von mehreren Autoren vorgeschlagene Vorgangsweise, den beiden benachbarten Klassen je die Häufigkeit 0,5 zuzuordnen, wird hier nicht empfohlen.

Geometrische (graphische) Darstellung von Verteilungen

Bei der Einordnung in die nach Methode 2 gewonnene Tabelle ist zu beachten: Die Daten 3,6 3,0 3,0 der Urliste fallen scheinbar auf die Klassengrenzen. Die Zuordnung in der Tabelle erfolgte auf Grund der Markierungen + 3,6 − 3,0 + 3,0 die jedoch üblicherweise gleich in der Urliste vorgenommen werden.

d) Klassenbildung bei diskreten Merkmalen

Ist der Abstand der Gitterpunkte auf der diskreten Skala klein im Vergleich zur Spannweite der Merkmalsausprägungen, so wird man zweckmäßigerweise auch hier Klassen durch Zusammenfassen mehrerer diskreter Merkmalsausprägungen bilden.

Wie in diesem Fall *Klassengrenzen* anzusetzen sind, richtet sich nach der jeweiligen Fragestellung, deren Klärung die Tabelle dienen soll.

Beispiel 2.3. Fleischereibetriebe in der Bundesrepublik Deutschland, gegliedert nach der Anzahl der Beschäftigten, Stichtag 31.3.1968

Beschäftigten-Größenklassen	Anzahl der Betriebe
1	1 260
2	5 512
3 – 4	13 197
5 – 9	13 048
10 – 19	2 334
20 – 49	504
50 – 99	90
100 und mehr	38

Quelle: Handwerkszählung 1968, Heft 2, S. 16. Statistisches Bundesamt Wiesbaden, Fachserie D Industrie und Handwerk.

2.2 Die geometrische (graphische) Darstellung von Verteilungen

Wir beschränken uns hier auf die Darstellung bei *quantitativen Merkmalen*. Die Frage der graphischen Darstellung bei qualitativen und Rangmerkmalen hat keine besondere theoretische Bedeutung. Eine genaue Diskussion im Fall quantitativer Merkmale ist jedoch für das Verständnis wichtiger Begriffe der induktiven Statistik notwendig.

2.2.1 Häufigkeitsdiagramme

Häufigkeitsdiagramme sollen die *absoluten* oder *relativen Häufigkeiten* unmittelbar darstellen. Man unterscheidet *Stabdiagramme, Histogramme* und *Häufigkeitspolygone.*

a) Das Stabdiagramm

Das Stabdiagramm wird vorzugsweise bei *diskreten Merkmalen*[2]) verwendet. Es zeigt die Häufigkeiten f_i (bzw. die relativen Häufigkeiten p_i) als Funk-

---

[2]) Klassenbildung durch Zusammenfassen verschiedener Merkmalsausprägungen wird dabei nicht in Betracht gezogen.

tion der Merkmalsausprägungen x_i an. Darstellungsmittel ist die *Länge* der Ordinaten.

Beispiel 2.4. Stabdiagramm für die Verteilung von Haushaltsgrößen des Beispiels 2.1.

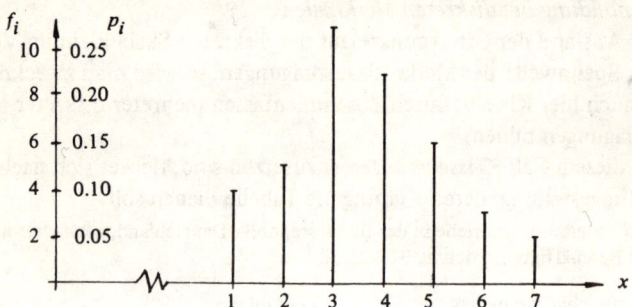

Abb. 1: Stabdiagramm einer Verteilung

b) Das Histogramm

Das Histogramm kann bei *stetigem* und *diskretem* Merkmal verwendet werden. Es zeigt die Häufigkeiten f_i (bzw. die relativen Häufigkeiten p_i) in einem halboffenen Intervall $[a, b)$ an. Darstellungsmittel ist die *Fläche* eines Rechteckes, das mit diesem Intervall als Basis gezeichnet wird.

Im Falle eines stetigen Merkmals sind die durch die Klasseneinteilung geschaffenen Intervalle zu verwenden.

Sind alle Klassen gleich breit (der Fall ungleicher Klassenbreiten wird in Abschnitt 2.2.3 behandelt), dient indirekt auch die Höhe des Rechteckes als Darstellungsmittel.

Beispiel 2.5. Aus den Daten des Beispiels 2.2 wurden durch unterschiedliche Klassenbildung zwei Verteilungen gewonnen.

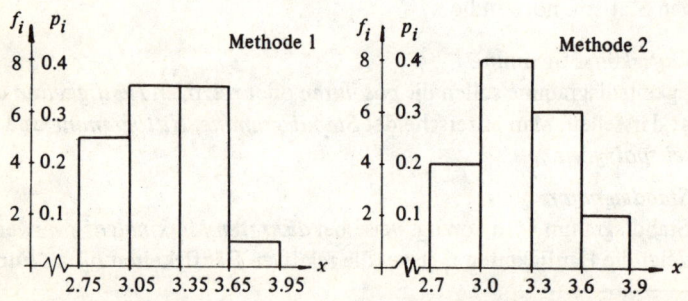

Abb. 2: Histogramme einer Verteilung; Vergleich bei verschobener Klasseneinteilung

Man beachte, daß beim Zeichnen der Histogramme bei Verteilungen, die nach der Methode 1 gewonnen wurden, die tatsächlichen Klassengrenzen zu verwenden sind (siehe Beispiel 2.2).

Beispiel 2.6. Für die Verteilung der Haushaltsgrößen des Beispiels 2.1 kann ebenfalls ein Histogramm gezeichnet werden:

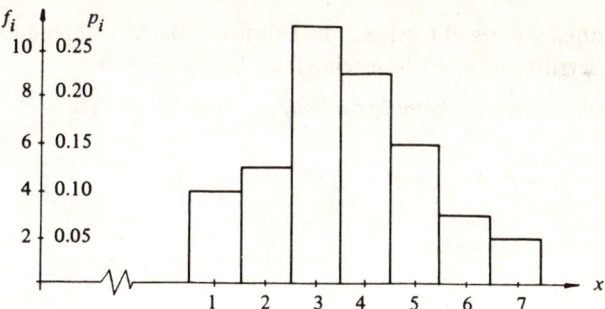

Abb. 3: Histogramm einer Verteilung bei diskretem Merkmal

c) Das Häufigkeitspolygon

Das Häufigkeitspolygon wird aus dem Histogramm abgeleitet, indem man die Mitten der oberen Rechtecksbegrenzungen miteinander verbindet.

Um das Häufigkeitspolygon abzuschließen, füge man an die untere und obere Grenze des Histogramms noch je ein Intervall an, das mit der Basis des benachbarten Rechtecks gleichlang ist. Damit wird die Gesamtfläche unter dem Häufigkeitspolygon gleich der Gesamtfläche unter dem Histogramm.

Beispiel 2.7. Das Häufigkeitspolygon zum Histogramm des Beispiels 2.5 (Methode 2) hat folgende Gestalt:

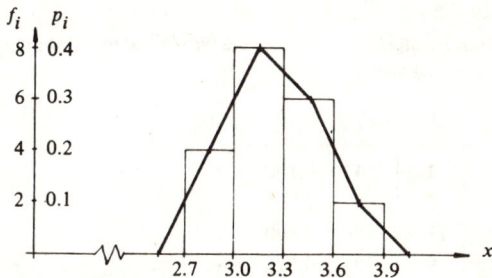

Abb. 4: Häufigkeitspolygon einer Verteilung

Man beachte: Die Merkmalsausprägungen bilden hier die Mitte der Rechtecksbasen (wie die Klassenmitten im stetigen Fall). Die hier auftretenden „Klassengrenzen", markiert durch die Rechtecksbegrenzungen, können für Näherungsrechnungen bedeutsam werden.

2.2.2 Die Darstellung kumulierter Häufigkeiten; Summenkurven

Definition 2.4. Es sei $F(x)$ die relative Häufigkeit der Elemente der Grundgesamtheit, deren Merkmalsausprägungen *kleiner oder gleich x* sind. Man nennt dann $F(x)$ die *(empirische) Verteilungsfunktion* des Merkmals X.

Definition 2.4 bezieht sich auf die Urliste der Daten, während die nachstehenden Begriffe auf eine Klasseneinteilung Bezug nehmen:

Definition 2.5. Die *kumulierte Häufigkeit* der Klasse i ist

$$F_i = f_1 + f_2 + \ldots + f_i = \sum_{j=1}^{i} f_j \tag{2.4}$$

Für $i = 0$ wird *festgesetzt*:

$$F_0 = 0 \tag{2.4a}$$

Aus der Definition 2.5 folgen noch die Spezialfälle:

$$F_1 = f_1 \tag{2.5a}$$

und

$$F_k = N. \tag{2.5b}$$

Für Klasseneinteilungen gilt überdies der folgende Zusammenhang zwischen Verteilungsfunktion und kumulierten Häufigkeiten:

$$F(e_i) = \frac{1}{N} F_i = \sum_{j=1}^{i} p_j \qquad i = 1, \ldots, k \tag{2.6}$$

Zur Gewinnung der Summenkurve (siehe die nachfolgende Definition 2.6) fügt man den Häufigkeitstabellen zweckmäßigerweise die Spalten F_i und F_i/N bei.

Beispiel 2.8a. Diskretes Merkmal. Die Tabelle für die Daten des Beispiels 2.1 kann in folgender Weise erweitert werden:

x_i	f_i	F_i	F_i/N
1	4	4	0,100
2	5	9	0,225
3	11	20	0,500
4	9	29	0,725
5	6	35	0,875
6	3	38	0,950
7	2	40	1,000
Σ	40		

Geometrische (graphische) Darstellung von Verteilungen 37

Beispiel 2.8b. Stetiges Merkmal. Die Ergänzung der Tabellen des Beispiels 2.2 ergibt:

Methode 1

x_i	f_i	F_i	F_i/N
2,9	5	5	0,25
3,2	7	12	0,60
3,5	7	19	0,95
3,8	1	20	1,00
Σ	20		

Beispiel: $F(3,35) = 0,60$

Methode 2

x_i	f_i	F_i	F_i/N
2,85	4	4	0,20
3,15	8	12	0,60
3,45	6	18	0,90
3,75	2	20	1,00
Σ	20		

Beispiel: $F(3,60) = 0,90$

Die beiden Beispielswerte beziehen sich auf Klassenobergrenzen, die in den beiden Tabellen des Beispiels 2.2 noch enthalten, hier aber der Kürze halber weggelassen wurden.

Definition 2.6. Unter der *Summenkurve* versteht man die graphische Darstellung der Verteilungsfunktion $F(x)$.

Die Ordinate der Summenkurve an der Stelle x gibt also die relative Häufigkeit der Merkmalsausprägungen im Intervall *bis zum Wert x einschließlich* an.

Aus der Definition der Verteilungsfunktion ergeben sich folgende Eigenschaften:

— die Verteilungsfunktion (Summenkurve) ist monoton steigend
— sie bewegt sich nur in einem Parallelstreifen der Breite 1, dessen unterer Rand von der Abszissenachse gebildet wird: $0 \leq F(x) \leq 1$.

a) Konstruktion der Summenkurve bei diskreten Merkmalen

Bei diskreten Merkmalen ist die *exakte* Darstellung der Summenkurve immer eine *Stufenkurve*. Als Beispiel sei die Summenkurve für die Verteilung der 40 Haushaltsgrößen (Beispiel 2.1) gegeben:

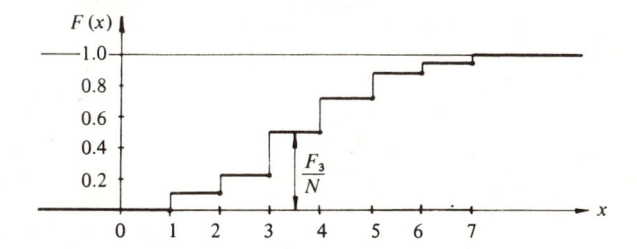

Abb. 5: Summenkurve einer Verteilung bei diskretem Merkmal

38 Datenorganisation

Die Höhe der i-ten Stufe ist gleich F_i/N und kann unmittelbar aus der ergänzten Häufigkeitstabelle entnommen werden.

b) Konstruktion der Summenkurve bei stetigen Merkmalen

Bei stetigen Merkmalen geht man meist von der Häufigkeitstabelle aus[3]). Die Summenkurve wird dann *näherungsweise* durch einen monoton steigenden *Polygonzug (Ogive)* gebildet. Die Koordinaten seiner Eckpunkte sind unmittelbar aus der ergänzten Tabelle nach folgendem Schema zu entnehmen:

Abszissen	Ordinaten
e_0	$F(e_0) = F_0/N = 0$
e_1	$F(e_1) = F_1/N$
⋮	⋮
e_i	$F(e_i) = F_i/N$
⋮	⋮
e_k	$F(e_k) = F_k/N = 1$

Aus einer Tabellenzeile sind also die oberen Klassengrenzen und die kumulierten relativen Häufigkeiten als Koordinaten zu verwenden.

An den Daten des *Beispiels 2.2 (Methode 2)* sei die Konstruktion der Summenkurve verdeutlicht und zugleich der Zusammenhang zwischen Histogramm und Summenkurve gezeigt.

Hilfstabelle

Klasse	F_i/N
2,7 – 3,0	0,20
3,0 – 3,3	0,60
3,3 – 3,6	0,90
3,6 – 3,9	1,00

In nebenstehender Hilfstabelle geben die unterstrichenen Zahlen die Koordinaten der Eckpunkte des Polygonzuges an, der die Summenkurve (siehe die Abbildung auf der nächsten Seite) bildet.

---

[3]) Es ist möglich, eine Summenkurve auch aus den geordneten Daten der Urliste zu erhalten.

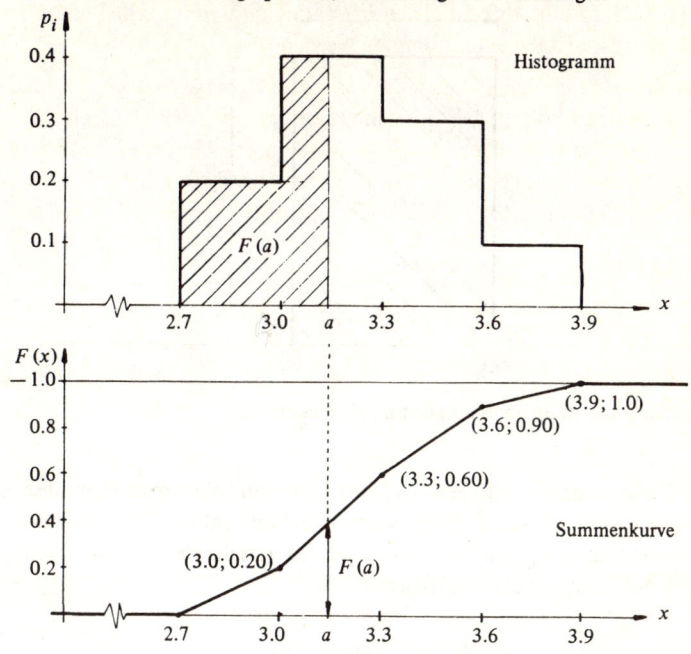

Abb. 6: Histogramm und zugehörige Summenkurve einer Verteilung

Diese Konstruktion gibt für die Klassengrenzen (also an den Eckpunkten des Polygonzuges) die exakten Werte[4]) der Verteilungsfunktion. Die geradlinige Verbindung der Punkte $(e_i; F(e_i))$ impliziert die Annahme, daß die Merkmalsausprägungen innerhalb der Klassen gleichmäßig verteilt sind.

2.2.3 Häufigkeitsverteilungen mit ungleichen Klassenbreiten; der Vergleich von Verteilungen

In einem Histogramm werden (absolute und relative) Häufigkeiten durch *Flächen von Rechtecken* dargestellt. Grundsätzlich gilt also für ein Histogramm folgendes Konstruktionsschema (siehe Abb. 7):

Die *Höhe* des Rechtecks im Histogramm ist also als Quotient zu deuten, nämlich Häufigkeit dividiert durch die Klassenbreite. Hat man solche Quotienten zu zeichnen, so muß eine *Einheit der Klassenbreite* definiert wer-

---

[4]) Genaugenommen sind auch diese Eckpunkte nicht exakt. Die Häufigkeiten in den einzelnen Klassen – und damit auch die Koordinaten der Eckpunkte – wurden nach Methode 2 ermittelt, bei der die scheinbar auf die Klassengrenzen fallenden Merkmalsausprägungen nach einem Näherungsverfahren bestimmt wurden. De facto ist aber diese Ungenauigkeit so gering, daß sie nicht gesondert berücksichtigt zu werden braucht.

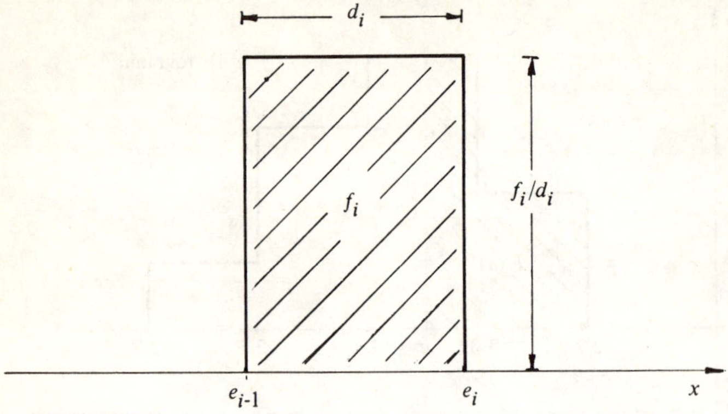

Abb. 7: Flächendeutung der Häufigkeit im Histogramm

den. In Histogrammen mit gleichen Klassenbreiten wählt man ebendiese einheitliche Klassenbreite als Einheit, so daß die Maßzahl der Rechteckhöhe gleich der Häufigkeit f_i wird. Kommen jedoch verschiedene Klassenbreiten vor, muß man neue Größen einführen:

d ... *Einheit der Klassenbreite*

$\dfrac{d_i}{d} = d'_i$ ... *Maßzahl der Klassenbreite* = Klassenbreite, gemessen in der Maßeinheit d

$\dfrac{f_i}{d'_i} = f'_i$ ... *korrigierte Häufigkeit* = Maßzahl für die Höhe des Rechtecks zur Häufigkeit f_i

$\dfrac{d}{d_i} = \varphi_i$ ... *Korrekturfaktor* = reziproke Maßzahl der Klassenbreite

Dann gilt als Beziehung zwischen Häufigkeit und korrigierter Häufigkeit:

$$f'_i = f_i \varphi_i \qquad (2.7)$$

Man wird versuchen, die Einheit der Klassenbreite so zu wählen, daß sich möglichst einfache Korrekturfaktoren ergeben. Hat man ein Histogramm zu zeichnen, wird man gegebenenfalls die oben definierten Größen in die Tabelle mit aufnehmen.

Beispiel 2.9. In einem Betrieb wurden die Monatslöhne männlicher und weiblicher Arbeiter ermittelt und das Ergebnis in den drei folgenden Tabellen zusammengefaßt. Die Währungseinheit „österr. Schilling" wurde in diesem Beispiel gewählt, um zugleich „runde" und doch einigermaßen realistische Daten zur Verfügung zu haben.

Männer

Geometrische (graphische) Darstellung von Verteilungen

α) Verteilung mit gleichen Klassenbreiten

Verdienstklasse in ö. S.	f_i
1000 – 2000	20
2000 – 3000	30
3000 – 4000	80
4000 – 5000	40
5000 – 6000	20
6000 – 7000	10
Σ	200

β) zusammengefaßte Verteilung

Verdienstklasse in ö. S.	f_i
1000 – 3000	50
3000 – 4000	80
4000 – 5000	40
5000 – 7000	30
Σ	200

Frauen

Verdienstklasse in ö. S.	f_i
500 – 1000	10
1000 – 1500	30
1500 – 2500	30
2500 – 3500	15
3500 – 5000	15
Σ	100

Es seien zunächst Histogramme für die Verteilungen der Männerlöhne zu zeichnen. Wählt man als Einheit der Klassenbreite $d = 1000$, so wird im Fall α) $f_i' = f_i$; im Fall β) verwenden wir folgende Hilfstabelle, aus der alle für die Zeichnungen nötigen Angaben entnommen werden können:

Verdienstklasse	d_i	$\varphi_i = d/d_i$	f_i	$f_i' = f_i \varphi_i$
1000 – 3000	2000	0,5	50	25
3000 – 4000	1000	1	80	80
4000 – 5000	1000	1	40	40
5000 – 7000	2000	0,5	30	15

Werden die Histogramme mittels korrigierter Häufigkeiten f_i' dargestellt, ändert sich die Gesamtfläche – bei gleicher Wahl der Einheiten – beim Übergang von Verteilung α) zu Verteilung β) nicht.

Verwendet man jedoch unkorrigierte Häufigkeiten f_i, so wird das Bild des Histogramms in unübersichtlicher Weise verändert: der Beschauer wird immer dazu neigen, *Flächeninhalte* als Häufigkeiten anzusehen (siehe dazu Abb. 8 auf S. 42).

Der Vergleich von Verteilungen

Will man mehrere Verteilungen miteinander vergleichen, die aus verschiedenen Grundgesamtheiten mit möglicherweise verschiedener Anzahl der Ele-

Datenorganisation

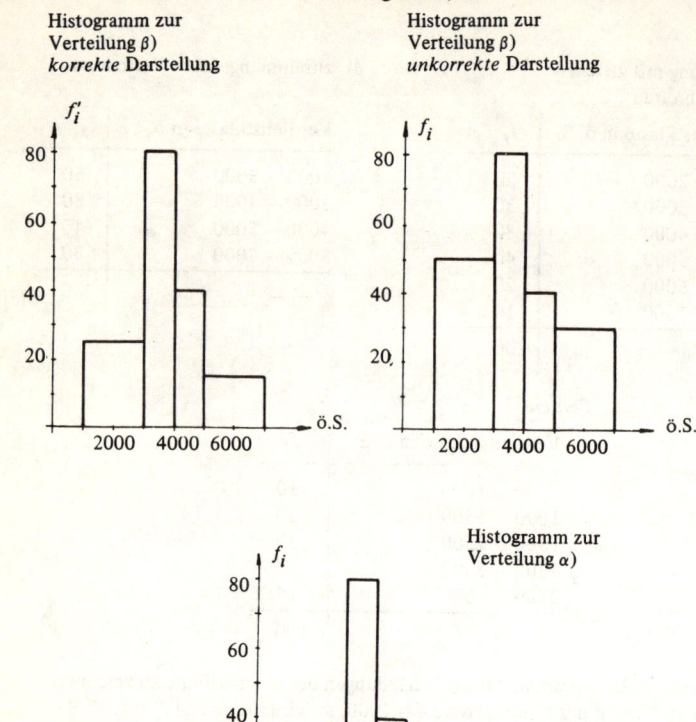

Histogramm zur
Verteilung β)
korrekte Darstellung

Histogramm zur
Verteilung β)
unkorrekte Darstellung

Histogramm zur
Verteilung α)

Abb. 8: Histogramme zu verschiedenen Versionen der Verteilung der Männerlöhne

mente hergeleitet sind, so richtet man es zweckmäßigerweise so ein, daß alle Histogramme der zu vergleichenden Verteilungen unabhängig von den Anzahlen N der Elemente in den Grundgesamtheiten die *gleiche Fläche* besitzen. Dies erreicht man durch

- die Verwendung der *relativen Häufigkeiten*
- die Wahl einer *gemeinsamen Einheit der Klassenbreite* für alle Verteilungen.

Man geht im einzelnen so vor:

i) Man wählt eine gemeinsame Einheit der Klassenbreite d, die für alle Verteilungen gültig ist.

Geometrische (graphische) Darstellung von Verteilungen

ii) Man ermittelt für alle Klassen den Korrekturfaktor φ_i.
iii) Man ermittelt für alle Verteilungen die korrigierten relativen Häufigkeiten gemäß

$$p'_i = p_i \varphi_i \qquad (2.8)$$

Die korrigierte relative Häufigkeit p'_i nennt man auch *Häufigkeitsdichte der Klasse i*. Es ist nämlich gerade die Größe p'_i, welche durch Grenzübergang in die Häufigkeitsdichte $f(x)$ der Wahrscheinlichkeitstheorie übergeführt werden kann.

Auch bei diskreten Verteilungen kann man die Methoden des Vergleichs von Verteilungen heranziehen, sofern man als Darstellungsform das Histogramm wählt. Als Einheit der Klassenbreite wählt man zweckmäßigerweise meist $d = 1$.

Beispiel 2.9 (Fortsetzung). Es sind die Verteilungen der Löhne der Männer (Version β) und der Frauenlöhne zu vergleichen.

gemeinsame Einheit der Klassenbreite: $d = 1000$

Männer

Verdienstklasse	f_i	p_i	d_i	φ_i	p'_i
1000 – 3000	50	0,25	2000	0,5	0,125
3000 – 4000	80	0,40	1000	1	0,400
4000 – 5000	40	0,20	1000	1	0,200
5000 – 7000	30	0,15	2000	0,5	0,075
	200	1,00			

Frauen

Verdienstklasse	f_i	p_i	d_i	φ_i	p'_i
500 – 1000	10	0,10	500	2	0,20
1000 – 1500	30	0,30	500	2	0,60
1500 – 2500	30	0,30	1000	1	0,30
2500 – 3500	15	0,15	1000	1	0,15
3500 – 5000	15	0,15	1500	2/3	0,10
	100	1,00			

Das Ergebnis ist in den Histogrammen von Abb. 9, S. 44 dargestellt.

Offene Klassen: Die Häufigkeit in offenen Klassen kann graphisch nicht dargestellt werden, es sei denn, man führt im Einzelfall geeignete *Konventionen* oder *Schätzungen* über die Breite offener Klassen ein.

Der Vorschlag, offenen Klassen im Histogramm die Einheit der Klassenbreite zuzuordnen, ist allgemein nicht anwendbar. An den Enden der Verteilung, bei denen offene Klassen auftreten, erstrecken sich die Merkmalsausprägungen meist sehr weit.

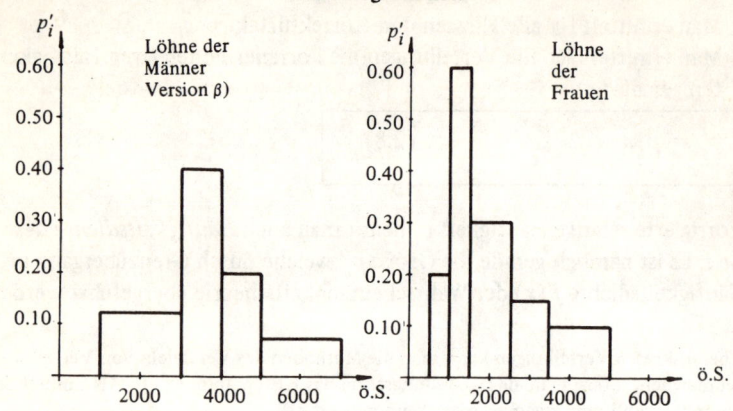

Abb. 9: Vergleichbare Histogramme für die Verteilungen der Männerlöhne und Frauenlöhne

2.3 Aufgaben zu Kapitel 2

Aufgabe 2.1. Gegeben sei die folgende Modellverteilung für eine Grundgesamtheit von Haushalten. Merkmal: Haushaltsgröße = Anzahl der Personen im Haushalt.

Haushaltsgröße	Häufigkeit
1	5
2	7
3	11
4	10
5	7
6	4
7	4
8	2
Σ	50

Diese Verteilung werde Verteilung A genannt.

a) Man zeichne Stabdiagramm, Histogramm und Häufigkeitspolygon der Verteilung A.
b) In Verteilung A fasse man die letzten vier Klassen zu zwei Klassen mit gleicher Breite zusammen. Das Ergebnis werde Verteilung A'. Man zeichne ein Histogramm der Verteilung A'. Warum ist hier die Verwendung eines Stabdiagramms nicht ratsam?

Aufgabe 2.2. Man zeichne eine Summenkurve für die Verteilung A.

Aufgaben zu Kapitel 2

Aufgabe 2.3. Anläßlich der jährlichen medizinischen Untersuchung in einer Volksschule werden die Kinder gewogen. Die für den zweiten Jahrgang ermittelten Gewichte werden für Knaben und Mädchen getrennt dargestellt:

Knaben : Verteilung B

Gewicht in kg	Häufigkeit
24 – 27	16
28 – 30	21
31 – 32	20
33 – 34	14
35 – 37	9
Σ	80

Mädchen : Verteilung C

Gewicht in kg	Häufigkeit
25 – 27	9
28 – 29	18
30 – 31	32
32 – 33	20
34 – 36	15
37 – 39	6
Σ	100

Man zeichne eine Summenkurve

a) für die Verteilung der Knabengewichte (Verteilung B)
b) für die Verteilung der Mädchengewichte (Verteilung C)

Beachte dabei die Lage der Intervallgrenzen!

Aufgabe 2.4. Die Verteilung der Lebensdauer von 400 Waschmaschinen sei durch folgende Tabelle gegeben

Verteilung D

Lebensdauer in Jahren	Häufigkeit
2 – 3	40
3 – 4	60
4 – 6	240
6 – 9	60
Σ	400

Man zeichne ein Histogramm der Verteilung.

Aufgabe 2.5. Man zeichne vergleichbare Histogramme für die Verteilung der Knabengewichte (Verteilung B) und der Mädchengewichte (Verteilung C) aus Aufgabe 2.3.

Aufgabe 2.6. Die beiden nachstehenden Tabellen geben eine Übersicht über die Höhe der Bestellungen bei zwei Versandbuchhandlungen

Buchhandlung Bodin

Bestellwert in DM	Zahl der Bestellungen
0 – 20	8
20 – 50	10
50 – 100	12
100 – 200	15
200 – 400	4
400 – 600	1

Verteilung E

Buchhandlung Gensfleisch

Bestellwert in DM	Zahl der Bestellungen
0 – 30	3
30 – 60	4
60 – 100	8
100 – 200	12
200 – 350	2
350 – 600	1

Verteilung F

Man zeichne vergleichbare Histogramme für die beiden Verteilungen.

3. Verteilungsmaßzahlen

Verteilungsmaßzahlen oder Verteilungsparameter sollen dazu dienen, gewisse Eigenschaften von Verteilungen mit quantitativem Merkmal zu erfassen. Sie sind neben der graphischen Darstellung einer Verteilung das wirksamste Instrument zum vergleichenden Studium von Verteilungen; an Präzision vermögen sie das anschauliche Mittel der graphischen Darstellung meist zu übertreffen. Einige Maßzahlen eignen sich auch zur Beschreibung von Verteilungen bei Vorliegen ordinaler Skalen.

Ein oft gegenüber der deskriptiven Statistik erhobener Vorwurf lautet, sie ebne die Fülle realer Verteilungsgestalten durch die Anwendung von „Durchschnitten" in unzulässiger Weise ein. Nun braucht sich die Statistik nicht damit zu begnügen, nur Mittelwerte an den verschiedenen empirischen Phänomenen zu berechnen; sie ist durchaus in der Lage, auch andere Fragestellungen quantitativ – das heißt mit Maßzahlen – adäquat zu erfassen. Dazu das folgende

Beispiel 3.1. Man betrachte die einander gegenübergestellten Verteilungen der Männer- und Frauenlöhne des Beispiels 2.9. Der graphische Vergleich legt folgende Aussagen und Fragen nahe:
- die Frauenlöhne sind im Durchschnitt niedriger als die Männerlöhne
- die Männerlöhne scheinen stärker zu streuen als die Frauenlöhne
- beide Verteilungen sind asymmetrisch oder „schief"; bei welcher Verteilung ist die Asymmetrie stärker ausgeprägt?
- welche Verteilung zeigt eine stärkere Konzentration der Löhne? Hat Konzentration etwas mit Streuung oder Schiefe zu tun?

In diesen Feststellungen und Fragen tauchen Begriffe auf, die selbst noch der Präzisierung bedürfen: Durchschnitt, Streuung, Schiefe, Konzentration, usw. Wie immer in den formal-exakten Wissenschaften sind die Konstruktion der Maßzahl und die Präzisierung der durch diese Maßzahl zu erfassenden Begriffe in engem Zusammenhang zu sehen. Was z.B. Streuung sei, wird erst durch eine der endgültig gewählten Maßzahlen genau angegeben; andererseits ist es aber auch durchaus sinnvoll, die Angemessenheit einer Maßzahl im Rahmen einer bestimmten Fragestellung zu diskutieren.

Im folgenden werden verschiedene Mittelwerte, verschiedene Streuungsmaßzahlen, . . . vorgeführt. Dies geschieht vor allem um deutlich zu machen, daß es nicht nur jeweils eine einzige „richtige" Maßzahl der Lage, der Streuung, . . . gibt. Vielmehr hat man verschiedene Konstruktionsmöglichkeiten auf ihre Eignung im Hinblick auf die Fragestellungen und Probleme zu prüfen, zu deren Lösung die Maßzahl beitragen soll. Bei der Überprüfung der Eignung von Verteilungsmaßzahlen ergeben sich nun mindestens *drei* verschiedene Aspekte:

α) die *Adäquatheit* oder *Angemessenheit* der Maßzahl
β) die *Informationsvermittlung* durch die Maßzahl
γ) die *Genauigkeit* der Maßzahl

Zur Erläuterung seien hier folgende Bemerkungen gegeben, die natürlich schon Beispiele aus den folgenden Abschnitten dieses Kapitels vorwegnehmen müssen.

ad α) Im Abschnitt 3.1.2 wird u.a. festgestellt, daß das adäquate Instrument zur Mitteilung von Wachstumsraten das geometrische (und nicht das arithmetische Mittel) ist. Dies folgt aus einer sachlichen Vorstellung darüber, was man wohl als Mittelwert von aufeinanderfolgenden Wachstumsraten anzusehen hätte; nämlich eine Wachstumsrate, die bei gleichbleibendem Wachstum dasselbe Ergebnis hervorruft wie die gegebenen Wachstumsraten.

Ein weites Feld für verschiedenartigste Versuche zur Maßzahlkonstruktion bietet das Konzentrationsphänomen in den Wirtschaftswissenschaften. Es hat sich gezeigt, daß man in der Praxis nicht mit einem Konzentrationsbegriff allein auskommt; den verschiedenen Konzentrationskonzepten müssen selbstverständlich auch unterschiedliche Maßzahlen zugeordnet werden.

ad β) Um das allgemeine „Niveau" einer Verteilung zu charakterisieren, wird sehr oft das arithmetische Mittel verwendet. Es wäre aber auch denkbar, die halbe Summe aus dem größten und dem kleinsten Wert einer statistischen Reihe zu nehmen. Man wird dann jedoch (im allgemeinen mit Recht) einwenden, daß dabei die Information über die Lage der dazwischenliegenden Werte, die ja innerhalb der beiden Extremwerte sehr verschieden sein kann, vernachlässigt würde.

ad γ) Ein weiterer Einwand gegen das in β) genannte Lagemaß könnte lauten, es sei zu stark *zufallsabhängig,* also *ungenau.* Dieser Einwand ist sinnvoll, wenn man die Vorstellung hat, daß die gegebene empirische Grundgesamtheit eine *Stichprobe* aus einer anderen „Modellgesamtheit" ist, über die man eigentlich etwas aussagen möchte. In diesem Sinn hat man auch Aussagen zu verstehen wie: „Das arithmetische Mittel ist genauer als der Median", „Die Varianz ist genauer als die mittlere Quartilsdistanz" u.s.f.

Man kann aber auch der Meinung sein, eine Maßzahl sei „zu genau", das heißt, zu *empfindlich.* Hier berührt man das Problem der *Ausreißer* oder untypischen Daten. Man wünscht dann, daß Maßzahlen möglichst unempfindlich oder *robust* gegenüber Verunreinigungen des Datenmaterials sind.

Anders als die Bemerkungen zu α) und β) führt die Frage nach der Genauigkeit einer Maßzahl zwangsläufig auf Begriffe der induktiven Statistik. Durch die Hereinnahme der Vorstellung von Zufallsschwankungen weist sie über die deskriptive Statistik hinaus.

Soweit als möglich werden im folgenden Verteilungsmaßzahlen unter zwei verschiedenen formalen Gesichtspunkten präsentiert:

a) die Maßzahl wird als *Funktion von n reellen Zahlen*

$$x_1, x_2, \ldots, x_n$$

angegeben. Diese Zahlenreihe kann auch als Urliste einer Verteilung aufgefaßt werden; man setzt dann auch $n = N$.

b) Die Maßzahl wird für *gruppierte Daten* einer Verteilungstabelle angegeben. Sie ist dann als Funktion von zwei Familien reeller Zahlen mit je k Elementen, nämlich

$$f_1, f_2, \ldots, f_k \quad \text{und} \quad x_1, x_2, \ldots, x_k$$

aufzufassen. Dabei bedeuten die $f_i, i = 1, \ldots, k$ Häufigkeiten, die x_i, $i = 1, \ldots, k$ Merkmalsausprägungen (bei diskreten Merkmalen) oder Klassenmitten für gruppierte Daten (bei stetigen oder diskreten Merkmalen). k ist die Anzahl der Klassen der Verteilung.

Man beachte also, daß das Symbol „x_i" in den nachstehenden Formeln jeweils verschiedene Bedeutung trägt.

3.1 Lagemaßzahlen (Lageparameter, Lokalisationsparameter)

Lageparameter sollen in geeigneter Form das allgemeine „Niveau" der quantitativen Merkmalsausprägung einer Verteilung charakterisieren. Umgangssprachlich arbeitet man mit Begriffen wie „Durchschnitt", „Mittelwert", „Mittel". Solche Begriffe werden durch verschiedene Konstruktionen von Lageparametern präzisiert.

3.1.1 Das arithmetische Mittel

a) Das gewöhnliche arithmetische Mittel

Definition 3.1. Es seien $x_1, x_2, \ldots, x_n$ beliebige reelle Zahlen. Das *arithmetische Mittel* ist

$$\bar{x} = \frac{1}{n}(x_1 + x_2 + \ldots + x_n) = \frac{1}{n} \sum_{i=1}^{n} x_i \qquad (3.1)$$

b) Das gewogene arithmetische Mittel

Definition 3.2. Es seien $x_1, x_2, \ldots, x_n$ beliebige reelle Zahlen. Das *gewogene* arithmetische Mittel mit *normierten Gewichten* ist

$$\bar{x} = \alpha_1 x_1 + \alpha_2 x_2 + \ldots + \alpha_n x_n = \sum_{i=1}^{n} \alpha_i x_i \qquad (3.2)$$

wobei:

$$\alpha_i \geq 0 \quad (i = 1, \ldots, n) \quad \text{und} \quad \sum_{i=1}^{n} \alpha_i = 1.$$

Das *gewogene* arithmetische Mittel mit *allgemeinen Gewichten* ist

$$\bar{x} = \frac{g_1 x_1 + g_2 x_2 + \ldots + g_n x_n}{g_1 + g_2 + \ldots + g_n} = \frac{\sum_{i=1}^{n} g_i x_i}{\sum_{i=1}^{n} g_i} \tag{3.3}$$

wobei:

$$g_i \geq 0 \quad (i = 1, \ldots, n) \quad \text{und} \quad \sum_{i=1}^{n} g_i > 0$$

Die Formel (3.3) für allgemeine Gewichte läßt sich durch die Beziehungen

$$\alpha_i = \frac{g_i}{\sum_{i=1}^{n} g_i} \quad i = 1, \ldots, n \tag{3.4}$$

immer in die Formel für normierte Gewichte umformen.

Zur Bezeichnung des arithmetischen Mittels. Werden die statistischen Variablen X, Y, Z, ... mit den Merkmalsausprägungen $x_i, y_i, z_i, \ldots$ betrachtet, so wird das zugehörige arithmetische Mittel mit $\bar{x}, \bar{y}, \bar{z}, \ldots$ bezeichnet. Werden die arithmetischen Mittel mehrerer Meßreihen nebeneinander betrachtet, so werden sie durch Indizes unterschieden: $\bar{x}_1, \bar{x}_2, \bar{x}_3, \ldots$ Auch andere Indizierungen zur Unterscheidung verschiedener Mittelwerte, etwa $\bar{x}_A, \bar{x}_B, \ldots$ sind möglich.

Beispiel 3.2. Ein Betrieb besitzt zwei kaufmännische Abteilungen A und B. Die Monatsgehälter der Angestellten für beide Abteilungen sind

Abteilung A:	3180	3660	3400	3920	5140
Abteilung B:	3300	4000	3680	3100	3340
	3480	3680	3180		

Die mittleren Monatsgehälter für beide Abteilungen werden dann, falls man das arithmetische Mittel verwendet:

$$\bar{x}_A = \frac{1}{5}(3180 + 3660 + 3400 + 3920 + 5140) = \frac{1}{5} \cdot 19300 = \underline{3860}$$

$$\bar{x}_B = \frac{1}{8}(3300 + 4000 + 3680 + 3100 + 3340 + 3480 + 3680 + 3180) = \frac{1}{8} \cdot 27760 = \underline{3470}$$

Das mittlere Monatsgehalt *aller* kaufmännischen Angestellten ist offenbar:

$$\bar{x} = \frac{19300 + 27760}{5 + 8} = \frac{1}{13} \cdot 47060 = \underline{3620}$$

$\bar{x}$ kann auch als gewogenes Mittel der beiden Teilmittelwerte berechnet werden:

$$\bar{x} = \frac{5\bar{x}_A + 8\bar{x}_B}{5+8} = \frac{5}{13}\bar{x}_A + \frac{8}{13}\bar{x}_B$$

$$= 0{,}384 \cdot 3860 + 0{,}616 \cdot 3470 = \underline{3620}$$

Dabei wurden verwendet als

    allgemeine Gewichte: 5, 8
    normierte Gewichte: 0,384, 0,616.

In Beispiel 3.2 wurde gezeigt, daß das arithmetische Mittel einer Gesamtreihe als gewogenes Mittel aus den Mittelwerten von zwei Teilreihen bestimmt werden kann. Dies kann verallgemeinert werden:

Arithmetisches Mittel einer Vereinigung von Meßreihen:

Es seien insgesamt k Meßreihen beobachtet worden:

Reihe Nr.	Anzahl der Beobachtungen	arithmetisches Mittel
1	n_1	$\bar{x}_1$
2	n_2	$\bar{x}_2$
.	.	.
.	.	.
k	n_k	$\bar{x}_k$
vereinigte Reihe	n	$\bar{x}$

Dann gilt:

$$\bar{x} = \frac{n_1\bar{x}_1 + n_2\bar{x}_2 + \ldots + n_k\bar{x}_k}{n_1 + n_2 + \ldots + n_k} = \frac{1}{n}\sum_{i=1}^{k} n_i\bar{x}_i \qquad (3.5)$$

Anzahlen n_i als allgemeine Gewichte

oder

$$\bar{x} = p_1\bar{x}_1 + p_2\bar{x}_2 + \ldots + p_k\bar{x}_k = \sum_{i=1}^{k} p_i\bar{x}_i \qquad (3.6)$$

mit $p_i = n_i/n$, also:

Anteile p_i als normierte Gewichte

Das arithmetische Mittel $\bar{x}$ einer Gesamtreihe ist gleich dem gewogenen Mittel aus den Mittelwerten $\bar{x}_1, \bar{x}_2, \ldots, \bar{x}_k$ der Teilreihen. Als *allgemeine Gewichte* dienen die *Anzahlen* der Elemente in den Teilreihen, als *normierte Gewichte* dienen die *Anteile*, mit denen die Teilreihen in der Grundgesamtheit vorhanden sind.

Lagemaßzahlen

c) Weitere Eigenschaften des arithmetischen Mittels

α) Die *Summe der Abweichungen* vom arithmetischen Mittel *verschwindet*:

$$\sum_{i=1}^{n} (x_i - \bar{x}) = 0 \tag{3.7}$$

β) *Der Steinersche Verschiebungssatz*[1]):

$$\sum_{i=1}^{n} (x_i - a)^2 = \sum_{i=1}^{n} (x_i - \bar{x})^2 + n(\bar{x} - a)^2 \tag{3.8}$$

Aus (3.8) folgt wegen $(\bar{x} - a)^2 \geq 0$ unmittelbar

$$\sum_{i=1}^{n} (x_i - a)^2 \geq \sum_{i=1}^{n} (x_i - \bar{x})^2 \tag{3.9}$$

γ) *Die Minimumseigenschaft des arithmetischen Mittels* ergibt sich nun direkt aus der Ungleichung (3.9). Das Minimum der Funktion

$$h(a) = \sum_{i=1}^{n} (x_i - a)^2 \tag{3.10}$$

wird für den Wert $a = \bar{x}$ angenommen. Meist drückt man diesen Tatbestand so aus:

> Das arithmetische Mittel $\bar{x}$ minimiert die Quadratsumme der Abweichungen von den Einzelwerten $x_1, \ldots, x_n$.

δ) *Verhalten des gewogenen arithmetischen Mittels bei linearer Transformation der Merkmalswerte*
Gegeben sei eine Zahlenreihe

$$x_1, x_2, \ldots, x_n.$$

Aus diesen Daten gewinnen wir eine neue Zahlenreihe

$$y_1, y_2, \ldots, y_n$$

durch die *lineare Transformation*

$$y_i = ax_i + b \qquad i = 1, \ldots, n.$$

---

[1]) Ein Beweis findet sich am Ende des Abschnittes 3.2.5 c).

Wir betrachten nun die gewogenen arithmetischen Mittel beider Reihen:

$$\left. \begin{array}{l} \bar{x} = \sum\limits_{i=1}^{n} \alpha_i x_i \\ \\ \bar{y} = \sum\limits_{i=1}^{n} \alpha_i y_i \end{array} \right\} \text{ gewogene Mittel mit den gleichen normierten Gewichten } \alpha_1, \alpha_2, \ldots, \alpha_n$$

Dann gilt:

$$\bar{y} = a\bar{x} + b \tag{3.11}$$

Beweis: $\bar{y} = \sum\limits_{i=1}^{n} \alpha_i y_i = \sum\limits_{i=1}^{n} \alpha_i (ax_i + b)$

$$= \sum_{i=1}^{n} a\alpha_i x_i + \sum_{i=1}^{n} b\alpha_i$$

$$= a \cdot \sum_{i=1}^{n} \alpha_i x_i + b \cdot \sum_{i=1}^{n} \alpha_i = a\bar{x} + b \qquad \square$$

Die Formel (3.11) findet ihre wichtigste Anwendung in Abschnitt e) bei der Berechnung des arithmetischen Mittels mit Hilfe codierter Daten.

d) Das arithmetische Mittel einer Verteilung – Gruppierte Daten

Wir betrachten den Fall eines *stetigen Merkmals*. Hier geschieht bei der Klasseneinteilung im wesentlichen folgendes:

e_{i-1} e_i	e_{i-1} x_i e_i
f_i Elemente in der Klasse i	Klassenmitte x_i als Repräsentant der f_i Elemente

Man nimmt an, daß die f_i Elemente der Klasse i einigermaßen gleichmäßig im Intervall (e_{i-1}, e_i) verteilt sind. Dann ist die Klassenmitte x_i *näherungsweise das arithmetische Mittel* der f_i Elemente in der Klasse i. Nun kann man sich die Grundgesamtheit durch die Klasseneinheiten in k Teilgesamtheiten zerlegt denken, für die Besetzungszahlen f_i und Teilmittelwerte x_i bekannt sind:

Klasse	Anzahl	Mittelwert
1	f_1	x_1
2	f_2	x_2
⋮	⋮	⋮
k	f_k	x_k

Lagemaßzahlen

Somit kann zur Berechnung des Gesamtmittelwertes Formel (3.5) oder (3.6) herangezogen werden und man erhält:

---

arithmetisches Mittel bei gruppierten Daten
für *absolute* Häufigkeiten

$$\bar{x} = \frac{f_1 x_1 + f_2 x_2 + \ldots + f_k x_k}{f_1 + f_2 + \ldots + f_k} = \frac{1}{N} \sum_{i=1}^{k} f_i x_i \qquad (3.12)$$

für *relative* Häufigkeiten

$$\bar{x} = p_1 x_1 + p_2 x_2 + \ldots + p_k x_k = \sum_{i=1}^{k} p_i x_i \qquad (3.13)$$

x_i ... Klassenmitten

Anmerkung: Man beachte, daß hier sowie in den Formeln (3.12) und (3.13) die Teilmittelwerte mit x_i und nicht wie in den Formeln (3.5) und (3.6) mit $\bar{x}_i$ bezeichnet werden. Das ist so zu verstehen: Hier bedeuten die x_i Klassenmitten, die als arithmetische Mittel interpretiert werden und als solche in die Formeln (3.5) und (3.6) *eingesetzt* werden.

Praktisch verwendet man das folgende *Rechenschema*:

Klassenmitten	Häufigkeiten	Produkte
x_1	f_1	$f_1 x_1$
x_2	f_2	$f_2 x_2$
$\vdots$	$\vdots$	$\vdots$
x_k	f_k	$f_k x_k$
Σ	N	S_1

Dabei ist

$$\sum_{i=1}^{k} f_i = N \qquad \sum_{i=1}^{k} f_i x_i = S_1$$

und es wird daher:

$$\bar{x} = \frac{1}{N} \cdot S_1 \qquad (3.14)$$

Die Formeln (3.12) und (3.13), das Rechenschema und Formel (3.14) gelten auch dann, wenn die Zahlen x_i Merkmalsausprägungen eines *diskreten* Merkmals sind, die mit der Häufigkeit f_i auftreten.

Merke: Die Formeln für die Berechnung des arithmetischen Mittels bei gruppierten Daten gelten

- *genau*, wenn die x_i Merkmalsausprägungen eines diskreten Merkmals sind
- *näherungsweise*, wenn die x_i Klassenmitten eines stetigen Merkmals sind.

Beispiel 3.3. Man berechne das arithmetische Mittel der Haushaltsgrößen des Beispiels 2.1. Wir verwenden das Rechenschema; die in Beispiel 2.1 enthaltene Tabelle kann dabei zum Teil hier eingearbeitet werden:

x_i	f_i	$f_i x_i$
1	4	4
2	5	10
3	11	33
4	9	36
5	6	30
6	3	18
7	2	14
Σ	$N = 40$	$S_1 = 145$

Nach Formel (3.14) ist $\bar{x} = \frac{1}{N} S_1 = \frac{145}{40} = \underline{3{,}625}$

Beispiel 3.4. Man berechne das arithmetische Mittel der Geburtsgewichte des Beispiels 2.2.

Wir verwenden dazu die beiden dort gegebenen Klasseneinteilungen (Methode 1 und 2) und vergleichen das Resultat mit dem Berechnungsergebnis aus der Urliste.

a) Klasseneinteilung nach Methode 1

x_i	f_i	$f_i x_i$
2,9	5	14,5
3,2	7	22,4
3,5	7	24,5
3,8	1	3,8
	20	65,2

Mit den Bezeichnungen des Rechenschemas ist

$N = 20 \quad S_1 = 65{,}2 \quad \text{und} \quad \bar{x} = \frac{65{,}2}{20} = \underline{3{,}26}$

b) Klasseneinteilung nach Methode 2

x_i	f_i	$f_i x_i$
2,85	4	11,40
3,15	8	25,20
3,45	6	20,70
3,75	2	7.50
	20	64,80

Mit den Bezeichnungen des Rechenschemas ist

$N = 20 \quad S_1 = 64{,}80 \quad \text{und} \quad \bar{x} = \frac{64{,}80}{20} = \underline{3{,}24}$

c) Direkte Rechnung nach der Urliste

Hier verwenden wir die Formel (3.1) für das *gewöhnliche* arithmetische Mittel:

$$\bar{x} = \frac{1}{20}(x_1 + x_2 + \ldots + x_{20}) = \frac{1}{20}(3{,}6 + 2{,}9 + \ldots + 3{,}2)$$

$$= \frac{1}{20} \, 64{,}7 = \underline{3{,}235}$$

Der Vergleich dieses Ergebnisses mit den beiden vorhergehenden zeigt, daß durch die Gruppierung geringfügige Abweichungen vom „wahren" Wert vorkommen können. Allerdings kann auch der Wert 3,235 nicht den Anspruch auf absolute Genauigkeit erheben, da auch das Urlistenmaterial schon aus gerundeten Daten besteht.

e) Das Rechnen mit „codierten" Daten

Sind die Merkmalsausprägungen oder Klassenmitten x_i große Zahlen (oder haben sie mehrere geltende Ziffern wie etwa in Beispiel 3.4b), so kann die Rechnung durch die Einführung von Hilfsgrößen der Form

$$r_i = \frac{x_i - a}{b} \tag{3.15}$$

vereinfacht werden. Wir nennen

r_i ... codierte Klassenmitten

a ... provisorisches Mittel

b ... Reduktionsfaktor

Die Beziehung (3.15) zwischen x_i und r_i ist eine lineare Transformation. Nach Formel (3.11) überträgt sie sich auf die arithmetischen Mittel $\bar{r}$ und $\bar{x}$:

$$\bar{r} = \frac{\bar{x} - a}{b}$$

und daraus:

$$\bar{x} = a + b \cdot \bar{r}. \tag{3.16}$$

Man versucht nun, die Zahlen a und b so zu wählen, daß die Berechnung von $\bar{r}$ möglichst einfach wird. Man bestimmt dann zunächst den Mittelwert und dann mittels Formel (3.16) den gesuchten Wert $\bar{x}$.

Als *provisorisches Mittel a* wählt man am besten eine *Merkmalsausprägung* (Klassenmitte), die *in der Nähe des vermuteten arithmetischen Mittels* liegt. Als Anhaltspunkt kann die Klasse mit der größten Häufigkeit dienen. Sind alle Klassen gleich breit, so wählt man $b = d$, also die *Klassenbreite, als Reduktionsfaktor*. Ansonsten richtet sich die Wahl von b nach dem Erfordernis, die Zahlen r_i möglichst einfach werden zu lassen.

Für die praktische Rechnung verwendet man folgendes Schema:

Klassen-mitten	Hilfs-größen	Häufig-keit	Produkte
x_1	r_1	f_1	$f_1 r_1$
x_2	r_2	f_2	$f_2 r_2$
$\vdots$	$\vdots$	$\vdots$	$\vdots$
x_k	r_k	f_k	$f_k r_k$
	Σ	N	S_1'

Dabei ist:

$$\sum_{i=1}^{k} f_i = N \qquad \sum_{i=1}^{k} f_i r_i = S_1'$$

und es wird daher:

$$\bar{r} = \frac{1}{N} S_1' \tag{3.17}$$

weiter unter Verwendung von Formel (3.16) für den Zusammenhang zwischen $\bar{x}$ und $\bar{r}$:

$$\bar{x} = a + \frac{b}{N} \cdot S_1' \tag{3.18}$$

Beispiel 3.5. Bei einer Stichprobe von 140 erwachsenen Männern wird die Armspannweite (gemessen in Zoll) bestimmt. Man berechne das arithmetische Mittel der Armspannweiten.

Armspannweite	Anzahl
61,0 – 63,0	2
63,0 – 65,0	6
65,0 – 67,0	25
67,0 – 69,0	32
69,0 – 71,0	31
71,0 – 73,0	25
73,0 – 75,0	15
75,0 – 77,0	4
Σ	140

Quelle der Daten: *David/Pearson* [1961, S. 2]

Das Rechenschema für die Berechnung des arithmetischen Mittels $\bar{x}$ wird in folgender Weise angesetzt:

Lagemaßzahlen

x_i	r_i	f_i	$f_i r_i$	
62,0	−3	2	−6	
64,0	−2	6	−12	
66,0	−1	25	−25	−43
a → 68,0	0	32		
70,0	1	31	31	
72,0	2	25	50	
74,0	3	15	45	
76,0	4	4	16	142
Σ		140	$S'_1 = 99$	

Es wurde gewählt:

$a = 68,0 \qquad b = 2,0.$

Dann wird:

$$\bar{x} = 68,0 + \frac{2,0}{140} \cdot 99$$

$$= 68,0 + 1,414$$

$$= \underline{69,414}$$

Dieses Beispiel zeigt: Wird der Faktor b gleich der einheitlichen Klassenbreite $d = 2,0$ gesetzt, wird die Rechnung besonders einfach. Die r_i bilden dann eine aufeinanderfolgende Reihe ganzer Zahlen, mit einer Null „in der Mitte". Dann lohnt es sich meistens, die Rechnung in der Spalte $f_i r_i$ so anzuordnen, daß positive und negative Produkte getrennt summiert werden.

Beispiel 3.6. Man bestimme die durchschnittlichen Männer- und Frauenlöhne für die Verteilungen des Beispiels 2.9. (Männerlöhne Version β).

Männerlöhne

Klasse	x_i	r_i	f_i	$f_i r_i$
1000 − 3000	2000	−3	50	−150
3000 − 4000	3500	0	80	0
4000 − 5000	4500	2	40	80
5000 − 7000	6000	5	30	150
Σ			200	80

$a = 3500$
$b = 500$

Frauenlöhne

Klasse	x_i	r_i	f_i	$f_i r_i$
500 − 1000	750	−5	10	−50
1000 − 1500	1250	−3	30	−90
1500 − 2500	2000	0	30	0
2500 − 3500	3000	4	15	60
3500 − 5000	4250	9	15	135
Σ			100	55

$a = 2000$
$b = 250$

Die Klassen sind in beiden Fällen ungleich breit; daher wird die Berechnung der r_i hier explizit vorgeführt,

für die Männerlöhne:

$$r_1 = \frac{2000 - 3500}{500} = -3$$

$$r_2 = 0$$

$$r_3 = \frac{4500 - 3500}{500} = 2$$

$$r_4 = \frac{6000 - 3500}{500} = 5$$

$$N = 200 \qquad S_1' = 80$$

$$\bar{x} = 3500 + \frac{500}{200} \cdot 80 = \underline{3700}$$

für die Frauenlöhne:

$$r_1 = \frac{750 - 2000}{250} = -5$$

$$r_2 = \frac{1250 - 2000}{250} = -3$$

$$r_3 = 0$$

$$r_4 = \frac{3000 - 2000}{250} = 4$$

$$r_5 = \frac{4250 - 2000}{250} = 9$$

$$N = 100 \qquad S_1' = 55$$

$$\bar{x} = 2000 + \frac{255}{100} \cdot 55 = \underline{2137{,}5}$$

f) Offene Klassen

Sind offene Klassen vorhanden, so sollten in einer solchen Tabelle auch Angaben über die Merkmalssummen in den offenen Klassen vorhanden sein, zumindest dann, wenn die Berechnung des arithmetischen Mittels von Interesse sein könnte. Besonders bei *oben offenen* Klassen könnten durch willkürliche Annahmen über die Klassenbreite erhebliche Fehler entstehen.

3.1.2 Das geometrische Mittel
a) Formeln

Definition 3.3. Es seien $x_1, x_2, \ldots, x_n$ nichtnegative reelle Zahlen.

a) Das *gewöhnliche geometrische Mittel* ist

$$G = \sqrt[n]{x_1 \cdot x_2 \cdot \ldots \cdot x_n} = \sqrt[n]{\prod_{i=1}^{n} x_i} \qquad (3.19)$$

b) Das *gewogene* geometrische Mittel mit *normierten Gewichten* ist

$$G = x_1^{\alpha_1} \cdot x_2^{\alpha_2} \cdot \ldots \cdot x_n^{\alpha_n} = \prod_{i=1}^{n} x_i^{\alpha_i} \qquad (3.20)$$

wobei:

$$\alpha_i \geq 0, \quad \sum_{i=1}^{n} \alpha_i = 1.$$

Lagemaßzahlen

c) Das *gewogene* geometrische Mittel mit *allgemeinen Gewichten* ist

$$G = (x_1^{g_1} \cdot x_2^{g_2} \cdot \ldots \cdot x_n^{g_n})^{1/\Sigma g_i} = (\prod_{i=1}^{n} x_i^{g_i})^{1/\Sigma g_i} \quad (3.21)$$

wobei:

$$g_i \geq 0, \quad \sum_{i=1}^{n} g_i > 0.$$

Zur praktischen Berechnung des geometrischen Mittels logarithmiert man die Gleichungen (3.19) bis (3.21). Dann hat man aber vorauszusetzen, daß die Zahlen $x_1, x_2, \ldots, x_n$ *positiv* sind. Man erhält:

gewöhnliches Mittel:

$$\log G = \frac{1}{n}(\log x_1 + \log x_2 + \ldots + \log x_n) = \frac{1}{n}\sum_{i=1}^{n} \log x_i \quad (3.19a)$$

gewogen mit normierten Gewichten:

$$\log G = \alpha_1 \log x_1 + \alpha_2 \log x_2 + \ldots + \alpha_n \log x_n = \sum_{i=1}^{n} \alpha_i \log x_i \quad (3.20a)$$

gewogen mit allgemeinen Gewichten:

$$\log G = \frac{g_1 \log x_1 + g_2 \log x_2 + \ldots + g_n \log x_n}{g_1 + g_2 + \ldots + g_n} = \frac{\sum_{i=1}^{n} g_i \log x_i}{\sum_{i=1}^{n} g_i} \quad (3.21a)$$

In den Logarithmen hat man also eine vollständige Übereinstimmung mit den Formeln für das arithmetische Mittel. Es gilt also:

Der Logarithmus des gewöhnlichen (gewogenen) geometrischen Mittels ist gleich dem gewöhnlichen (gewogenen) arithmetischen Mittel der Logarithmen der Einzelwerte.

b) Anwendungen des geometrischen Mittels

Die wichtigste Anwendung des geometrischen Mittels findet man bei der Berechnung *durchschnittlicher Wachstumsfaktoren und -raten*.

Gegeben sei eine *Zeitreihe* von positiven Größen

$$U_0, U_1, \ldots, U_t, \ldots, U_T.$$

Es sei

$r_t = \dfrac{U_t}{U_{t-1}}$ ... der Wachstumsfaktor

p_t ... die prozentuale Änderung von U_{t-1} auf U_t, also die Wachstumsrate, in Prozent ausgedrückt

$\left. \right\} t = 1, \ldots, T$

Dann gilt:

$$U_t = U_{t-1} + U_{t-1} \cdot \frac{p_t}{100} = U_{t-1}(1 + p_t/100)$$

$$r_t = (1 + p_t/100) \tag{3.22}$$

Der durchschnittliche Wachstumsfaktor von 0 bis T wird nun *definiert* durch die Gleichung

$$U_T = U_0 r^T. \tag{3.23}$$

Nun ist aber

$$U_T = U_0 r_1 r_2 \cdot \ldots \cdot r_T$$

also

$$r^T = r_1 r_2 \cdot \ldots \cdot r_T$$
$$r = \sqrt[T]{r_1 r_2 \cdot \ldots \cdot r_T} \tag{3.24}$$

Ergebnis: Der durchschnittliche Wachstumsfaktor ist das geometrische Mittel der Wachstumsfaktoren in den einzelnen Perioden.

Beispiel 3.7. Dem Jahresbericht eines Industriebetriebes entnimmt man die folgenden Angaben über die Umsatzentwicklung in fünf aufeinanderfolgenden Jahren:

Periode	Änderung des Umsatzes in Prozent
1967/68	+ 10
1968/69	+ 5
1969/70	+ 20
1970/71	− 5
1971/72	+ 10

Man berechne die durchschnittliche jährliche Umsatzsteigerung in Prozent.

Zur Berechnung gehen wir zu Logarithmen über und verwenden folgende Arbeitstabelle

p_t	r_t	$\log r_t$	
10	1,10	0,041393	
5	1,05	0,021189	
20	1,20	0,079181	
− 5	0,95	0,977724	− 1
10	1,10	0,041393	
40	Σ	0,160880	

Lagemaßzahlen 61

$T = 5$. Das arithmetische Mittel $\bar{p}$ der Prozentsätze wäre

$$\bar{p} = \frac{1}{5}(10 + 5 + 20 - 5 + 10) = \frac{40}{5} = \underline{8{,}00}$$

Das geometrische Mittel r der Wachstumsfaktoren wird bestimmt durch:

$$\log r^5 = 0{,}160880$$
$$\log r = 0{,}032176$$
$$r = 1{,}0769$$
$$p = 100\,(r - 1) = \underline{7{,}69}$$

Es ist also $\bar{p} \geq p$, d.h.: das geometrische Mittel fällt kleiner aus als das arithmetische Mittel. Diese Beziehung gilt *allgemein*.

3.1.3 Das harmonische Mittel
a) Formeln

Definition 3.4. Es seien $x_1, x_2, \ldots, x_n$ positive reelle Zahlen.

a) Das *gewöhnliche harmonische Mittel* ist

$$H = \frac{n}{1/x_1 + 1/x_2 + \ldots + 1/x_n} = \frac{n}{\sum\limits_{i=1}^{n} 1/x_i} \qquad (3.25)$$

b) Das *gewogene* harmonische Mittel mit *normierten Gewichten* ist

$$H = \frac{1}{\alpha_1/x_1 + \alpha_2/x_2 + \ldots + \alpha_n/x_n} = \frac{1}{\sum\limits_{i=1}^{n} \alpha_i/x_i} \qquad (3.26)$$

wobei: $\alpha_i \geq 0 \quad \sum\limits_{i=1}^{n} \alpha_i = 1$

c) Das *gewogene* harmonische Mittel mit *allgemeinen Gewichten* ist

$$H = \frac{g_1 + g_2 + \ldots + g_n}{g_1/x_1 + g_2/x_2 + \ldots + g_n/x_n} = \frac{\sum\limits_{i=1}^{n} g_i}{\sum\limits_{i=1}^{n} g_i/x_i} \qquad (3.27)$$

wobei: $g_i \geq 0 \quad \sum\limits_{i=1}^{n} g_i = 1$.

Die Beziehung (3.25) kann man auch in folgender Form schreiben:

$$\frac{1}{H} = \frac{1}{n}\left(\frac{1}{x_1} + \frac{1}{x_2} + \ldots + \frac{1}{x_n}\right) \qquad (3.28)$$

in Worten: Der Reziprokwert des harmonischen Mittels ist gleich dem arithmetischen Mittel der Reziprokwerte der Einzelwerte.

b) Anwendungen des harmonischen Mittels

Zwei typische Probleme, bei denen sich das harmonische Mittel als adäquate Mittelbildung herausstellt, sind:

- die Mittelung von Geschwindigkeiten, die auf vorgegebenen Wegstrecken gemessen wurden
- die Mittelung von Preisen, die sich auf vorgegebene Ausgabensummen beziehen.

Der zweite der genannten Aspekte soll in folgendem Beispiel behandelt werden.

Beispiel 3.8. Ein bestimmtes Gut möge in n verschiedenen Sorten bzw. Konditionen angeboten werden. Die unterschiedlichen Preise, Mengen und Ausgabenbeträge seien

Sorte	1	2	.....	n
Preise	p_1	p_2	.....	p_n
Mengen	q_1	q_2	.....	q_n
Beträge (Ausgaben)	$p_1 q_1$	$p_2 q_2$	.....	$p_n q_n$

Der *Durchschnittspreis*

$$\xi = \frac{p_1 q_1 + p_2 q_2 + \ldots + p_n q_n}{q_1 + q_2 + \ldots + q_n} \tag{3.29}$$

ist ein *gewogenes arithmetisches Mittel* der Preise p_i mit den Mengen q_i als *allgemeinen Gewichten*. Man kann nun spezialisieren:

a) Es werden *gleiche Mengen* von jeder Sorte gekauft. Dann wird

$$\xi = \frac{p_1 q + p_2 q + \ldots + p_n q}{nq}$$

oder:

$$\xi = \bar{p} = \frac{1}{n}(p_1 + p_2 + \ldots + p_n) \tag{3.30}$$

Ergebnis: Das *gewöhnliche arithmetische Mittel* der Preise.

b) Es werden *gleiche Beträge* für jede Sorte ausgegeben. Es sei etwa

$$p_i q_i = b \quad \text{und daher:} \quad q_i = \frac{b}{p_i}; \quad i = 1, \ldots, n.$$

Dann wird

$$\xi = \frac{n \cdot b}{b/p_1 + b/p_2 + \ldots + b/p_n}$$

oder:

Lagemaßzahlen

$$\xi = H = \frac{n}{1/p_1 + 1/p_2 + \ldots + 1/p_n} \qquad (3.31)$$

Ergebnis: Das *gewöhnliche harmonische Mittel* der Preise.

Wir betrachten nun das folgende numerische Beispiel:

Beispiel 3.9. In vier aufeinanderfolgenden Jahren kauft ein Hausbesitzer für seine Heizung Öl zu folgenden Literpreisen ein:

1. Jahr: $p_1 = 0{,}10$ DM
2. Jahr: $p_2 = 0{,}16$ DM
3. Jahr: $p_3 = 0{,}20$ DM
4. Jahr: $p_4 = 0{,}25$ DM

Man berechne den durchschnittlichen Literpreis für den gesamten Zeitraum, wenn

a) jedes Jahr die gleiche *Menge* eingekauft
b) jedes Jahr derselbe *Betrag* für Heizöl ausgegeben wurde.

Nach den allgemeinen Beziehungen des Beispiels 3.8 erhält man

im Fall a) das arithmetische Mittel:

$$\xi = \bar{p} = \frac{1}{4}(0{,}10 + 0{,}16 + 0{,}20 + 0{,}25) = \underline{0{,}178}$$

im Fall b) das harmonische Mittel:

$$\xi = H = \frac{4}{1/0{,}10 + 1/0{,}16 + 1/0{,}20 + 1/0{,}25} = \frac{4}{10{,}00 + 6{,}25 + 5{,}00 + 4{,}00} = \underline{0{,}158}$$

Es ist hier $H \leq \bar{p}$. Diese Beziehung zwischen harmonischem und arithmetischem Mittel gilt *allgemein*.

3.1.4 Das quadratische Mittel. Potenzmittel

a) Das quadratische Mittel

Definition 3.5. Es seien $x_1, x_2, \ldots, x_n$ beliebige reelle Zahlen.

a) Das *gewöhnliche quadratische Mittel* ist

$$Q = \sqrt{\frac{1}{n}(x_1^2 + x_2^2 + \ldots + x_n^2)} = \sqrt{\frac{1}{n}\sum_{i=1}^{n} x_i^2} \qquad (3.32)$$

b) Das *gewogene* quadratische Mittel mit *normierten Gewichten* ist

$$Q = \sqrt{\alpha_1 x_1^2 + \alpha_2 x_2^2 + \ldots + \alpha_n x_n^2} = \sqrt{\sum_{i=1}^{n} \alpha_i x_i^2} \qquad (3.33)$$

wobei: $\alpha_i \geq 0 \quad \sum_{i=1}^{n} \alpha_i = 1$

c) Das *gewogene* quadratische Mittel mit *allgemeinen Gewichten* ist

$$Q = \sqrt{\frac{g_1 x_1^2 + g_2 x_2^2 + \ldots + g_n x_n^2}{g_1 + g_2 + \ldots + g_n}} = \sqrt{\frac{\sum_{i=1}^{n} g_i x_i^2}{\sum_{i=1}^{n} g_i}} \qquad (3.34)$$

wobei: $g_i \geq 0 \quad \sum_{i=1}^{n} g_i > 0$

Für die bisher beschriebenen vier Mittelwerte gilt die *Größenbeziehung*

$$Q \geq \bar{x} \geq G \geq H . \qquad (3.35)$$

Verwendung des quadratischen Mittels: Bei der Konstruktion von Streuungsmaßen. Z.B. ist die Standardabweichung (siehe Def. 3.17) ein quadratisches Mittel.

b) Potenzmittel

Die bisher beschriebenen Mittelwerte sind Spezialfälle des Potenzmittels der Ordnung r.

Definition 3.6. Es seien $x_1, x_2, \ldots, x_n$ positive reelle Zahlen.
Das Potenzmittel der Ordnung r (mit normierten Gewichten) ist

$$M_r = (\alpha_1 x_1^r + \alpha_2 x_2^r + \ldots + \alpha_n x_n^r)^{1/r} \qquad (3.36)$$

wobei $\alpha_i > 0 \quad \sum_{i=1}^{n} \alpha_i = 1$.

Spezialfälle des Potenzmittels sind, wie unmittelbar einzusehen, das quadratische Mittel ($r = 2$), das arithmetische Mittel ($r = 1$) und das harmonische Mittel ($r = -1$).

Mit den Hilfsmitteln der Analysis zeigt man, daß das geometrische Mittel, das Maximum und das Minimum einer Zahlenreihe Spezialfälle bzw. Grenzfälle des Potenzmittels sind. Es gilt nämlich

$$\lim_{r \to 0} (\alpha_1 x_1^r + \alpha_2 x_2^r + \ldots + \alpha_n x_n^r)^{1/r} = x_1^{\alpha_1} x_2^{\alpha_2} \ldots x_n^{\alpha_n} \qquad (3.37)$$

$$\lim_{r \to \infty} (\alpha_1 x_1^r + \alpha_2 x_2^r + \ldots + \alpha_n x_n^r)^{1/r} = \text{Max}(x_1, x_2, \ldots, x_n) \qquad (3.38)$$

$$\lim_{r \to -\infty} (\alpha_1 x_1^r + \alpha_2 x_2^r + \ldots + \alpha_n x_n^r)^{1/r} = \text{Min}(x_1, x_2, \ldots, x_n) \qquad (3.39)$$

Lagemaßzahlen

Das Potenzmittel umfaßt also die folgenden Spezialfälle:

Maximum	$r \to +\infty$	$M_\infty = \text{Max } x_i$
quadratisches Mittel	$r = 2$	$M_2 = Q$
arithmetisches Mittel	$r = 1$	$M_1 = \bar{x}$
geometrisches Mittel	$r \to 0$	$M_0 = G$
harmonisches Mittel	$r = -1$	$M_{-1} = H$
Minimum	$r \to -\infty$	$M_{-\infty} = \text{Min } x_i$

Auch die Größenbeziehung (3.35) kann verallgemeinert und auf das Potenzmittel übertragen werden. Hier gilt:

Das Potenzmittel M_r ist unter den Voraussetzungen der Definition 3.6 eine monoton steigende Funktion von r.

Eine *Anwendung* des allgemeinen Potenzmittels findet man z.B. in der Theorie der Produktionsfunktionen. Die CES-Produktionsfunktion und die COBB-DOUGLAS-Produktionsfunktion können im wesentlichen als allgemeines Potenzmittel bzw. als geometrisches Mittel der Produktionsfaktoren aufgefaßt werden. Siehe hiezu etwa *Krelle* [1969, S. 142ff.].

3.1.5 Der Median (Zentralwert)

Neue Möglichkeiten der Definition von Lagemaßen basieren auf folgender Idee: Man *ordnet* die Merkmalsausprägungen x_i *nach ihrer Größe*; es entsteht eine geordnete Zahlenreihe, in der wir den Wert suchen, der *in der Mitte dieser Reihe* liegt. Oberhalb und unterhalb der gesuchten Zahl sollen *gleichviele Reihenwerte* liegen.

Man kann diese Idee auch verallgemeinern und nach einer Zahl suchen, die einen bestimmten Bruchteil p von der geordneten Reihe abtrennt (siehe Abschnitt 3.1.7).

a) Order statistics

Es seien n beliebige reelle Zahlen $x_1, x_2, \ldots, x_n$ gegeben. Diese Zahlen werden nach der Größe geordnet:

$$x_{(1)} \leq x_{(2)} \leq \ldots \leq x_{(n)} \qquad (3.40)$$

Dabei bedeutet:

$x_{(1)} \ldots$ die kleinste Zahl

$\ldots\ldots$

$x_{(i)} \ldots$ die i-te Zahl in der größengeordneten Reihe

$x_{(n)}$ ... die größte Zahl

Die Zahlen $x_{(i)}$, $i = 1, \ldots, n$ nennt man *order statistics*. Allgemein werden auch Funktionen der $x_{(i)}$, z.B. $1/2\ [x_{(1)} + x_{(n)}]$ als order statistics bezeichnet.

b) Der Median (Zentralwert)

Definition 3.7. Es seien $x_1, x_2, \ldots, x_n$ beliebige reelle Zahlen.
Der Median (Zentralwert) ist

für
$$n \text{ ungerade:} \quad \tilde{x}_{0,5} = x_{((n+1)/2)} \tag{3.41}$$
$$n \text{ gerade:} \quad \tilde{x}_{0,5} = \frac{1}{2}[x_{(n/2)} + x_{((n/2)+1)}] \tag{3.42}$$

Die Unterscheidung der Fälle „n ungerade" und „n gerade" ist notwendig, da nur im Falle eines ungeraden n eine Zahl *aus der Reihe* gefunden werden kann, bei der oberhalb und unterhalb gleichviele Reihenwerte liegen.

Beispiel: $n = 3$

Median
$x_{(1)} \qquad x_{(2)} \quad x_{(3)}$

Im Falle eines geraden n hat man genaugenommen ein *zentrales Intervall*, in dem jede Zahl die geforderte Teilungseigenschaft besitzt:

Beispiel: $n = 4$

zentrales Intervall
$x_{(1)} \qquad x_{(2)} \quad x_{(3)} \quad x_{(4)}$
Median $= \frac{1}{2}[x_{(2)} + x_{(3)}]$

Durch die Formel (3.42) wird – an sich willkürlich – der Mittelpunkt dieses zentralen Intervalls ausgewählt. Die später in Punkt d) angegebene Minimaleigenschaft des Medians gilt ebenfalls für *alle* Zahlen des zentralen Intervalls.

Beispiel 3.10. Für die Gehälter des Beispiels 3.2 soll der Median in beiden Abteilungen und für alle Angestellten zusammen berechnet werden.

Wir ordnen die Gehälter nach ihrer Höhe:

Abteilung A;	$n = 5$:	3180	3400	<u>3660</u>	3920	5140
Abteilung B;	$n = 8$:	3100	3180	3300	<u>3340</u>	<u>3480</u>
		3680	3680	4000		
Abteilungen		3100	3180	3180	3300	3340
A und B zusammen;	$n = 13$:	3400	<u>3480</u>	3660	3680	3680
		3920	4000	5140		

$$\tilde{x}_{0,5}(A) = x_{(3)} = \underline{3660}$$
$$\tilde{x}_{0,5}(B) = \frac{1}{2}[x_{(4)} + x_{(5)}] = \frac{1}{2}[3340 + 3480] = \underline{3410}$$
$$\tilde{x}_{0,5}(A+B) = x_{(7)} = \underline{3480}$$

Im Gegensatz zum Beispiel 3.2 ist es im allgemeinen nicht möglich, den Median von zusammengefaßten Grundgesamtheiten aus den Medianen der Teilgesamtheiten zu berechnen. Man kann aber zumindest zeigen, daß unter der Voraussetzung $\tilde{x}_{0,5}(A) \leq \tilde{x}_{0,5}(B)$ immer

$$\tilde{x}_{0,5}(A) \leq \tilde{x}_{0,5}(A+B) \leq \tilde{x}_{0,5}(B) \tag{3.43}$$

gilt.

c) Der Median einer Verteilung – Gruppierte Daten

In gewissen Fällen – siehe die Voraussetzung in der folgenden Definition 3.8 – kann der Median einer Verteilung mittels der Verteilungsfunktion $F(x)$ definiert werden. Man geht dabei davon aus, daß die Hälfte aller Elemente Merkmalsausprägungen haben soll, die unterhalb des Medians liegen.

> *Definition 3.8.* Die Verteilungsfunktion $F(x)$ sei stetig und – mit Ausnahme der Bereiche, in denen $F(x) = 0$ oder $F(x) = 1$ ist, streng monoton steigend. Der Median $\tilde{x}_{0,5}$ ist dann durch die Gleichung
>
> $$F(\tilde{x}_{0,5}) = 1/2 \tag{3.44}$$
>
> gegeben.

Anmerkung: Unter den Voraussetzungen der Definition 3.8 besitzt die Gleichung (3.44) wirklich eine Lösung. Für empirische Grundgesamtheiten sind diese jedoch nur *näherungsweise* erfüllt, da der genaue Verlauf einer empirischen Verteilungsfunktion $F(x)$ immer eine Stufenkurve ist. In diesem Fall hätte Gleichung (3.44) entweder *keine* Lösung oder eine Lösungsmenge, die ein *Intervall* bildet. Vom Standpunkt der deskriptiven Statistik gesehen, benutzen wir Definition 3.8 praktisch nur als Näherungsmethode bei gruppierten Daten.

aa) Stetiges Merkmal

Man benutzt ein Näherungsverfahren, das auf der näherungsweisen Konstruktion der Summenkurve (siehe Abschnitt 2.2.2, Punkt b)) als monoton ansteigenden Streckenzug beruht. Im allgemeinen sind dann für die Näherungskurve die Voraussetzungen der Definition 3.8 erfüllt.

Aufgrund der beiden auf S. 68 gezeigten Konstruktionen ergibt sich die

Formel: Median bei gruppierten Daten

      m ... Nummer der Klasse, für die gilt

$$F_{m-1} \leq N/2 \leq F_m$$

Dann ist:

$$\tilde{x}_{0,5} = e_{m-1} + \frac{d_m}{f_m} \left[\frac{N}{2} - F_{m-1}\right] \qquad (3.45)$$

Histogramm

Summenkurve

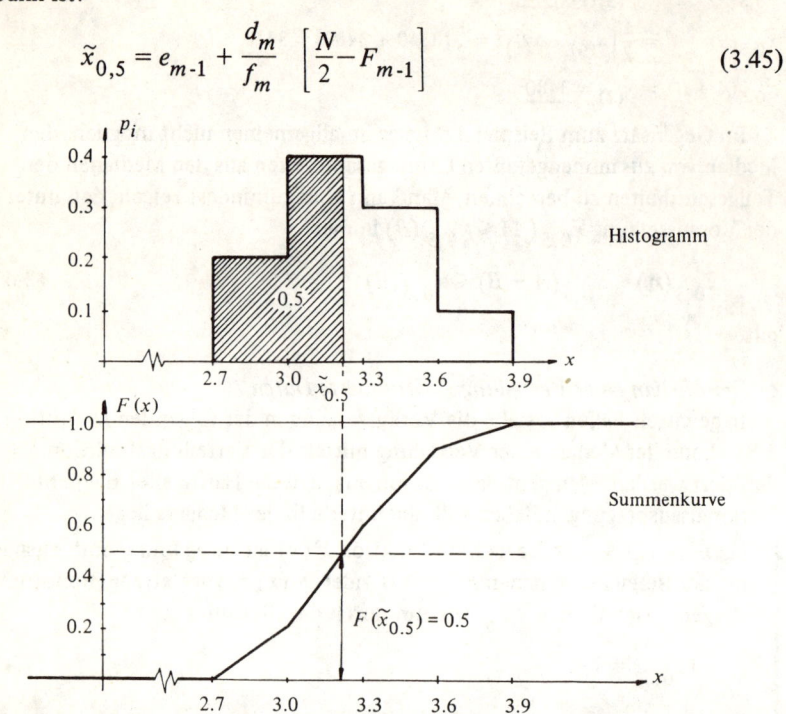

$F(\tilde{x}_{0.5}) = 0.5$

Abb. 10: Konstruktion des Medians mittels der Summenkurve bei gruppierten Daten

Zum Beweis der Formel (3.45) betrachten wir auch noch die folgende Abbildung, welche den „kritischen" Abschnitt der Summenkurve $F(x)$ genau beschreibt:

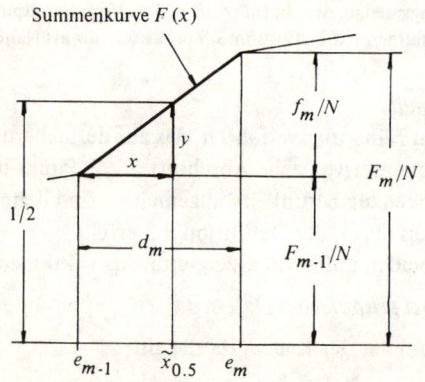

Abb. 11: Schaubild zum Beweis der Formel (3.45)

Lagemaßzahlen

$$\tilde{x}_{0,5} = e_{m-1} + x$$

$$x : y = d_m : (f_m / N)$$

mit

$$y = \frac{1}{2} - \frac{F_{m-1}}{N}$$

also

$$x = \frac{d_m}{f_m/N} \left[\frac{1}{2} - \frac{F_{m-1}}{N}\right] = \frac{d_m}{f_m} \left[\frac{N}{2} - F_{m-1}\right]$$

Beispiel 3.11. Die Skizze zur Erläuterung der Formel (3.45) beruhte auf den Daten des Beispiels 2.2 (20 Geburtsgewichte, Methode 2). Wir berechnen nun den Median aufgrund dieser Klasseneinteilung. Es ist:

i	Klasse	f_i	F_i
1	2,7 – 3,0	4	4
2	3,0 – 3,3	8	12
3	3,3 – 3,6	6	18
4	3,6 – 3,9	2	20
	Σ	20	

$N/2 = 10$ und $F_1 < 10 < F_2$.

Der Median liegt also in der Klasse mit der Nummer 2; somit ist $m = 2$. Sodann erhält man:

$$e_{m-1} = e_1 = 3,0$$

$$F_{m-1} = F_1 = 4$$

$$f_m = f_2 = 8$$

$$d_m = d_2 = 0,3$$

und damit den Median nach Formel (3.45):

$$\tilde{x}_{0,5} = 3,0 + \frac{0,3}{8}[10 - 4] = 3,0 + 0,225 = \underline{3,225}$$

Um den Näherungscharakter der Formel (3.45) zu demonstrieren, sei der Median der 20 Geburtsgewichte auch nach zwei anderen Methoden berechnet:
a) Aus der Urliste gemäß Formel (3.42) $\tilde{x}_{0,5} = \underline{3,2}$
b) Aus gruppierten Daten (Beispiel 2.2, Methode 1) $\tilde{x}_{0,5} = \underline{3,164}$

bb) Diskretes Merkmal

Umfaßt jede Klasse der Häufigkeitsverteilung nur eine Merkmalsausprägung, so können mittels der kumulierten Häufigkeiten F_i unmittelbar die genauen Formeln (3.41) bzw. (3.42) zur Berechnung des Medians herangezogen werden.

Fällt jedoch der Median in eine Klasse, in der diskrete Merkmalsausprägungen zusammengefaßt sind, wird man das Näherungsverfahren wie für stetige Merkmale anwenden.

d) Eigenschaften des Medians
aa) Die Minimaleigenschaft des Medians

Seien $x_1, x_2, \ldots, x_n$ beliebige reelle Zahlen. Das Minimum der Funktion

$$g(a) = \sum_{i=1}^{n} |x_i - a| \qquad (3.46)$$

wird an der Stelle $a = \tilde{x}_{0,5}$ angenommen; es ist genauer

für
- n ungerade: eine eindeutige Lösung vorhanden
- n gerade: alle Zahlen des zentralen Intervalls sind Lösung des Minimierungsproblems

Man vergleiche die Minimaleigenschaft des Medians mit der Minimaleigenschaft des arithmetischen Mittels (3.10); beide Feststellungen sind für die Theorie der statistischen Schätzung von Bedeutung.

bb) Die Anwendbarkeit bei Rangmerkmalen bzw. ordinalen Skalen

Bei der Konstruktion des Medians kam es darauf an, aus einer nach der Größe geordneten Reihe von Zahlen (bzw. quantitativen Merkmalsausprägungen) diejenige Zahl auszuwählen, welche in der Mitte dieser Reihe liegt. Wir unterwerfen die Merkmalsausprägungen x_i einer Transformation

$$x_i \to \varphi(x_i)$$

wobei $\varphi(x)$ eine stetige, streng monotone Funktion sei. Man erhält eine neue Zahlenreihe $y_i = \varphi(x_i)$, für deren Median $\tilde{y}_{0,5}$ gilt:

$$\tilde{y}_{0,5} = \varphi(\tilde{x}_{0,5}). \qquad (3.47)$$

Das heißt mit anderen Worten: Bei einer stetigen, streng monotonen Transformation erhält man den Median der transformierten Daten, indem man einfach den Median der Ausgangsreihe transformiert. Ebenso bleibt das *Medianelement* der Grundgesamtheit (das Element, welches den Median als Merkmalsausprägung besitzt) unverändert. In diesem Sinn spricht man dann kurz vom Median als einer Maßzahl, die gegen stetige und monotone Transformationen invariant sei. Wir beschreiben den Sachverhalt durch das folgende Schema:

Lagemaßzahlen

Medianelement

Elemente: $a_{(1)}, \ldots, a_{((n+1)/2)}, \ldots, a_{(n)}$

Merkmalsausprägungen: $x_{(1)}, \ldots, x_{((n+1)/2)}, \ldots, x_{(n)}$

Mediane

transformierte
Merkmalsausprägungen: $\varphi(x_{(1)}), \ldots, \varphi(x_{((n+1)/2)}), \ldots, \varphi(x_{(n)})$

Anmerkung: Genaugenommen sind die obigen Ausführungen nur für ungerades n exakt zutreffend. Für gerades n ist der Median gemäß Formel (3.42) als arithmetisches Mittel der beiden Grenzen des zentralen Intervalls zu berechnen. Das arithmetische Mittel ist aber nicht im obigen Sinn invariant gegen monotone Transformationen. Für die Grenzen des zentralen Intervalls selbst kann man die obigen Invarianzaussagen jedoch übertragen.

cc) Die Brauchbarkeit des Medians

sei auch an einigen Gesichtspunkten des Vergleichs mit dem arithmetischen Mittel diskutiert:

— der Median kann auch bei Verteilungen mit *offenen Klassen* berechnet werden. Ausnahme: der Median fällt in eine offene Klasse.
— der Median ist *unempfindlich gegen „Ausreißer"*: Auch starke Änderungen der Zahlenwerte an den Enden der Reihe $x_{(1)}, x_{(2)}, \ldots, x_{(n-1)}, x_{(n)}$ ändern den Median nicht. Ob man dies als Vorteil oder Nachteil anzusehen hat, kann nun an Hand der speziellen Fragestellung entschieden werden, der die Berechnung des Medians zu dienen hat.
— nachteilig empfindet man meist die Tatsache, daß die *Mediane von Teilgesamtheiten* ohne Informationen über einzelne Merkmalsausprägungen nicht gestatten, den Median der Grundgesamtheit zu berechnen (siehe hiezu auch Beispiel 3.10).

3.1.6 p-Quantile und daraus abgeleitete Lagemaße

a) Definition und Bezeichnungen

Das p-Quantil kann als Verallgemeinerung des Medians aufgefaßt werden: Es ist jene Zahl, welche den Bruchteil p einer Verteilung von unten abtrennt. Dies sei an einem Histogramm veranschaulicht, das der Einfachheit halber durch eine glatte Kurve[2]) wiedergegeben wird:

---

[2]) Wir werden später oft von glatten Kurven zur übersichtlichen Darstellung von Histogrammen Gebrauch machen. Dieses Bild weist schon auf die Kurven der Häufigkeitsdichte hin, wie sie in der Wahrscheinlichkeitsrechnung für stetige Wahrscheinlichkeitsverteilungen verwendet werden. Der Grenzübergang von „echten" Histogrammen zu den „glatten" Häufigkeitsbildern kann mit dem Instrumentarium des Abschnitts 2.2.3 vollzogen werden.

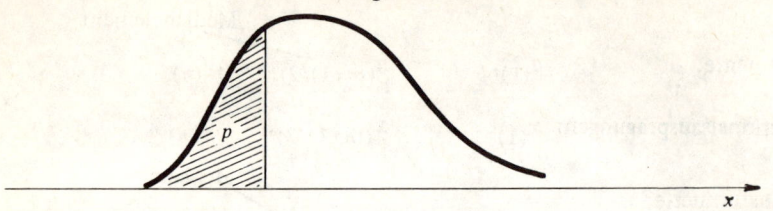

Abb. 12: Geometrische Deutung des p-Quantils

Der Median war somit das p-Quantil mit $p = 0,5$.

aa) Das p-Quantil einer Verteilung – gruppierte Daten

In Analogie zum Median definiert man:

Definition 3.9. Die Verteilungsfunktion $F(x)$ sei stetig und streng monoton steigend. Das p-Quantil $\tilde{x}_p$ ist gegeben als Lösung der Gleichung

$$F(\tilde{x}_p) = p \quad \text{mit} \quad 0 < p < 1 \tag{3.48}$$

Zur Berechnung des p-Quantils bei gruppierten Daten verwendet man die

Formel: p-Quantil bei gruppierten Daten

$i(p)$ ... Nummer der Klasse, für die gilt

$$F_{i(p)-1} \leq Np \leq F_{i(p)}$$

Dann ist

$$\tilde{x}_p = e_{i(p)-1} + \frac{d_{i(p)}}{f_{i(p)}}[Np - F_{i(p)-1}] \tag{3.49}$$

bb) Das p-Quantil einer Zahlenreihe

Normalerweise kann man nicht „genau" den Ort des p-Quantils in einer Zahlenreihe angeben. Es wird jedoch folgende Definition vorgeschlagen:

Definition 3.10.
a) Es sei c eine beliebige reelle Zahl. Das Symbol $\langle c \rangle$ bedeute „nächstgrößere ganze Zahl an c":

$$\langle c \rangle = \min_{m-c \geq 0} m, \quad m \text{ ganze Zahl} \tag{3.50}$$

b) Es seien $x_1, x_2, \ldots, x_n$ beliebige reelle Zahlen. Das p-Quantil $\tilde{x}_p$ ist gegeben durch

$$\begin{aligned}\tilde{x}_p &= x_{(\langle np \rangle)} & np \text{ nicht ganzzahlig} \\ \tilde{x}_p &= \frac{1}{2}[x_{(np)} + x_{(np+1)}] & np \text{ ganzzahlig}\end{aligned} \tag{3.51}$$

Lagemaßzahlen

cc) Spezialfälle: Quartile, Dezile

Häufig werden folgende Spezialfälle betrachtet:

$Q_1 = \tilde{x}_{0,25}$ ... unteres (erstes) Quartil
$Q_3 = \tilde{x}_{0,75}$ ... oberes (drittes) Quartil

$\tilde{x}_{0,10}$ ... unteres (erstes) Dezil
$\tilde{x}_{0,90}$ ... oberes (neuntes) Dezil

Der Median kann als zweites Quartil $Q_2 = \tilde{x}_{0,5}$ betrachtet werden.

b) Lagemaße, die aus p-Quantilen und order statistics abgeleitet werden

Definition 3.11. Das *p-Quantilsmittel* ist gegeben durch

$$\frac{1}{2}(\tilde{x}_p + \tilde{x}_{1-p}) \tag{3.52}$$

Spezialfälle sind

das Quartilsmittel: $\quad \frac{1}{2}(\tilde{x}_{0,25} + \tilde{x}_{0,75}) = \frac{1}{2}(Q_1 + Q_3)$

das Dezilmittel: $\quad \frac{1}{2}(\tilde{x}_{0,10} + x_{0,90})$.

Als ein Grenzfall dieser Mittelbildungs-Methode kann man das arithmetische Mittel aus dem größten und kleinsten Wert einer Zahlenreihe ansehen:

Definition 3.12. Der *Mittelpunkt* (midrange) von beliebigen Zahlen $x_1, x_2, \ldots, x_n$ ist gegeben durch

$$\frac{1}{2}(x_{(1)} + x_{(n)}) \tag{3.53}$$

Anmerkung: Zur Beurteilung des Lagemaßes „Mittelpunkt" siehe die Bemerkungen zur Informationsvermittlung und zur Genauigkeit einer Maßzahl, S. 47.

Beispiel 3.12. Für die Gehälter in beiden Betriebsabteilungen zusammen (siehe Beispiel 3.10) berechne man unteres und oberes Quartil sowie das Quartilsmittel.

unteres Quartil $\qquad\qquad\qquad$ *oberes Quartil*

$n = 13$

$p = 0,25 \qquad\qquad\qquad\qquad p = 0,75$
$np = 13/4 = 3,25 \qquad\qquad\quad np = 39/4 = 9,75$
$\langle np \rangle = 4 \qquad\qquad\qquad\qquad \langle np \rangle = 10$
$Q_1 = x_{(4)} = \underline{3300} \qquad\qquad\quad Q_3 = x_{(10)} = \underline{3680}$
$\frac{1}{2}(Q_1 + Q_3) = \frac{1}{2} \cdot 6980 = \underline{3490}$

Beispiel 3.13. Man berechne für die Löhne der Männer, Version α) (siehe Beispiel 2.9) den Median, die beiden Dezile und das Dezilmittel.

i	Klasse	f_i	F_i
1	1000 – 2000	20	20
2	2000 – 3000	30	50
3	3000 – 4000	80	130
4	4000 – 5000	40	170
5	5000 – 6000	20	190
6	6000 – 7000	10	200
	Σ	200	

$\underline{N = 200}$

Median: $p = 0{,}5 \quad Np = 100$

$F_{m-1} \leq 100 \leq F_m \quad$ für $\quad m = 3$

$d_3 = 1000; f_3 = 80; F_2 = 50; e_2 = 3000$

$\tilde{x}_{0,5} = 3000 + \dfrac{1000}{80}(100 - 50) = \underline{3625}$

unteres Dezil:

$p = 0{,}1 \quad Np = 20$

$F_{i-1} \leq 20 \leq F_i \quad$ für $\quad i\,(0{,}10) = 1$

$d_1 = 1000 \quad f_1 = 20 \quad F_0 = 0$

$\qquad\qquad\qquad e_0 = 1000$

$\tilde{x}_{0,1} = 1000 + \dfrac{1000}{20}(20) = \underline{2000}$

oberes Dezil:

$p = 0{,}9 \quad Np = 180$

$F_{i-1} \leq 180 \leq F_i \quad$ für $\quad i\,(0{,}90) = 5$

$d_5 = 1000 \quad f_5 = 20 \quad F_4 = 170$

$\qquad\qquad\qquad e_4 = 5000$

$\tilde{x}_{0,9} = 5000 + \dfrac{1000}{20}(180 - 170)$

$\qquad = \underline{5500}$

Dezilmittel: $\dfrac{1}{2}(\tilde{x}_{0,1} + \tilde{x}_{0,9}) = \underline{3750}$

3.1.7 Der Modalwert (Modus) einer Verteilung

a) Bei der Bestimmung des Modalwertes (Modus) – auch: häufigster oder dichtester Wert genannt – einer Verteilung geht man von einer Vorstellung aus, in welcher das Histogramm durch eine glatte *Kurve* ersetzt ist. Man kommt dann zu folgender

Definition 3.13. Modalwert einer Verteilung ist eine Merkmalsausprägung (Zahl), für welche die Kurve der Häufigkeitsdichte ein (lokales) Maximum annimmt.

Der Modalwert wird mit h bezeichnet.

Hat eine Dichtekurve nur ein lokales Maximum, spricht man von einer *unimodalen* Verteilung, hat sie mehrere lokale Maxima, spricht man von einer *multimodalen* Verteilung.

Lagemaßzahlen

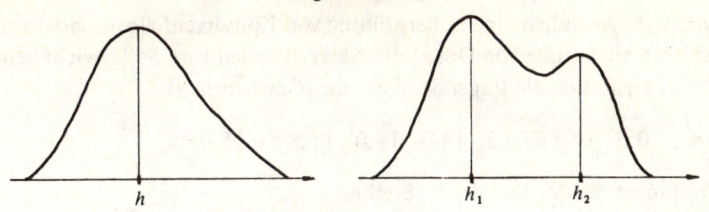

Abb. 13: Unimodale Verteilung; Bimodale Verteilung

b) Hat man ein *Histogramm* im üblichen Sinn vor sich, so bezeichnet man die Klasse mit der größten Häufigkeits*dichte* als *modale Klasse*.

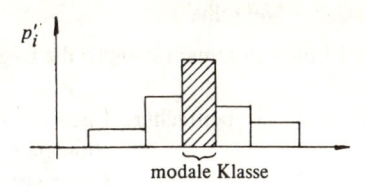

Abb. 14: Die modale Klasse im Histogramm

Haben die modale Klasse und die beiden angrenzenden Klassen die *gleiche Breite,* so wird folgende Näherungsformel für den Modus vorgeschlagen.

Näherungsformel: Modus einer Verteilung

$$h \approx e_{\alpha-1} + \frac{f_\alpha - f_{\alpha-1}}{2f_\alpha - f_{\alpha-1} - f_{\alpha+1}} \cdot d_\alpha \tag{3.54}$$

Dabei sei α die Nummer der modalen Klasse; für die übrigen Bezeichnungen siehe S. 22.

Anmerkung: Die Näherungsformel (3.54) ergibt sich durch quadratische Interpolation. Durch die drei Punkte mit den Koordinaten

$$(x_\alpha - d_\alpha, f_{\alpha-1}) \quad (x_\alpha, f_\alpha) \quad (x_\alpha + d_\alpha, f_{\alpha+1})$$

wird eine Parabel gelegt und h als der Wert bestimmt, an dem die Parabel ihr Maximum annimmt.

3.1.8 Aufgaben und Ergänzungen zum Abschnitt 3.1

Aufgabe 3.1. Für die Zahlenreihe 0,4 1,0 1,6 2,0 2,5 20,0 bestimme man

a) das arithmetische Mittel
b) das geometrische Mittel
c) den Median

Aufgabe 3.2. Anläßlich einer Überprüfung von Konservenfüllgewichten wurden für eine Stichprobe von Dosen die Abweichungen vom Sollgewicht gemessen. Dabei ergab sich die folgende Meßreihe (Gewicht in g):

4,6   0,6   14,8   10,2   14,0   19,0   11,8   −15,0

Man bestimme den Median der Meßreihe.

Aufgabe 3.3. Ein Uhrmacher prüft eine neueingetroffene Sendung von Armbanduhren und stellt nach 24-stündiger Beobachtung folgende Abweichungen von der wahren Zeit (in Sekunden) fest:

−51   −70   46   59   −75   23   3   74

Man bestimme den Median dieser Meßreihe.

Aufgabe 3.4. Ein Abiturient findet in seinem Zeugnis die folgenden Noten vor:

Hauptfächer:		Nebenfächer:	
Deutsch	3	Chemie	2
Latein	4	Biologie	1
Englisch	2	Geschichte	3
Mathematik	2	Geographie	3
Physik	2	Religion	2
		Musik	2
		Zeichnen	2
		Sport	1

Man berechne eine Durchschnittsnote, wobei

a) allen Fächern das gleiche Gewicht
b) den Hauptfächern das doppelte Gewicht der Nebenfächer
c) den Hauptfächern ein gegenüber den Nebenfächern um 50 % erhöhtes Gewicht

gegeben wird.

Aufgabe 3.5. Der Durchschnittsmonatslohn aller Arbeiter eines Betriebes betrug 2000 DM. Für die männlichen Arbeiter berechnete man einen Durchschnittslohn von 2080 DM, für die weiblichen Arbeiter einen Durchschnittslohn von 1720 DM. Wieviel Prozent der Beschäftigten sind Männer?

Aufgabe 3.6. Das mittlere Sterbealter der während des Jahres 1976 in einer Stadt verstorbenen Personen sei durch folgende Übersicht gegeben:

männlich	66,4 Jahre
weiblich	72,0 Jahre
Gestorbene insgesamt	69,4 Jahre

a) Wie ist das Verhältnis der Anzahl der verstorbenen männlichen zu der Anzahl der verstorbenen weiblichen Personen?

b) Man weiß zusätzlich, daß 12 000 Personen starben. Wie groß ist die Anzahl der verstorbenen männlichen Personen?

Aufgabe 3.7. Ein Autohändler verkauft drei verschiedene Modelle und erzielt dabei im Jahr 1976 folgende Verkäufe:

Modell	verkaufte Anzahl	Verkaufspreis je Wagen	Gewinn
A	130	5 500 DM	450 DM
B	80	8 500 DM	1 350 DM
C	5	17 500 DM	5 400 DM

Man berechne
a) den durchschnittlichen Verkaufspreis
b) die durchschnittliche Gewinnspanne, ausgedrückt in Prozent des Einkaufspreises.

Aufgabe 3.8. Die Belastung durch Lohnnebenkosten in einem Industriezweig wird oft durch den Koeffizienten Ln, gegeben durch

$$Ln = \frac{\text{gesamte Lohnkosten}}{\text{Direktlohn}} - 1$$

angegeben. Die Jahreserhebung 1975 in einem bestimmten Industriezweig zeigt folgendes Bild:

Teilbereich	Ln	Gesamtlohnkosten	Beschäftigte
1	0,60	$400 \cdot 10^6$ DM	40 000
2	0,70	$190 \cdot 10^6$ DM	20 000
3	0,40	$200 \cdot 10^6$ DM	30 000
4	0,25	$90 \cdot 10^6$ DM	10 000

Wie groß ist der Belastungskoeffizient Ln für den gesamten Industriezweig?

Aufgabe 3.9. Die Produktionskosten eines bestimmten Werkstückes setzen sich wie folgt zusammen:

Teil A	30 %
Teil B	30 %
Teil C	5 %
Löhne	35 %

Mit dem Abnehmer wurde eine Preisklausel vereinbart, derzufolge nur eine Gesamtkostensteigerung von über 10 % auf den Verkaufspreis überwälzt werden darf. Nun hat sich eine Lohnsteigerung um 8 % und eine Verteuerung des Teils B um 15 % ergeben, während der Preis von C gleich blieb. Um wieviel

Prozent dürfte der Preis von Teil A noch steigen, ohne daß sich der Abnehmerpreis erhöht?

Aufgabe 3.10. Das Bruttonationalprodukt (gemessen in konstanten Preisen) wies in der BRD und in Frankreich folgende prozentuale Veränderungen gegenüber dem Vorjahr auf:

	Änderung in Prozent					
	1969	1970	1971	1972	1973	1974
BRD	8,2	5,9	2,9	3,4	5,1	0,6
Frankreich	7,0	5,9	5,4	5,6	5,5	3,9

Für beide Länder sind folgende Fragen zu beantworten:

a) Wie groß ist die durchschnittliche jährliche Wachstumsrate für den Zeitraum 1968 bis 1974?
b) Vergleiche die korrekt berechnete mittlere Wachstumsrate mit einer Rate, die sich durch arithmetische Mittelbildung aus den Prozentsätzen ergibt.

Aufgabe 3.11. Ein Handelskonzern unterhält in einer Stadt vier Filialbetriebe. Bekannt seien für jeden Filialbetrieb der Anteil am Gesamtumsatz eines Jahres und der durchschnittliche Jahresumsatz pro m² Verkaufsfläche:

Filiale	Umsatzanteil	Umsatz pro m²
1	10 %	5 000 DM
2	20 %	6 000 DM
3	50 %	7 500 DM
4	20 %	4 000 DM

Man berechne den durchschnittlichen Umsatz pro m² Verkaufsfläche für alle Filialen der Stadt zusammen und interpretiere das Ergebnis mit geeigneten Begriffen aus der Theorie der Mittelwerte.

Aufgabe 3.12. Ein Lastwagen erreicht auf verschiedenen Streckenabschnitten die unten angegebenen Durchschnittsgeschwindigkeiten:

Länge des Abschnitts in km	Durchschnittsgeschwindigkeit in km/h
50	70
10	30
20	50
40	90
60	40
15	25
5	10

Lagemaßzahlen

Man berechne die Durchschnittsgeschwindigkeit auf der Gesamtstrecke.

Aufgabe 3.13. Für n Bundesländer seien die Bevölkerungsdichten $d_1, d_2, \ldots, d_n$ gegeben. Man entwickle Formeln für die durchschnittliche Bevölkerungsdichte des Gesamtstaates, wenn zusätzlich

a) die Flächen $Fl_1, Fl_2, \ldots, Fl_n$
b) die Bevölkerungszahlen $B_1, B_2, \ldots, B_n$

gegeben sind.

Aufgabe 3.14. Gegeben seien drei Grundgesamtheiten mit den Umfängen $N = 17, N = 135, N = 72$. Man gebe jeweils für alle drei Fälle allgemeine Ausdrücke unter Benutzung der order statistics für

a) den Median
b) das Quartilsmittel
c) das Dezilmittel

Aufgabe 3.15. Die Monatsgehälter in einer Betriebsabteilung sind

| 3 300 | 4 000 | 3 680 | 3 100 | 2 900 |
| 3 680 | 3 180 | 3 480 | 3 340 | 4 200 |

Man bestimme die folgenden Lagemaße bzw. order statistics für diese statistische Reihe:

a) den Median
b) die beiden Quartile
c) die beiden Sextile
   ($p = 1/6$ und $p = 5/6$)
d) das Quartilsmittel
e) das Sextilsmittel
f) den Mittelpunkt

Aufgabe 3.16. Man führe den (elementaren) Beweis, daß für den Fall zweier positiver Zahlen x_1, x_2 gilt:

quadrat. Mittel $\geq$ arithm. Mittel $\geq$ geom. Mittel $\geq$ harm. Mittel.

Die drei folgenden Aufgaben berühren das Thema „Analyse der Empfindlichkeit von Maßzahlen", das neuerdings relativ großes Interesse der statistischen Forschung beansprucht. Seine Bedeutung kann schon an Hand einfacher Fakten aus der deskriptiven Statistik erläutert werden. Eine gute, leicht lesbare Übersicht gibt *Hampel* [1974].

Aufgabe 3.17. Das arithmetische Mittel von n Meßwerten werde hier mit $\overline{x}_n$ bezeichnet. Es wird nun eine weitere Zahl x zur Meßreihe hinzugenommen; diese Zahl fassen wir als „Ausreißer" oder „Verunreinigung des Datenmaterials" auf.

a) Wie groß ist das arithmetische Mittel $\overline{x}_{n+1}$, gebildet aus den n ursprünglichen Zahlen und der „Verunreinigung" x?

b) Wie groß ist der Fehler, der bei der Berechnung des arithmetischen Mittels durch Einbeziehung der „Verunreinigung" x entsteht?

Aufgabe 3.18. Der Fehler des arithmetischen Mittels, der durch Einbeziehung der „Verunreinigung" x bei der Berechnung des arithmetischen Mittels entsteht, kann normiert werden, indem man die Differenz $\overline{x_{n+1}} - \overline{x_n}$ durch den Anteil der fehlerhaften Beobachtung an der Gesamtzahl der Beobachtungen, hier: $1/(n+1)$, dividiert. Faßt man das Ergebnis als Funktion der variablen „Verunreinigung" x auf, so entsteht die *Einflußkurve* des arithmetischen Mittels (für die vorgelegte Meßreihe).

Man bestimme die Form der Einflußkurve für das arithmetische Mittel.

Aufgabe 3.19. Analog wie für das arithmetische Mittel kann die Einflußkurve für andere Lagemaße, aber auch für andere Typen von Verteilungsmaßzahlen berechnet werden: Man dividiere den Fehler, der durch Einbeziehung einer „Verunreinigung" entsteht, durch ihren relativen Anteil an der Anzahl der Beobachtungen.

Gegeben sei nun die Meßreihe $-1, \ 2, \ 3, \ 5$
Man zeichne die Einflußkurve

a) des arithmetischen Mittels
b) des Medians

für die gegebene Meßreihe.

Aufgabe 3.20. Man berechne das arithmetische Mittel für die folgenden, in Form von gruppierten Daten gegebenen Verteilungen:

a) Verteilung A (siehe Aufgabe 2.1)
b) die Verteilungen B und C (siehe Aufgabe 2.3)
c) die Verteilung D (siehe Aufgabe 2.4)
d) die Verteilungen E und F (siehe Aufgabe 2.6)

Aufgabe 3.21. Aus der „Encyclopaedia Britannica" wurde eine Stichprobe von 60 bedeutenden Persönlichkeiten entnommen und deren Altersverteilung (Verteilung G) in folgender Form festgehalten:

Alter in Jahren	Häufigkeit
20 – 29	2
30 – 39	0
40 – 49	3
50 – 59	12
60 – 69	16
70 – 79	17
80 – 89	9
90 – 99	1
Σ	60

Man berechne das arithmetische Mittel des Alters für diese Stichprobe.

Aufgabe 3.22. Man berechne das arithmetische Mittel der Gewichte für alle Kinder des zweiten Volksschuljahrganges (Daten siehe Aufgabe 2.3).

Aufgabe 3.23. Die österreichische Volkszählung 1961 lieferte die folgende Verteilung der Privathaushalte. Merkmal : Größe des Haushalts, gemessen durch die Anzahl der im Haushalt lebenden Personen.

Haushaltsgröße	Anzahl in 1 000	
1	450	
2	620	
3	480	
4	350	Verteilung H
5	190	(gerundete Anzahlen)
6 und mehr	210	
Σ	2 300	

a) Zusätzlich zu den in der Tabelle gegebenen Daten sei bekannt, daß in Privathaushalten *mit mehr als 5 Personen* insgesamt 1,5 Millionen Personen wohnen. Man berechne das arithmetische Mittel der Haushaltsgröße.

b) Neben Privathaushalten wurden bei der Volkszählung 1961 auch sogenannte Anstaltshaushalte registriert. Ihre Anzahl betrug (rund) 2 500, die Durchschnittsgröße der Anstaltshaushalte war 40 Personen. Wie groß war die durchschnittliche Haushaltsgröße aller Haushalte (Privat- und Anstaltshaushalte)?

Aufgabe 3.24. Anläßlich einer im Jahre 1971 unter Bonner Studenten durchgeführten Umfrage wurde ermittelt, wieviel Geld ihnen monatlich zur Verfügung stand. Für Studenten, die bei ihren Eltern wohnten, ergab sich die folgende Verteilung:

Monatsgehalt in DM	Anteil der Studenten in %	
bis 150	16	
150 – 250	38	Verteilung J
250 – 350	22	
350 – 500	18	
500 – 700	4	
über 700	2	
Σ	100	

Quelle: Erhebung Dr. K. Steiner, Institut für Gesellschafts- und Wirtschaftswissenschaften der Universität Bonn.

Man ermittle den Median des Monatsbudgets.

Aufgabe 3.25. Gegeben seien die Daten der Verteilungen E und F (siehe Aufgabe 2.6).

Man ermittle — für beide Buchhandlungen zusammen — den Anteil der Bestellungen, die einen Bestellwert von 150 DM und weniger hatten.

Aufgabe 3.26. Gegeben sei die folgende Einkommensverteilung (Verteilung K)

Monatseinkommen in DM	Anzahl der Einkommensbezieher	Durchschnittseinkommen je Klasse
bis 600	70	450
600 — 800	110	750
800 — 1 000	130	900
1 000 — 1 500	40	1 200
1 500 — 2 000	30	1 700
über 2 000	20	2 500

Man berechne:

a) das arithmetische Mittel
b) den Median der Monatseinkommen
c) die beiden Quartile

Aufgabe 3.27. In einer Untersuchung über das Einkommen der Eltern von 100 Sonderschülern wird der Median mit 1 300 DM, das arithmetische Mittel mit 1 325 DM ausgewiesen. Für das vorliegende — lückenhafte — Material

Einkommensklasse	Häufigkeit
400 — 800	10
800 — 1 000	10
1 000 — 1 400	.
1 400 — 1 800	.
1 800 — 2 000	5
über 2 000	5

sollen folgende Fragen beantwortet werden:

a) Wie groß sind die Besetzungszahlen in den Klassen 1000 — 1400 und 1400 — 1800?
b) Welcher „Klassenmittelwert" wurde für die Klasse „2000 und mehr" verwendet, um das oben angegebene arithmetische Mittel zu berechnen?

3.2 Streuungsmaßzahlen

3.2.1 Allgemeine Überlegungen zum Phänomen der Streuung

a) Die Bedeutung des Streuungsphänomens in der Statistik

Der Begriff der Streuung bezieht sich ganz allgemein darauf, wie eng die Merkmalsausprägungen eines quantitativen Merkmals beieinander liegen bzw. wie weit ausgebreitet sie auf der reellen Zahlenachse erscheinen. Im folgenden verwenden wir den Namen „Streuung" zur Bezeichnung dieses allgemeinen Sachverhalts — etwa in Analogie zur „Lage" einer Verteilung — und unterscheiden ihn von den verschiedenen Namen der einzelnen, weiter unten vorgeschlagenen Streuungsmaße, wie Varianz, mittlere Quartilsdistanz, usw.

Es ist klar, daß Lagemaße allein eine Verteilung nicht immer ausreichend charakterisieren; darüber hinaus erweist sich gerade die „Streuung" als ein zentrales Phänomen der Statistik, insbesondere der induktiven Statistik. Zunächst sollen einige Beispiele die Bedeutung des Streuungsphänomens in verschiedenen Gebieten erläutern:

Beispiel 3.14[3]). *Reißfestigkeit von Garnen.* Die Güte eines Garns hängt von der Reißfestigkeit des Garnfadens ab. Dabei kommt es darauf an, daß eine gewisse Untergrenze nicht unterschritten wird, unter der es beim Verarbeitungsprozeß zu Fadenbrüchen kommt. Die Qualität eines Garns wird also nach dem Anteil der Fadenstücke bemessen, deren Reißfestigkeit unterhalb der kritischen Grenze liegt.

Es seien nun zwei Garnsorten A und B gegeben; für die Mittelwerte der Reißfestigkeiten gelte $\bar{x}_A > \bar{x}_B$. Dennoch kann es sein, daß Garn B nach den oben beschriebenen Kriterien besser ist als Garn A, nämlich dann, wenn vermöge einer starken Streuung der Reißfestigkeit für Garn A ein größerer Anteil der Fadenstücke unterhalb der Toleranzgrenze liegt als für Garn B.

Beispiel 3.15. *Ein Fluktuationsphänomen.* Drei Produktionslinien erzeugen mit gleicher durchschnittlicher Geschwindigkeit Einzelstücke, die zu einem Fertigprodukt, bestehend aus je einem Teilstück aus jeder der drei Produktionslinien, zusammengesetzt werden. Da Produktionszeiten meist etwas um ihren Mittelwert streuen, wird man trotz gleicher mittlerer Produktionsgeschwindigkeit Warteschlangen von Einzelstücken vor der Zusammensetzstelle vorfinden:

Die Anzahl der wartenden Einzelstücke wird im Laufe der Zeit schwanken und überdies auch davon abhängen, wie stark die Produktionszeiten der einzelnen Linien streuen. Nur im Idealfall von genau im Takt produzierenden Linien treten keine Warteschlangen auf.

Mittels der Theorie der stochastischen Prozesse kann man sogar zeigen, daß man trotz gleicher mittlerer Produktionszeit an den einzelnen Linien mit Wahrscheinlichkeit 1 damit rechnen muß, daß die Länge jeder Warteschlange einmal jeden noch so großen vorgegebenen Wert übersteigt — wenn nur ein einziger Produktionsprozeß eine Streuung der Produktionszeiten aufweist und sofern keine zusätzlichen Steuerungsmaßnahmen, wie zeitweiliges Abschalten von Produktionslinien, getroffen werden. Die Warteschlangentheorie zeigt ganz allgemein: Kapazitätsplanungen dürfen sich nicht allein auf die Betrachtung von Mittelwerten stützen.

---

[3]) Nach *Pfanzagl* [1972, S. 27].

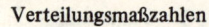

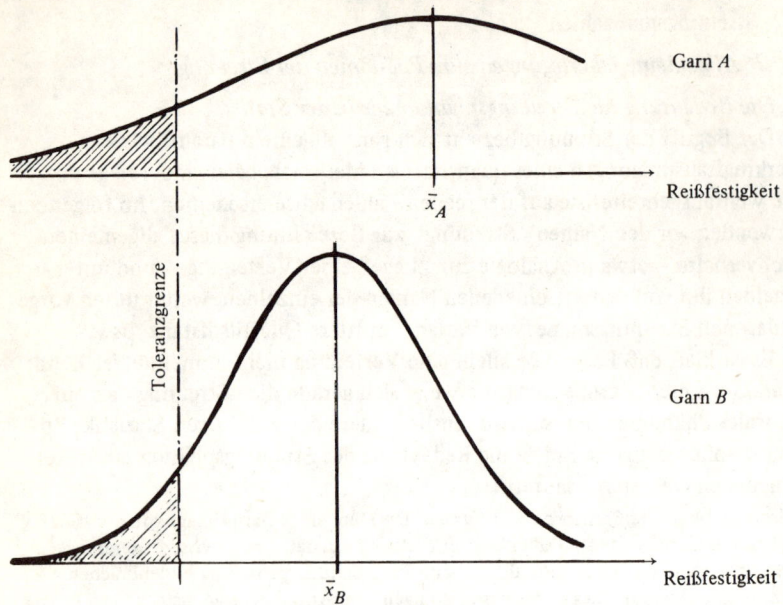

Abb. 15: Reißfestigkeitsverteilung bei zwei Garnsorten.

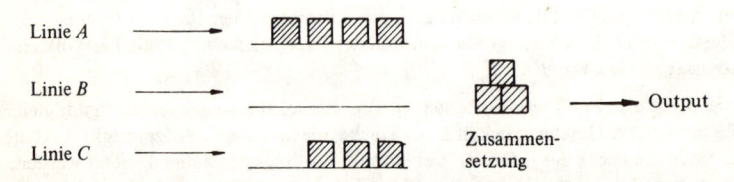

Abb. 16: Das Auftreten von Warteschlangen bei einem Zusammensetzprozeß

Beispiel 3.16. Die Rolle der Streuung in der induktiven Statistik. Eines der Grundschemata des statistischen Schließens läßt sich ungefähr so beschreiben:
Man sei daran interessiert, etwas über das arithmetische Mittel einer Verteilung – das hier mit μ bezeichnet wird – zu erfahren, ohne alle Elemente der zugehörigen Grundgesamtheit untersuchen zu müssen. Dazu greift man ein Element der Grundgesamtheit „zufällig" heraus und registriert die Merkmalsausprägung des gezogenen Elements. Was kann man nun über den Mittelwert μ der Verteilung sagen?

Anschaulich ist klar, daß im Falle einer kleinen Streuung die Merkmalsausprägung des gezogenen Elements „meist" näher an μ liegen wird als bei einer Verteilung mit großer Streuung (vgl. Abb. 17).

In der induktiven Statistik nimmt man sehr oft das arithmetische Mittel mehrerer gezogener Elemente (einer „Stichprobe") und betrachtet dieses als bessere Schätzung für den unbekannten Mittelwert. Daß dies wirklich der Fall ist, folgt im Anschluß an die obige Überlegung aus der Betrachtung der Verteilung aller möglichen Stichprobenmittel-

μ ... Mittelwert
x_i ... ein zufällig gezogenes Element

x_i μ
Verteilung mit kleiner Streuung

x_i μ
Verteilung mit großer Streuung

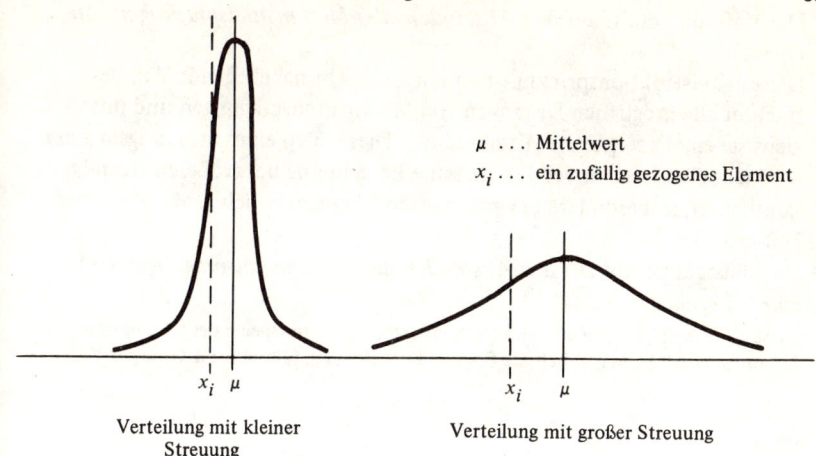

Abb. 17: Die Lage von Merkmalsausprägungen zufällig gezogener Elemente in Verteilungen mit verschieden großer Streuung

werte mit festem Stichprobenumfang und den folgenden Tatsachen: Die Verteilung aller möglichen Stichprobenmittelwerte hat
– denselben Mittelwert
– eine kleinere Streuung
als die Verteilung der ursprünglichen Merkmalsausprägungen.

b) Eine Klassifikation von Streuungsmaßzahlen

Um das Streuungsphänomen quantitativ in einer Maßzahl zu fassen, werden im wesentlichen drei Konstruktionsprinzipien verwendet:

α) Die Maßzahl beruht auf dem *Abstand zweier geeigneter Ranggrößen* (order statistics).

Durch geeignete Ranggrößen wird die Lage des „unteren" und des „oberen" Bereichs einer Verteilung charakterisiert und sodann die Streuung als „Abstand" dieser Bereiche angesehen.

Streuungsmaß

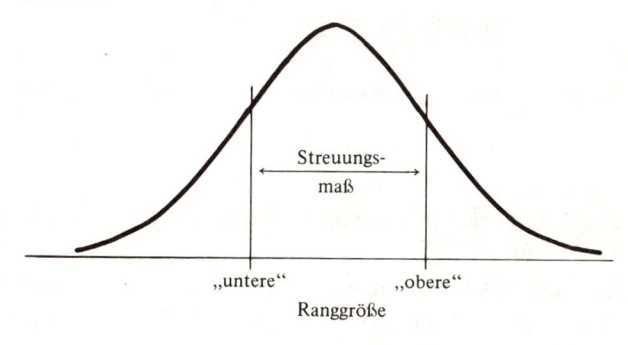

„untere"   „obere"
Ranggröße

Abb. 18: Streuungsmaße, definiert durch Ranggrößen

β) Die Maßzahl beruht auf den *Abständen aller Merkmalsausprägungen voneinander*.

Dieses Konstruktionsprinzip ist anschaulich sehr naheliegend: Man betrachtet alle möglichen Distanzen von Merkmalsausprägungen und unterzieht sie einer geeigneten Mittelbildung. Dieser Typ eines Streuungsmaßes wird jedoch selten verwendet, da seine Berechnung bei größeren Grundgesamtheiten, insbesondere bei gruppierten Daten, ziemlich große Rechenarbeit erfordert.

γ) Die Maßzahl beruht auf den *Abständen der Merkmalsausprägungen von einem Lagemaß*.

Dieses Konstruktionsprinzip wird am häufigsten angewandt; eine der wichtigsten Streuungsmaßzahlen, nämlich die Standardabweichung, fällt in diese Gruppe.

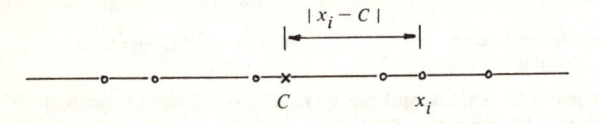

$$|x_i - C|$$

$C \qquad x_i$

Abb. 19: Zur Konstruktion von Streuungsmaßen durch zweifache Mittelung

Die Konstruktion erfolgt in drei Schritten:
— Wahl eines Lagemaßes (Mittelwertes) C
— Bilden der Abstände $|x_i - C|$
— Mittelung dieser Abstände

Merke: Das Streuungsmaß wird hier durch *zwei* Mittelbildungen charakterisiert.

Neben der hier gegebenen Klassifikation betrachtet man auch eine Einteilung in *absolute* Streuungsmaße und *relative Streuungsmaße*. Zu den absoluten Streuungsmaßen zählen wir die nach den Konstruktionsprinzipien α) – γ) gebildeten Maßzahlen. Relative Streuungsmaße, auch *Dispersionsmaße* oder *Streuungskoeffizienten* genannt, werden nach dem Schema

$$\frac{\text{absolutes Streuungsmaß}}{\text{Lagemaß}}$$

konstruiert. Einige Beispiele für Dispersionsmaße finden sich im Abschnitt 3.2.6.

c) Invarianzeigenschaften und Dimension

Von einem Streuungsmaß verlangt man, daß es gegen eine *Verschiebung* der Verteilung invariant sei;

von einem Dispersionsmaß fordert man hingegen, daß es invariant gegen eine Maßstabänderung sei, also unabhängig von gewählten Maßeinheiten (Längen-, Gewichtseinheit, Währungseinheit, etc.).

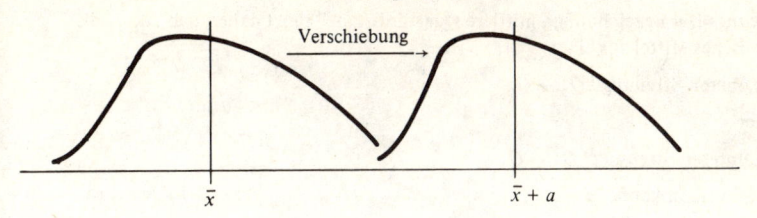

Abb. 20: Verteilungen mit gleicher Streuung: Verschiebung

Bei Streuungsmaßen ist erwünscht, daß sie die gleiche Dimension wie die Merkmalsausprägungen haben (man beachte jedoch die Sonderrolle der Varianz); Dispersionsmaße sind *dimensionslose* Größen.

3.2.2 Streuungsmaße, die von Quantilen abhängen

Zwei von Quantilen abhängige Streuungsmaße seien in folgender Definition zusammengefaßt:

Definition 3.14

a) Die mittlere Quartilsdistanz oder Semi-Interquartilsdistanz ist gegeben durch

$$\Delta_{0,25} = \frac{1}{2}(Q_3 - Q_1) \quad \text{oder} \quad \frac{1}{2}(\tilde{x}_{0,75} - \tilde{x}_{0,25}) \tag{3.55}$$

b) Die Semi-Interquantilsdistanz ist gegeben durch

$$\Delta_p = \frac{1}{2}(\tilde{x}_{1-p} - \tilde{x}_p) \tag{3.56}$$

Die mittlere Quartilsdistanz ist ein Spezialfall der Semi-Interquantilsdistanz für $p = 0,25$. Durch die Differenzbildung bei zwei Quantilen wird tatsächlich Verschiebungsinvarianz erzeugt.

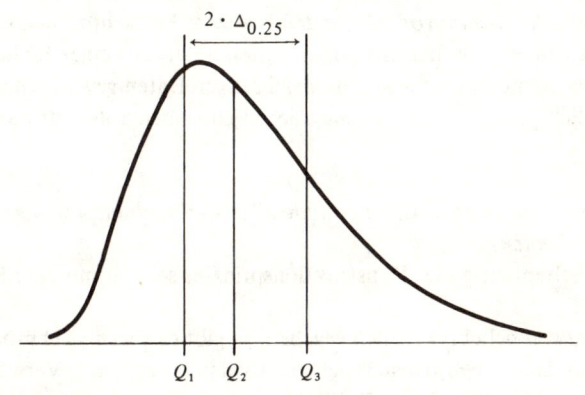

Abb. 21: Zum Begriff „mittlere Quartilsdistanz"

Anmerkung: Die Bezeichnung „mittlere Quartilsdistanz" rührt daher, daß $\Delta_{0,25}$ als arithmetisches Mittel aus einer

„oberen Streuung" $Q_3 - Q_2$

und einer

„unteren Streuung" $Q_2 - Q_1$

aufgefaßt werden kann:

$$\Delta_{0,25} = \frac{1}{2}[(Q_3 - Q_2) + (Q_2 - Q_1)]$$

Man beachte dabei, daß bei nicht symmetrischen (schiefen) Verteilungen die beiden Differenzen $Q_3 - Q_2$ und $Q_2 - Q_1$ nicht gleich groß zu sein brauchen.

Ein allein von den beiden Extremwerten einer Verteilung abhängiges Streuungsmaß ist die Spannweite.

Definition 3.15

a) Es seien $x_1, x_2, \ldots, x_n$ beliebige reelle Zahlen. Die *Spannweite (range)* R ist gegeben durch

$$R = x_{(n)} - x_{(1)} \tag{3.57}$$

b) *Gruppierte Daten*

$$R = e_k - e_0 = x_k - x_1 + \frac{1}{2}(d_k + d_1) \tag{3.58}$$

Die Bedeutung der Symbole in Formel (3.58) findet man in der Übersicht auf S. 30.

Über die Genauigkeit und den Informationsgehalt der Spannweite gilt zunächst auch, was auf S. 47 über die Lagemaßzahl „Mittelpunkt" (siehe auch Definition 3.12) gesagt wurde.

Darüber hinaus ist darauf zu achten, daß die Spannweiten verschiedener Grundgesamtheiten nur dann mit Recht verglichen werden können, wenn diese jeweils die *gleiche Anzahl von Elementen* besitzen. Betrachtet man nämlich eine Folge von empirischen Grundgesamtheiten, die aus einer Reihe von Stichproben wachsenden Umfanges aus gleichartigen Daten gewonnen wurden, so kann die Spannweite mit wachsender Stichprobengröße nur monoton wachsen.

3.2.3 Streuungsmaße, welche die Abstände aller Merkmalsausprägungen voneinander berücksichtigen

Wegen der Seltenheit dieses Konstruktionsprinzips sei hier nur eine Maßzahl angeführt.

Sind insgesamt n beliebige Zahlen gegeben, so gibt es $\frac{1}{2}n(n-1)$ mögliche Indexpaare und damit ebensoviele mögliche Abstände $|x_i - x_j|$. Verwendet man das arithmetische Mittel zur Mittelbildung, so kommt man zu folgender

Definition 3.16. Gini-Maß oder mean difference Δ_G
Es seien $x_1, x_2, \ldots, x_n$ beliebige reelle Zahlen. Das Streuungsmaß Δ_G ist gegeben durch

$$\Delta_G = \frac{2}{n(n-1)} (|x_1 - x_2| + |x_1 - x_3| + \ldots + |x_{n-1} - x_n|) \quad (3.59a)$$

oder

$$\Delta_G = \frac{2}{n(n-1)} \sum_{i<j} |x_i - x_j|; \quad 1 \leq i < j \leq n \quad (3.59b)$$

3.2.4 Streuungsmaße, welche die Abstände der Merkmalsausprägungen von einem Lagemaß benutzen

In Abschnitt 3.2.1 b) γ) wurde ein allgemeines Konstruktionsprinzip für diesen Maßzahltyp angegeben. Es gestattet durch Kombination verschiedener Mittelbildungen die Bildung einer Fülle von Maßzahlen. Wir geben im folgenden nur vier Möglichkeiten an, die auch in der Praxis in Betracht gezogen wurden.

Es sei schon hier darauf hingewiesen, daß von diesen vier Maßen wiederum das letztangeführte, nämlich die Standardabweichung σ, die bei weitem größte Bedeutung erlangt hat.

Definition 3.17. Es seien $x_1, x_2, \ldots, x_n$ beliebige reelle Zahlen; C ein Lagemaß dieser Zahlenfolge. Durch das Lagemaß C und Mittelung der Abstände $|x_i - C|$ werden folgende Streuungsmaße gebildet:

Streuungsmaß	Lagemaß C	Mittelbildung für die Abstände $x_i - C$
a) $d_{\bar{x}}$ ... durchschnittliche Abweichung vom arithmetischen Mittel	arithmetisches Mittel	arithmetisches Mittel
b) $d_{\tilde{x}}$ ... durchschnittliche Abweichung vom Median	Median	arithmetisches Mittel
c) d_p ... wahrscheinliche Abweichung	Median	Median
d) σ ... Standardabweichung	arithmetisches Mittel	quadratisches Mittel

Es wird also:

ad a) $\quad d_{\bar{x}} = \dfrac{1}{n} \sum\limits_{i=1}^{n} |x_i - \bar{x}|$ (3.60)

ad b) $\quad d_{\tilde{x}} = \dfrac{1}{n} \sum\limits_{i=1}^{n} |x_i - \tilde{x}_{0,5}|$ (3.61)

ad d) $\quad \sigma = \sqrt{\dfrac{1}{n} \sum\limits_{i=1}^{n} (x_i - \bar{x})^2}$ (3.62)

wegen: $|x_i - \bar{x}|^2 = (x_i - \bar{x})^2$

Anmerkung: In der Technik wird manchmal die Maßzahl d_{max} = „maximale Abweichung" mit

$$d_{max} = \underset{i}{\text{Max}} |x_i - \bar{x}| \quad (3.63)$$

gebraucht. Sie kann als fünfter Fall eines nach Definition 3.17 konstruierten Streuungsmaßes angesehen werden, indem man die Funktion „Max" als Grenzfall eines Potenzmittels deutet (siehe 3.1.4 b)).

Im nachstehenden Beispiel sollen die vier Streuungsmaße der Definition 3.17, zusammen mit dem Gini-Maß, untereinander verglichen werden.

Beispiel 3.17. Für die Gehälter in der Betriebsabteilung A (siehe Beispiel 3.2) sind die Streuungsmaße $\Delta_G, d_{\bar{x}}, d_{\tilde{x}}, d_p, \sigma$ zu bestimmen.

Für jede direkte Rechnung dieser Art ist es günstig, eine nach der Größe geordnete Reihe der Gehälter zu benutzen:

3180   3400   3660   3920   5140

α) *Berechnung des Gini-Maßes (der mean difference)* Δ_G
Zur bequemen Berechnung verwenden wir das folgende Schema:

x_i:	3180	3400	3660	3920	5140
		220	480	740	1960
			260	520	1740
Differenzen:				260	1480
					1220
Σ:		220 +	740 +	1520 +	6400 = 8880

$n = 5; \;\dfrac{1}{2}n(n-1) = 10; \;\; \Delta_G = \dfrac{1}{10} \cdot 8880 = \underline{888}$

Streuungsmaßzahlen

β) *Berechnung der durchschnittlichen Abweichung $d_{\bar{x}}$*

x_i:	3180	3400	3660	3920	5140
$\bar{x} =$	3860				
$\|x_i - \bar{x}\|$:	680	460	200	60	1280

$d_{\bar{x}} = \frac{1}{5}(680 + 460 + 200 + 60 + 1280) = \underline{536}$

γ) *Berechnung der durchschnittlichen Abweichung $d_{\tilde{x}}$*

x_i:	3180	3400	3660	3920	5140
$\tilde{x}_{0,5} =$	3660				
$\|x_i - \tilde{x}_{0,5}\|$:	480	260	0	260	1480

$d_{\tilde{x}} = \frac{1}{5}(480 + 260 + 0 + 260 + 1480) = \underline{496}$

δ) *Berechnung der wahrscheinlichen Abweichung d_p*

x_i:	3180	3400	3660	3920	5140
$\tilde{x}_{0,5} =$	3660				
$\|x_i - \tilde{x}_{0,5}\|$:	480	260	0	260	1480
geordnete Reihe $\|x_i - \tilde{x}_{0,5}\|$	0	260	260 ← Median	480	1480

$\underline{d_p = 260}$

ε) *Berechnung der Standardabweichung σ*

x_i:	3180	3400	3660	3920	5140
$\bar{x} =$	3860				
$x_i - \bar{x}$:	−680	−460	−200	60	1280
$(x_i - \bar{x})^2$:	462400	211600	40000	3600	1638400

$\sigma^2 = \frac{1}{5}(462400 + \ldots + 1638400) = \frac{1}{5} \cdot 2356000 = 471\,200$

$\sigma = \sqrt{471\,200} = \underline{686{,}4}$

Von den in Definition 3.17 angeführten Streuungsmaßen sind die beiden Maßzahlen $d_{\tilde{x}}$ und σ durch *Minimumseigenschaften* ausgezeichnet:

- von allen Maßzahlen des Typs $\frac{1}{n} \Sigma |x_i - C|$ ist $d_{\tilde{x}}$ die kleinste (siehe Formel (3.46))
- von allen Maßzahlen des Typs $\sqrt{\frac{1}{n} \Sigma (x_i - C)^2}$ ist σ die kleinste (siehe Formel (3.10))

Allgemein gilt die *Größenbeziehung*

$$\sigma \geq d_{\bar{x}} \geq d_{\tilde{x}} \qquad (3.64)$$

die insbesondere auch am Zahlenmaterial des Beispiels 3.17 erfüllt ist.
Hier war

$$\sigma = 686{,}4 \qquad d_{\bar{x}} = 536 \qquad d_{\tilde{x}} = 496.$$

Über die *wahrscheinliche Abweichung* d_p kann man folgendes sagen: Halbiert der Median die Strecke zwischen den beiden Quartilen, d.h. gilt $\tilde{x}_{0,5} = \frac{1}{2}(Q_1 + Q_3)$, so ist die wahrscheinliche Abweichung gleich der mittleren Quartilsdistanz

$$d_p = \frac{1}{2}(Q_3 - Q_1). \qquad (3.65)$$

Insbesondere gilt diese Formel für *symmetrische Verteilungen*. Neuerdings wendet man der Maßzahl d_p wieder vermehrte Aufmerksamkeit zu, und zwar als besonders robustem Streuungsmaß. Siehe hiezu auch *Hampel* [1974, S. 388f.], wo für d_p der Name „median deviation" gewählt wird.

Invarianzeigenschaften: Alle in Definition 3.17 dargestellten Abweichungs-Streuungsmaße sind invariant gegen eine Parallelverschiebung der Abzissenachse. Allgemein gilt: Es sei $d(x_1, x_2, \ldots, x_n)$ eine Maßzahl vom Konstruktionstyp der Definition 3.17 und

$$y_i = a + b x_i; \qquad i = 1, \ldots, n.$$

Dann ist

$$d(y_1, y_2, \ldots, y_n) = |b| \cdot d(x_1, x_2, \ldots, x_n). \qquad (3.66)$$

Formeln für *gruppierte Daten* können für die Maßzahlen $\Delta_G, d_{\bar{x}}, d_{\tilde{x}}$ und σ gefunden werden. Im folgenden Abschnitt wird jedoch nur die rechentechnische Behandlung von σ^2 (und damit auch von σ) für gruppierte Daten ausführlicher dargestellt.

3.2.5 Die Varianz
a) Definition und Formeln zur Berechnung der Varianz für Einzeldaten

Das in diesem Abschnitt eingeführte Streuungsmaß „Varianz" zählt zu den wichtigsten Begriffen der induktiven Statistik. Ihre ausführliche Behandlung im Rahmen einer deskriptiven Statistik kann gerechtfertigt werden, weil viele Fragen der Datenverarbeitung an Material, das für Zwecke der induktiven Statistik bereitgestellt wurde, sich zwanglos in die Gedankenwelt der deskriptiven Statistik einordnen lassen.

Streuungsmaßzahlen

Obwohl die Varianz eine einfache Funktion der Maßzahl „Standardabweichung" ist, sei wegen ihrer Bedeutung ihre Definition eigens hervorgehoben.

Definition 3.18. Es seien $x_1, x_2, \ldots, x_n$ beliebige reelle Zahlen. Die Varianz σ^2 ist gegeben durch

$$\sigma^2 = \frac{1}{n} \sum_{i=1}^{n} (x_i - \bar{x})^2 \tag{3.67}$$

Zur Bezeichnung: Will man betonen, daß die Varianz bezüglich der statistischen Variablen $X, Y, \ldots$ mit den Merkmalsausprägungen $x_i, y_i, \ldots$ berechnet wurde, schreibt man $\sigma_x^2, \sigma_y^2, \ldots$ Das gleiche gilt für die Standardabweichung und für den Variationskoeffizienten (siehe Abschnitt 3.2.6).

Zur Bedeutung der Maßzahl „Varianz" sei im einzelnen noch folgendes bemerkt:

— In der deskriptiven Statistik ist als Streuungsmaß die Standardabweichung besser als die Varianz geeignet. Der Nachteil der Varianz ist nämlich, daß sie die Dimension eines Quadrats der Maßeinheit hat (z.B. hat die Varianz von Körpergrößen die Dimension cm^2). Erst in der induktiven Statistik entfaltet diese Maßzahl ihre volle Bedeutung.

— Die Varianz hängt eng mit der sogenannten „*Methode der kleinsten Quadrate*" zusammen (hiezu näheres im Abschnitt 6.3); sie ist ebenso Grundlage für die „Streuungszerlegung", die in Teil c) dieses Abschnitts behandelt wird.

— Anstelle der Formel (3.67) wird für die Varianz oft auch die Version

$$s^2 = \frac{1}{n-1} \sum_{i=1}^{n} (x_i - \bar{x})^2 \tag{3.68}$$

vorgeschlagen. Die Verwendung von $n-1$ anstelle von n im Nenner der Maßzahl ist nur im Rahmen der „Schätztheorie" — einem Kapitel der induktiven Statistik — zu verstehen. Die hier in (3.68) gegebene Größe s^2 ist nämlich in vielen Fällen als „*unverfälschte Schätzung*" der unbekannten Varianz einer wahrscheinlichkeitstheoretischen Verteilung anzusehen.

Für die *Berechnung der Varianz* sind die folgenden *Formeln* von Nutzen:

$$\sigma^2 = \frac{1}{n} \sum_{i=1}^{n} x_i^2 - \bar{x}^2 \tag{3.69}$$

$$\sigma^2 = \frac{1}{n} \left[\sum_{i=1}^{n} x_i^2 - \frac{(\sum_{i=1}^{n} x_i)^2}{n} \right] \tag{3.70}$$

Besonders zu empfehlen ist Formel (3.70), wenn für σ^2 ein kleiner Wert zu erwarten ist; etwaige Rundungsfehler wirken sich in der Version (3.69) stärker aus als in (3.70).

Beweis der Formeln (3.69) und (3.70)

$$\sum_{i=1}^{n}(x_i-\bar{x})^2 = \sum_{i=1}^{n}(x_i^2 - 2x_i\bar{x}+\bar{x}^2) = \sum_{i=1}^{n}x_i^2 - 2\bar{x}\underbrace{\sum_{i=1}^{n}x_i}_{=n\bar{x}} + n\bar{x}^2 =$$

$$= \sum_{i=1}^{n}x_i^2 - 2\bar{x}\cdot n\bar{x} + n\bar{x}^2 = \sum_{i=1}^{n}x_i^2 - n\bar{x}^2.$$

Man erhält zunächst also:

$$\sum_{i=1}^{n}(x_i-\bar{x})^2 = \sum_{i=1}^{n}x_i^2 - n\bar{x}^2. \tag{3.71}$$

Dividiert man (3.71) durch n, so folgt die Formel (3.69):

$$\sigma^2 = \frac{1}{n}\sum_{i=1}^{n}(x_i-\bar{x})^2 = \frac{1}{n}\sum_{i=1}^{n}x_i^2 - \bar{x}^2$$

Setzt man schließlich in (3.69) für $\bar{x}^2 = (\Sigma x_i)^2/n^2$ und hebt den Faktor $1/n$ heraus, so bekommt man (3.70). □

Formel (3.71) ist ein *Spezialfall des Satzes von Steiner* (siehe Formel (3.8)):

$$\sum_{i=1}^{n}(x_i-a)^2 = \sum_{i=1}^{n}(x_i-\bar{x})^2 + n(\bar{x}-a)^2.$$

Setzt man hier $a=0$, so folgt (3.71).

b) Definitionen und Formeln der Varianz für Verteilungen – gruppierte Daten

aa) Formeln

Zur Berechnung bei gruppierten Daten geht man aus von der fundamentalen

Formel für die *Varianz bei gruppierten Daten*

$$\sigma_x^2 = \frac{1}{N}\sum_{i=1}^{k}f_i(x_i-\bar{x})^2 = \sum_{i=1}^{n}p_i(x_i-\bar{x})^2 \tag{3.72}$$

mit: x_i ... Klassenmitten

f_i ... absoluten ⎫
p_i ... relativen ⎭ Häufigkeiten

Die Formeln (3.72) gelten

— *genau*, wenn die x_i Merkmalsausprägungen eines diskreten Merkmals sind
— *näherungsweise*, wenn die x_i Klassenmitten bei gruppierten Daten sind.

Für diskrete Merkmale folgt die Formel (3.72) direkt aus der Definition 3.18: Je f_i gleiche Summanden der Form $(x_i - \bar{x})^2$ werden zunächst zur Summe $f_i(x_i - \bar{x})^2$ zusammengefaßt. Insgesamt ist dann die Summierung über alle k Merkmalsausprägungen durchzuführen. Die Gesamtzahl aller Summanden ist gleich der Anzahl der Elemente der Grundgesamtheit, also $N = \sum_{i=1}^{k} f_i$.

In der Näherungsrechnung für gruppierte Daten wird die Klassenmitte x_i für die f_i Elemente in der Klasse i, $i = 1, \ldots, k$, genommen und dann wie bei einem diskreten Merkmal gerechnet. Die Beurteilung der Güte dieser Näherung ist allerdings nicht so einfach wie beim arithmetischen Mittel. Siehe hiezu jedoch die Formeln (3.78) und (3.82).

Zur praktischen Berechnung eignen sich besser die beiden folgenden Formeln, die analog zu den beiden umgeformten Varianzformeln (3.69) und (3.70) gewonnen werden können:

$$\sigma_x^2 = \frac{1}{N} \sum_{i=1}^{k} f_i x_i^2 - \bar{x}^2 \qquad (3.73)$$

und

$$\sigma_x^2 = \frac{1}{N} \left[\sum_{i=1}^{k} f_i x_i^2 - \frac{(\sum_{i=1}^{k} f_i x_i)^2}{N} \right] \qquad (3.74)$$

Formel (3.74) empfiehlt sich, wenn man Rundungsfehler besser kontrollieren will. Sie wird vor allem bei der Berechnung der Varianz aus der Häufigkeitstabelle (siehe den folgenden Abschnitt bb)) verwendet.

In der nachstehenden *Übersicht* seien alle gängigen Formeln für die Varianz zusammengefaßt:

Berechnung der Varianz für Verteilungen, gegeben durch

	Einzeldaten	absolute Häufigkeiten	relative Häufigkeiten
	(I)	(II)	(III)
Definition	$\frac{1}{n} \sum_{i=1}^{n} (x_i - \bar{x})^2$	$\frac{1}{N} \sum_{i=1}^{k} f_i (x_i - \bar{x})^2$	$\sum_{i=1}^{k} p_i (x_i - \bar{x})^2$

Verteilungsmaßzahlen

	Einzeldaten	absolute Häufigkeiten	relative Häufigkeiten
entwickelte Form	(IV) $\dfrac{1}{n}\sum_{i=1}^{n} x_i^2 - \bar{x}^2$	(V) $\dfrac{1}{N}\sum_{i=1}^{k} f_i x_i^2 - \bar{x}^2$	(VI) $\sum_{i=1}^{k} p_i x_i^2 - \bar{x}^2$
entwickelte Form für Tabellenrechnung	(VII) $\dfrac{1}{n}\left[\sum_{i=1}^{n} x_i^2 - \dfrac{\left(\sum_{i=1}^{n} x_i\right)^2}{n}\right]$	(VIII) $\dfrac{1}{N}\left[\sum_{i=1}^{k} f_i x_i^2 - \dfrac{\left(\sum_{i=1}^{k} f_i x_i\right)^2}{N}\right]$	(IX) $\sum_{i=1}^{k} p_i x_i^2 - \left(\sum_{i=1}^{k} p_i x_i\right)^2$

Anmerkung: Die Formeln (III), (VI), (IX), aus obenstehender Tabelle werden in der Rechenpraxis wegen der vielen nötigen Rundungen kaum verwendet. Sie spielen jedoch eine Rolle für die Definition der Varianz in der Wahrscheinlichkeitsrechnung.

bb) Praktische Berechnung aus der Tabelle – Rechenschema für codierte Daten

Durch die Einführung geeigneter Hilfsgrößen $r_i = (x_i - a)/b$ kann die Rechnung wie schon bei der Bestimmung des arithmetischen Mittels vereinfacht werden (siehe dazu auch Formel (3.15)). Für die Tabellenrechnung werden die Arbeitstabellen je um eine Spalte $f_i x_i^2$ bzw. $f_i r_i^2$ erweitert.

Arbeitstabelle für die ursprünglichen Daten:
Variable X

x_1	f_1	$f_1 x_1$	$f_1 x_1^2$
x_2	f_2	$f_2 x_2$	$f_2 x_2^2$
⋮	⋮	⋮	⋮
x_k	f_k	$f_k x_k$	$f_k x_k^2$
Σ	N	S_1	S_2

Arbeitstabelle für die codierten Daten:
Variable $R = (X - a)/b$

r_1	f_1	$f_1 r_1$	$f_1 r_1^2$
r_2	f_2	$f_2 r_2$	$f_2 r_2^2$
⋮	⋮	⋮	⋮
r_k	f_k	$f_k r_k$	$f_k r_k^2$
Σ	N	S_1'	S_2'

Dabei ist:

$N = \Sigma f_i;\quad S_1 = \Sigma f_i x_i;$
$S_2 = \Sigma f_i x_i^2$

$N = \Sigma f_i;\quad S_1' = \Sigma f_i r_i;$
$S_2' = \Sigma f_i r_i^2$

und man erhält:

$$\sigma_x^2 = \frac{1}{N}\left[S_2 - \frac{S_1^2}{N}\right] \quad (3.75) \qquad \sigma_R^2 = \frac{1}{N}\left[S_2' - \frac{S_1'^2}{N}\right] \quad (3.76)$$

Der Zusammenhang zwischen σ_x^2 und σ_R^2 wird ausgedrückt durch

$$\sigma_x^2 = b^2 \cdot \sigma_R^2. \tag{3.77}$$

Beweis: Zum Beweis der Formeln (3.75) und (3.76) beachte man, daß sie nichts anderes darstellen, als die Formel (VIII) aus der Übersicht des vorhergehenden Abschnitts aa). Es werden lediglich die abkürzenden Bezeichnungen der Arbeitstabellen für die Variable X bzw. R eingesetzt. Der Beweis der Formel (VIII) hingegen folgt dem Schema des Beweises für Formel (3.71).

Formel (3.77) verbindet die Varianz der Variablen R mit der Varianz der ursprünglichen Variablen X. Es war:

$$x_i = a + b r_i \qquad \text{und} \qquad \bar{x} = a + b\bar{r}$$

daher: $\qquad x_i - \bar{x} = b (r_i - \bar{r})$.

Somit erhalten wir für die Varianz von X

$$\sigma_x^2 = \frac{1}{N} \Sigma f_i (x_i - \bar{x})^2 = \frac{1}{N} \Sigma f_i b^2 (r_i - \bar{r})^2 = b^2 \cdot \frac{1}{N} \Sigma f_i (r_i - \bar{r})^2 = b^2 \sigma_R^2 \qquad \square$$

cc) Die Sheppard-Korrektur

Die Gruppierung von Daten bedeutet immer eine Näherungsrechnung. Der – im allgemeinen kleine – Fehler bei der Berechnung des arithmetischen Mittels nimmt ziemlich gleichmäßig positive oder negative Werte an. Anders jedoch bei der Berechnung der Varianz. Hier treten durch die Konzentration der Meßwerte in den Klassenmitten systematische Fehler auf, deren Zusammenwirken nicht ganz leicht zu übersehen ist[4]). Bei gleicher Klassenbreite d wird oft die

Sheppard-Korrektur $d^2/12$

empfohlen:

$$\sigma_{corr}^2 = \sigma^2 - d^2/12 \tag{3.78}$$

Dabei ist

σ^2 ... die aus der Tabelle berechnete Varianz
σ_{corr}^2 ... die korrigierte Varianz

---

[4]) Die Sheppard-Korrektur nimmt an, daß die aus der Tabelle berechnete Varianz etwas zu groß ausfällt. Die Überlegungen zur Streuungszerlegung (siehe Seite 100f.) zeigen jedoch, daß die Konzentration der Meßwerte auf die Klassenmitten auch einen varianzverkleinernden Effekt haben kann.
Eine befriedigende Behandlung dieses Problems ist möglich, wenn man die Verteilung durch eine Dichtefunktion (dieser Begriff gehört zur Wahrscheinlichkeitsrechnung) beschreibt. Man kann dann jedenfalls folgendes beweisen: Ist die wahre Dichtefunktion durch einen Streckenzug (ähnlich dem Häufigkeitspolygon) gegeben, so ist die Differenz zwischen exakter Varianz und Tabellen-Varianz genau die Sheppard-Korrektur. Diese Bemerkung verdanke ich Herrn L. Knüsel, München.

Beispiel 3.18. Man berechne Varianz und Standardabweichung für die Verteilung der Haushaltsgrößen des Beispiels 2.1 (siehe auch Beispiel 3.3).

Wir verwenden das Rechenschema für die ursprünglichen nichtcodierten Daten:

x_i	f_i	$f_i x_i$	$f_i x_i^2$
1	4	4	4
2	5	10	20
3	11	33	99
4	9	36	144
5	6	30	150
6	3	18	108
7	2	14	98
Σ	$N=40$	$S_1=145$	$S_2=623$

$$\bar{x} = \frac{1}{N} S_1 = \frac{145}{40} = \underline{3{,}625}$$

Nach Formel (3.75) ist

$$\sigma^2 = \frac{1}{N}\left[S_2 - \frac{S_1^2}{N}\right] = \frac{1}{40}\left[623 - \frac{145^2}{40}\right] = \frac{1}{40}[623 - 525{,}625] = \underline{2{,}4344}$$

$$\sigma = \sqrt{2{,}4344} = \underline{1{,}560}$$

Abgesehen von den Rundungen der Ergebnisse ist hier die Berechnung von σ^2 und σ exakt, da ein diskretes Merkmal vorliegt.

Beispiel 3.19. Man berechne Varianz und Standardabweichung für die Verteilung der 140 Armspannweiten (siehe Beispiel 3.5).

Zur Berechnung der Varianz verwenden wir das Rechenschema für codierte Daten:

Klasse	x_i	r_i	f_i	$f_i r_i$	$f_i r_i^2$
61,0 – 63,0	62,0	−3	2	− 6	18
63,0 – 65,0	64,0	−2	6	−12	24
65,0 – 67,0	66,0	−1	25	−25	25
67,0 – 69,0	68,0	0	32	0	0
69,0 – 71,0	70,0	1	31	31	31
71,0 – 73,0	72,0	2	25	50	100
73,0 – 75,0	74,0	3	15	45	135
75,0 – 77,0	76,0	4	4	16	64
		Σ	$N=140$	$S_1'=99$	$S_2'=397$

Es war (siehe Beispiel 3.5):

$$\bar{x} = \underline{69{,}414} \qquad b = 2{,}0 \ .$$

$$\sigma_R^2 = \frac{1}{N}\left[S_2' - \frac{S_1'^2}{N}\right] = \frac{1}{140}\left[397 - \frac{99^2}{140}\right] = \frac{1}{140}[397 - 70{,}007] = \underline{2{,}3357}$$

$$\sigma_R = \sqrt{2{,}3357} = \underline{1{,}5283}$$

$$\sigma_x^2 = b^2 \cdot \sigma_R^2 = 4{,}0 \cdot 2{,}3357 = \underline{9{,}3427}$$

$$\sigma_x = 2 \cdot \sigma_R = \underline{3{,}057}$$

Rechnung mit Sheppard-Korrektur:

$$d = 2{,}0 \qquad \frac{1}{12}d^2 = \underline{0{,}3333}$$

$$\sigma_{x\,\text{corr}}^2 = 9{,}3427 - 0{,}3333 = 9{,}0093 \qquad \sigma_{x\,\text{corr}} = \sqrt{9{,}0095} = \underline{3{,}002}$$

Zum Vergleich wurde die Standardabweichung auch *direkt aus der Urliste* (siehe hiezu Literaturhinweis in Beispiel 3.6) berechnet. Man erhielt:

$$\sigma_x = \underline{3{,}036}$$

Man sieht, daß die Sheppard-Korrektur hier zwar die Richtung des Fehlers, nicht aber den Betrag richtig einschätzte.

c) Die Streuungszerlegung

Gegeben sei eine Meßreihe $x_1, x_2, \ldots, x_n$. Diese Meßreihe sei in k Teilreihen aufgespalten, von denen die Anzahl der Beobachtungen, die Mittelwerte (arithmetisches Mittel) und die Varianzen gegeben seien:

Reihe Nr.	Anzahl der Beobachtungen	arithmetisches Mittel	Varianz
1	n_1	$\bar{x}_1$	σ_1^2
2	n_2	$\bar{x}_2$	σ_2^2
⋮	⋮	⋮	⋮
i	n_i	$\bar{x}_i$	σ_i^2
⋮	⋮	⋮	⋮
k	n_k	$\bar{x}_k$	σ_k^2
vereinigte Reihe	$n = \sum_{i=1}^{k} n_i$	$\bar{x}$	σ^2

Aus den Angaben über die Teilreihen soll die Varianz σ^2 der Gesamtreihe berechnet werden. Für das arithmetische Mittel wurde diese Aufgabe bereits durch Formel (3.5) gelöst.

Die Berechnung von σ^2 geschieht durch die

Formel der Streuungszerlegung

$$\sigma^2 = \sum_{i=1}^{k} \frac{n_i}{n} \sigma_i^2 + \sum_{i=1}^{k} \frac{n_i}{n} (\bar{x}_i - \bar{x})^2 \tag{3.79}$$

oder mit $p_i = n_i/n$, $i = 1, \ldots, k$:

$$\sigma^2 = \sum_{i=1}^{k} p_i \sigma_i^2 + \sum_{i=1}^{k} p_i (\bar{x}_i - \bar{x})^2 \tag{3.80}$$

Die Bezeichnung Streuungs*zerlegung* rührt von der Tatsache her, daß in den Formeln (3.79) und (3.80) die Gesamtvarianz σ^2 in zwei Komponenten zerlegt erscheint:

$$\text{gesamte Varianz} = \frac{\text{Varianz innerhalb}}{\text{der Gruppen}} + \frac{\text{Varianz zwischen}}{\text{den Gruppen}}$$

$$\sigma^2 = \sum_{i=1}^{k} p_i \sigma_i^2 + \sum_{i=1}^{k} p_i (\bar{x}_i - \bar{x})^2$$

Zwei wichtige *Spezialfälle* der Streuungszerlegung seien hier noch angeführt.

α) *Alle Teilmittelwerte sind gleich:* $\bar{x}_1 = \bar{x}_2 = \ldots = \bar{x}_k = \bar{x}$.
Dann erhält man

$$\sigma^2 = \sum_{i=1}^{k} \frac{n_i}{n} \sigma_i^2 = \sum_{i=1}^{k} p_i \sigma_i^2 . \tag{3.81}$$

Das bedeutet: Die Varianz σ^2 ist hier das gewogene Mittel der Teilvarianzen σ_i^2 mit den Anteilen $p_i = n_i/n$ als Gewichten. Die Formel (3.81) ist also analog der Formel (3.5) für den Aufbau des arithmetischen Mittels aus Teilmittelwerten.

β) *Alle Teilvarianzen sind gleich:* $\sigma_1^2 = \sigma_2^2 = \ldots = \sigma_k^2 = \sigma_0^2$.
Dann ergibt sich

$$\sigma^2 = \sigma_0^2 + \sum_{i=1}^{k} p_i (\bar{x}_i - \bar{x})^2 . \tag{3.82}$$

Diese Formel gestattet eine Anwendung auf die Berechnung der Varianz bei gruppierten Daten. Ist $\sigma_0^2 = 0$, so hat man den Spezialfall der Varianz einer Verteilung mit quantitativ-diskretem Merkmal vor sich, wobei die x_i den Merkmalsausprägungen x_i des diskreten Merkmals entsprechen. Hat man gruppierte Daten mit gleicher Klassenbreite d vor sich, so kann man die Teilreihen $1, 2, \ldots, k$ mit den einzelnen Klassen identifizieren. Die σ_i^2

Streuungsmaßzahlen

sind dann die Streuungen innerhalb der einzelnen Klassen, die wegen der gleichen Klassenbreite angenähert als gleich angenommen werden können. Der zweite Summand in Formel (3.82) ist gerade die Varianzformel III in der Übersicht auf S. 95. Bei der üblichen Berechnung der Varianz für gruppierte Daten geht also die „Varianz innerhalb der Klassen" verloren; dies ist ein Effekt, der ebenfalls einen systematischen Fehler, allerdings entgegengesetzt dem bei der Sheppard-Korrektur berücksichtigten, bewirkt.

Die Formeln der Streuungszerlegung sind ein Grundbaustein für die Verfahren der Varianzanalyse, der Regressionsrechnung und der multivariaten Verfahren im Bereich der induktiven Statistik. In der Stichprobentheorie verwendet man sie als Werkzeug bei der Darstellung mehrstufiger Stichproben, insbesondere bei geschichteten und Klumpenstichproben.

Beweis der Streuungszerlegungsformel: Zum Beweis numerieren wir die Beobachtungswerte mit Hilfe von Doppelindizes so, daß ihre Zugehörigkeit zu den einzelnen Teilreihen sichtbar wird:

Reihe Nr.	Beobachtungswerte in den Teilreihen			
1	x_{11}	x_{12}	...	x_{1n_1}
2	x_{21}	x_{22}	...	x_{2n_2}
⋮		...		
i	x_{i1}	x_{i2}	...	x_{in_i}
⋮		...		
k	x_{k1}	x_{k2}	...	x_{kn_k}

(3.80)

x_{ij} bedeutet also die *j*-te Zahl in der *i*-ten Teilreihe und es gilt

$$\bar{x}_i = \frac{1}{n_i} \sum_{j=1}^{n_i} x_{ij} \tag{3.83}$$

$$\sigma_i^2 = \frac{1}{n_i} \sum_{j=1}^{n_i} (x_{ij} - \bar{x}_i)^2 \tag{3.84}$$

und unmittelbar aus (3.84) folgend

$$n_i \sigma_i^2 = \sum_{j=1}^{n_i} (x_{ij} - x_i)^2. \tag{3.85}$$

Nun beachten wir, daß die Gesamtvarianz σ^2 als Doppelsumme der Abweichungsquadrate aller Einzelwerte x_{ij} vom Gesamtmittelwert geschrieben werden kann. Somit ergibt sich

$$n\sigma^2 = \sum_{i=1}^{k} \sum_{j=1}^{n_i} (x_{ij} - \bar{x})^2. \tag{3.86}$$

Die Ausdrücke $\sum_{j=1}^{n_i} (x_{ij} - \bar{x})^2$ werden nun mit dem Steinerschen Verschiebungssatz

$$\Sigma (x_i - a)^2 = \Sigma (x_i - \bar{x})^2 + n(\bar{x} - a)^2 \tag{3.8}$$

umgeformt; dabei werden in (3.8) die Ersetzungen

$$a \to \bar{x} \qquad \bar{x} \to \bar{x}_i \qquad n \to n_i \qquad x_i \to x_{ij}$$

vorgenommen:

$$\sum_{j=1}^{n_i} (x_{ij} - \bar{x})^2 = \sum_{j=1}^{n_i} (x_{ij} - \bar{x}_i)^2 + n_i (\bar{x}_i - \bar{x})^2$$

$$= n_i \sigma_i^2 + n_i (\bar{x}_i - \bar{x})^2 \qquad \text{(wegen (3.85))}$$

Setzt man dieses Resultat in (3.86) ein, so erhält man

$$n\sigma^2 = \sum_{i=1}^{k} [n_i \sigma_i^2 + n_i (\bar{x}_i - \bar{x})^2]$$

woraus unmittelbar die Zerlegungsformel (3.79) folgt. □

Der Vollständigkeit halber sei an dieser Stelle auch der Beweis des Steiner'schen Verschiebungssatzes nachgetragen:

$$\sum_{i=1}^{n} (x_i - a)^2 = \sum_{i=1}^{n} [(x_i - \bar{x}) + (\bar{x} - a)]^2$$

$$= \sum_{i=1}^{n} (x_i - \bar{x})^2 + 2(\bar{x} - a) \underbrace{\sum_{i=1}^{n} (x_i - \bar{x})}_{= 0 \text{ wegen (3.7)}} + n(\bar{x} - a)^2$$

$$= \sum_{i=1}^{n} (x_i - \bar{x})^2 + n(\bar{x} - a)^2. \qquad □$$

3.2.6 Dispersionsmaße. Der Variationskoeffizient

Wie schon im Abschnitt 3.2.1 b) angeführt, erhält man relative Streuungsmaße (bzw. Dispersionsmaße oder Streuungskoeffizienten), indem man ein (absolutes) Streuungsmaß durch ein Lagemaß dividiert. Aus der Fülle der hier möglichen Kombinationen seien in der nachstehenden Definition zwei herausgegriffen:

Definition 3.18A

a) *Der Quartilsdispersionskoeffizient*[5]) $v_{0,25}$ ist gegeben durch

$$v_{0,25} = \frac{Q_3 - Q_1}{Q_3 + Q_1} = \frac{\tilde{x}_{0,75} - \tilde{x}_{0,25}}{\tilde{x}_{0,75} + \tilde{x}_{0,25}}.\tag{3.87}$$

b) Der Variationskoeffizient v ist gegeben durch

$$v = \sigma/\bar{x}.\tag{3.88}$$

Der Quartilsdispersionskoeffizient kann als Quotient des Streuungsmaßes $1/2\,(Q_3 - Q_1)$ – also der mittleren Quartilsdistanz – und des Lagemaßes $1/2\,(Q_3 + Q_1)$ angesehen werden. Neben dem Variationskoeffizienten v gemäß Formel (3.88) werden manchmal auch die Versionen

$$v = \frac{d_{\tilde{x}}}{\tilde{x}_{0,5}} \quad (3.89a) \qquad \text{oder} \qquad v = \frac{d_{\bar{x}}}{\bar{x}} \quad (3.89b)$$

verwendet. Aus theoretischen Gründen (insbesondere wegen der Minimumseigenschaft des Medians gemäß Formel (3.46)) wird von diesen beiden Möglichkeiten Formel (3.89a) der Vorzug gegeben. Meist wird jedoch der Variationskoeffizient v nach (3.88) verwendet.

Zur Konstruktion von relativen Streuungsmaßen seien neben den in Abschnitt 3.2.1 b) erläuterten Dimensions- und Invarianzeigenschaften noch folgende Gesichtspunkte angeführt:

a) Relative Streuungsmaße sind nur dann sinnvoll anwendbar, wenn die Merkmalsausprägungen ihrer Natur nach nur *positive Werte* annehmen können. Im gegenteiligen Extremfall einer um den Nullpunkt symmetrischen Verteilung würde ein solches Streuungsmaß – unabhängig von der absoluten Streuung – unendlich groß werden.

b) Relative Streuungsmaße können, wenn überhaupt anwendbar – zum „fairen" Vergleich der Streuung von verschiedenen Verteilungen herangezogen werden. Dieser Vergleich ist besonders dann wirksam, wenn man erwartet, daß sich „normalerweise" die Streuung etwa proportional dem Mittelwert verändert. Die beiden folgenden Beispiele mögen dies verdeutlichen.

Beispiel 3.20. Wenn man sich dafür interessiert, ob sich Unregelmäßigkeiten des Wachstums im Kindesalter später wieder ausgleichen, könnte man zunächst auf den Gedanken kommen, die Standardabweichung einer gleichaltrigen – etwa zehnjährigen – Gruppe von Kindern mit der Standardabweichung in einer Gruppe von gleichaltrigen, erwachsenen Personen zu vergleichen. Es ist hier jedoch unmittelbar einzusehen, daß in beiden Gruppen eine Reduktion auf die Durchschnittsgröße angebracht ist, da die absolute Variationsbreite der Kindergrößen wegen ihres kleineren Durchschnitts von vornherein die Tendenz aufweisen wird, kleiner zu sein.

---

[5]) Das Statistische Bundesamt verwendet beim Vergleich der Streuung der Preise für die Lebenshaltung einen Quartilsdispersionskoeffizienten in der Form $(Q_3 - Q_1)/Q_2$. An

Beispiel 3.21. Die monatliche Preiserhebung ergab in je fünf Geschäften eines Erhebungsortes folgende Preise für Schinken und Schweinefleisch:

		Preise in DM				
1 kg Schinken	x_i	12,5	13,4	12,6	12,9	13,1
1 kg Schweinefleisch	y_i	7,8	7,9	7,6	7,4	7,3

Man erhält zunächst folgende Mittelwerte und Standardabweichungen

$$\bar{x} = 12{,}9 \qquad \bar{y} = 7{,}6$$
$$\sigma_x^2 = 0{,}108 \qquad \sigma_y^2 = 0{,}052$$
$$\sigma_x = \sqrt{0{,}108} = \underline{0{,}329} \qquad \sigma_x = \sqrt{0{,}052} = \underline{0{,}228}$$

Somit ergibt sich für die Variationskoeffizienten:

$$v_x = \frac{\sigma_x}{\bar{x}} = \frac{0{,}329}{12{,}9} = \underline{0{,}0255}$$

$$v_y = \frac{\sigma_y}{\bar{y}} = \frac{0{,}228}{7{,}6} = \underline{0{,}0300} \ .$$

Es gilt $\sigma_x > \sigma_y$, jedoch $v_x < v_y$, das heißt, die „reduzierte" Streuung der Schinkenpreise ist trotz größerer Standardabweichung geringer als die „reduzierte" Streuung der Rindfleischpreise.

Der Variationskoeffizient wird auch als Maßzahl der *Konzentration* einer Verteilung vorgeschlagen. Siehe hiezu etwa die Arbeit von *Münzner* [1963].

3.2.7 Die Entropie

Im Bereich der Nachrichtentechnik wurde eine Maßzahl entwickelt, die in gewisser Weise als Streuungsmaß für qualitative Merkmale aufgefaßt werden kann.

Wir betrachten eine Verteilung mit beliebigem diskreten (qualitativen oder quantitativen) Merkmal:

Merkmalsausprägung	relative Häufigkeit
A_1	p_1
A_2	p_2
⋮	⋮
A_k	p_k
Σ	1

die Stelle der Quartilssumme tritt also der Median, was — bei symmetrischen Verteilungen — eine Verdoppelung der Maßzahl bewirkt.

Streuungsmaßzahlen

Definition 3.19. Die *Entropie H* ist gegeben durch

$$H = p_1 \lg \frac{1}{p_1} + p_2 \lg \frac{1}{p_2} + \ldots + p_k \lg \frac{1}{p_k} = \sum_{i=1}^{k} p_i \lg \frac{1}{p_i} \qquad (3.90)$$

mit lg x als Logarithmus zur Basis 2.

Daß H mit einiger Berechtigung als Streuungsmaß interpretiert werden kann, ist aus den folgenden Eigenschaften von H ersichtlich:

— Konzentriert sich die gesamte relative Häufigkeit auf eine Merkmalsausprägung, gilt also für ein i die Beziehung $p_i = 1$, so verschwindet H.
— Bei *fester Anzahl k* der Klassen wird H ein Maximum, wenn gilt: $p_1 = p_2 = \ldots = p_k = 1/k$.
— Sind alle Elemente gleichmäßig auf die k Klassen verteilt, so *wächst H* mit *wachsendem k*.

Die Entropie H wird auch berechnet für den Fall, daß die p_i allgemeine Anteile darstellen, z.B. Umsatzanteile, Anteile von Ausfuhrländern an Exportmengen u.ä. Dann interpretiert man jedoch H eher als Maß der *Konzentration* [siehe hiezu etwa *Wagenführ*, 1971, S. 137f.].

3.2.8 Aufgaben und Ergänzungen zum Abschnitt 3.2

Aufgabe 3.28. Für die Monatsgehälter einer Betriebsabteilung (siehe Aufgabe 3.15) bestimme man die folgenden Streuungsmaße:

a) das Gini-Maß
b) die mittlere Quartilsdistanz
c) die mittlere Sextilsdistanz
d) die durchschnittliche Abweichung vom arithmetischen Mittel
e) die durchschnittliche Abweichung vom Median
f) die wahrscheinliche Abweichung
g) die Standardabweichung

Aufgabe 3.29. Gegeben seien die Einkommens-Urlisten in zwei Personengruppen I und II.

Gruppe I		Gruppe II	
5 200	5 600	20 800	17 700
6 100	6 400	18 200	19 300
4 900	5 000	21 100	20 500
5 700	5 300	20 400	21 000
4 800	6 200	22 000	17 200
		21 800	

Der Niveauunterschied zwischen den beiden Gruppen erkläre sich durch den Gebrauch verschiedener Währungseinheiten. Mittels einer geeigneten Maßzahl vergleiche man die Einkommensstreuungen in beiden Gruppen.

Aufgabe 3.30. Im Rahmen einer Studie über die Einkommensentwicklung wurden für eine Stichprobe von sechs Jungakademikern folgende Jahreseinkommen (in 1000 DM) festgestellt:

| 38 | 25 | 30 | 43 | 22 | 36 |

Man berechne die drei Versionen des Variationskoeffizienten für diese Zahlenreihe.

Aufgabe 3.31. Man berechne die Standardabweichung für die Verteilung der Haushaltsgrößen (Verteilung A, Aufgabe 2.1).

Aufgabe 3.32. Man berechne die Standardabweichung für die modifizierte Verteilung der Haushaltsgrößen (Verteilung A', Aufgabe 2.1 b)) und vergleiche das Ergebnis mit dem von Aufgabe 3.31.

Aufgabe 3.33. Eine Speditionsfirma ermittelt das Alter ihres Lastwagenbestandes. Für den Stichtag 31.12.1977 ergab sich die folgende Altersverteilung (Verteilung L):

Alter in Jahren	Häufigkeit
0 – 2	25
2 – 4	23
4 – 6	18
6 – 8	13
8 – 10	10
10 – 12	6
Σ	100

Man berechne
a) die Standardabweichung
b) die durchschnittliche Abweichung vom arithmetischen Mittel unter Verwendung der Methode der codierten Daten.

Aufgabe 3.34. Unter Benutzung geeigneter codierter Daten bestimme man die Standardabweichungen der Knaben- und der Mädchengeburtsgewichte (Verteilungen B und C aus Aufgabe 2.3).

Aufgabe 3.35. Man bestimme Varianz und Standardabweichung für die Geburtsgewichtsverteilung aller Kinder (Aufgabe 3.34) (Knaben und Mädchen zusammen). Hinweis: Die Formeln der Streuungszerlegung sind hier anwendbar.

Aufgabe 3.36. Für die Lebensdauer von 200 Kühlschränken ergab sich die folgende Tabelle (Verteilung M)

Lebensdauer in Jahren	Anzahl
2,5 – 3,5	20
3,5 – 5	30
5 – 7	120
7 – 10	30

Man zeichne ein Histogramm der Verteilung und berechne arithmetisches Mittel, Standardabweichung, Median und die mittlere Quartilsdistanz.

Aufgabe 3.37. Die in der Tabelle zur Verteilung der Haushaltsgrößen in Österreich 1961 gegebenen Daten (siehe Aufgabe 3.23) genügen wegen der vorhandenen offenen Klasse nicht zur Berechnung von $\bar{x}$ und σ^2. Durch die weiteren Angaben in Aufgabe 3.23 a) kann ein *Schätzwert* für die Varianz σ^2 bzw. die Standardabweichung σ bestimmt werden.

a) Man bestimme einen Schätzwert für die Standardabweichung der Haushaltsgrößen, indem man sich alle Merkmalsausprägungen der offenen Klasse im arithmetischen Mittel dieser Klasse konzentriert denkt.

b) Man überlege, ob das Verfahren von Punkt a) die wahre Standardabweichung unter- oder überschätzt. Eine Sensitivitätsanalyse für die Berechnung von Standardabweichungen bei offenen Klassen kann man vornehmen, indem man für die Standardabweichung in dieser Klasse den Wert σ_0 ansetzt und sodann die Standardabweichung der gesamten Verteilung als Funktion von σ_0 berechnet. Man führe diese Analyse für die Daten der Verteilung H, vermehrt um die Angaben aus Teil a), durch.

Aufgabe 3.38. Die Merkmalsausprägungen einer Grundgesamtheit, bestehend aus 20 Elementen haben die folgenden Werte:

4	12	5	19	9	38	14	21	7	29
39	5	34	13	19	13	14	33	17	15

a) Man berechne die Standardabweichung und den Variationskoeffizienten der obigen Daten.

b) Nun sollen die Daten der Urliste in vier Klassen mit verschiedenen Klassenbreiten zusammengefaßt werden, wobei $e_0 = 0$ sei und die Klassenbreiten $d_1 = 10 \quad d_2 = 5 \quad d_3 = 5 \quad d_4 = 20$ seien. Zeichne zu dieser modifizierten Verteilung ein Histogramm und berechne Standardabweichung und Variationskoeffizient nach den Methoden, die für gruppierte Daten zur Verfügung stehen. Vergleiche diese Werte mit den in Teil a) erhaltenen Maßzahlwerten!

3.3 Höhere Verteilungsmaßzahlen. Momente

3.3.1 Einleitung: Gründe für die Betrachtung höherer Verteilungsmaßzahlen

Durch die gleichzeitige Verwendung von Lagemaßzahl und Streuungsmaßzahl kann eine Verteilung für viele Zwecke schon in ausreichendem Maß charakterisiert werden. Das nachstehende Beispiel[6]) soll jedoch zeigen, daß Verteilungen mit gleichem arithmetischen Mittel und gleicher Varianz noch sehr verschiedenartige Gestalt aufweisen können.

Beispiel 3.20. Es werden drei Verteilungen (stetig-quantitatives Merkmal) betrachtet, die mit A, B, C bezeichnet seien. Die Verteilungstabellen weisen dieselbe Klasseneinteilung, jedoch verschiedene Besetzungszahlen der einzelnen Klassen auf.

Klasse	x_i	Häufigkeiten f_i für		
		A	B	C
0 – 2	1	0	4	0
2 – 4	3	12	4	4
4 – 6	5	24	20	40
6 – 8	7	28	44	24
8 – 10	9	24	20	20
10 – 12	11	12	4	8
12 – 14	13	0	4	4
	Σ	100	100	100

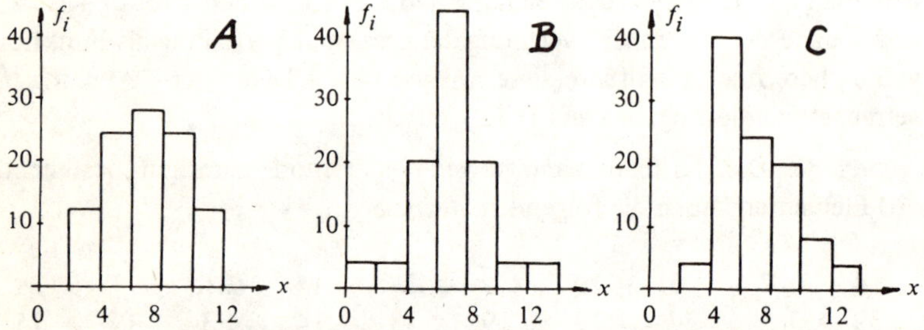

Abb. 22: Histogramme dreier Verteilungen mit gleichem Mittelwert und gleicher Streuung, aber verschiedener Form

---

[6]) Die Zahlenwerte dieses Beispiels wurden aus *Stange* [1970, 1. Teil, S. 87] übernommen. Es ist nicht leicht, Beispiele ähnlicher Qualität, in denen sich die Einfachheit der Datenkonstellation mit der deutlichen Herausarbeitung der wesentlichen Unterschiede verbindet, zu konstruieren. Die Zitierung der unveränderten Daten sei als Reverenz vor einer meisterlichen Darstellung statistischen Gedankenguts verstanden.

Die Berechnung des arithmetischen Mittels und der Varianz geschieht für alle drei Verteilungen nach Übergang zu codierten Daten mit

$a = 7; \quad b = 2$

	Verteilung A			Verteilung B			Verteilung C		
r_i	f_i	$f_i r_i$	$f_i r_i^2$	f_i	$f_i r_i$	$f_i r_i^2$	f_i	$f_i r_i$	$f_i r_i^2$
−3	0	0	0	4	−12	36	0	0	0
−2	12	−24	48	4	− 8	16	4	− 8	16
−1	24	−24	24	20	−20	20	40	−40	40
0	28	0	0	44	0	0	24	0	0
1	24	24	24	20	20	20	20	20	20
2	12	24	48	4	8	16	8	16	32
3	0	0	0	4	4	36	4	12	36
Σ	100	0	144	100	0	144	100	0	144

Für alle drei Verteilungen erhalten wir dieselben Größen N, S_1', S_2':

$N = 100, \quad S_1' = 0 \quad S_2' = 144$

also auch dieselben Maßzahlen für die Verteilung der transformierten Variablen R:

$$\bar{r} = \frac{1}{N} S_1' = 0$$

$$\sigma_R^2 = \frac{1}{N}[S_2' - \frac{S_1'^2}{N}] = \frac{1}{100}[144 - 0] = 1{,}44.$$

Da $\bar{x} = a + b\bar{r}$ und $\sigma_x^2 = b^2 \sigma_R^2$ ergibt sich schließlich:

$\bar{x}(A) = \bar{x}(B) = \bar{x}(C) = \underline{7}$

$\sigma_x^2(A) = \sigma_x^2(B) = \sigma_x^2(C) = \underline{5{,}76}$

Lage und Streuung der drei Verteilungen sind – gemessen mit den Maßzahlen arithmetisches Mittel und Varianz – gleich, jedoch ist ihre Form jeweils verschieden:

– die Verteilungen A, B sind symmetrisch, die Verteilung C ist asymmetrisch
– Verteilung B verläuft in der Mitte stärker zugespitzt bzw. steiler als Verteilung A.

Es liegt also nahe, nach *Formmaßzahlen* der Schiefe (Asymmetrie) und der Steilheit (Kurtosis) zu suchen.

3.3.2 Schiefemaßzahlen
a) Rechts- und linksschiefe Verteilungen

Verteilungen, die wirtschaftliche und soziale Phänomene beschreiben, weisen häufig eine starke Asymmetrie auf. Auch Verteilungen, deren Merkmalsausprägungen nur positive Zahlen sein können (Körpergröße, Gewicht, Anzahlen) zeigen meist eine — wenn auch oft nur schwach ausgeprägte — Asymmetrie.

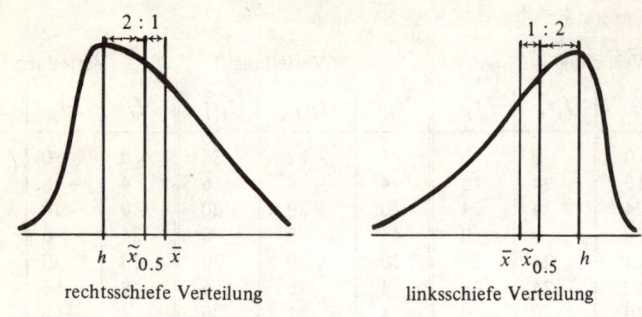

Abb. 23: Rechts- und linksschiefe Verteilungen und die relative Lage von Modalwert, Median und arithmetischem Mittel

Asymmetriemaße werden so konstruiert, daß

rechtsschiefe Verteilungen *positive*

linksschiefe Verteilungen *negative*

Schiefemaßzahlen erhalten.

Für unimodale und asymmetrische Verteilungen gelten folgende Relationen zwischen den Lagemaßen Modus, Median und arithmetisches Mittel:

rechtsschief: linksschief:

$$h < \tilde{x}_{0,5} < \bar{x} \qquad\qquad h > \tilde{x}_{0,5} > \bar{x} \qquad\qquad (3.91)$$

und häufig mit guter Annäherung:

$$\bar{x} - h \approx 3\,(\bar{x} - \tilde{x}_{0,5}) \qquad\qquad (3.92)$$

b) Maßzahlen

aa) Die Gruppe der *Pearsonschen Schiefekoeffizienten* benutzt die Lage der drei Maßzahlen h, $\tilde{x}_{0,5}$ und $\bar{x}$ bei schiefen Verteilungen, wie im vorhergehenden Abschnitt a) beschrieben wurde.

Definition 3.20. Die beiden Pearsonschen Schiefekoeffizienten sind:

Erster Pearsonscher Schiefekoeffizient:

$$Sk_1 = \frac{\bar{x} - h}{\sigma} \qquad\qquad (3.93)$$

Zweiter Pearsonscher Schiefekoeffizient:

$$Sk_2 = \frac{3\,(\bar{x} - \tilde{x}_{0,5})}{\sigma} \qquad\qquad (3.94)$$

Der zweite Pearsonsche Schiefekoeffizient wird berechnet, wenn die Berechnung des Modalwertes h Schwierigkeiten bereitet. Formel (3.92) ist das Bindeglied zwischen den beiden Maßen Sk_1 und Sk_2.

Anmerkung: Das Symbol „Sk" für die Pearsonschen Schiefekoeffizienten spielt auf die englische Bezeichnung „Skewness" für „Schiefe" an.

bb) *Quartile* und allgemeine *Quantile* können ebenfalls zur Konstruktion von Schiefemaßen verwendet werden.

Definition 3.21

Quartilskoeffizient der Schiefe:

$$S_{0,25} = \frac{Q_3 + Q_1 - 2Q_2}{Q_3 - Q_1} \qquad (3.95)$$

p-Quantilskoeffizient der Schiefe:

$$S_p = \frac{\tilde{x}_{1-p} + \tilde{x}_p - 2\tilde{x}_{0,5}}{\tilde{x}_{1-p} - \tilde{x}_p} \qquad (3.96)$$

mit $p < 0{,}5$

Das Konstruktionsprinzip der Quantilskoeffizienten der Schiefe ist aus Abb. 24 ersichtlich: Bei rechtsschiefen Verteilungen wird die „obere Streuung" Δ_0 größer sein als die „untere Streuung" Δ_u, es wird also gelten:

$$\Delta_0 - \Delta_u = (\tilde{x}_{1-p} - \tilde{x}_{0,5}) - (\tilde{x}_{0,5} - \tilde{x}_p) = \tilde{x}_{1-p} + \tilde{x}_p - 2\tilde{x}_{0,5} > 0.$$

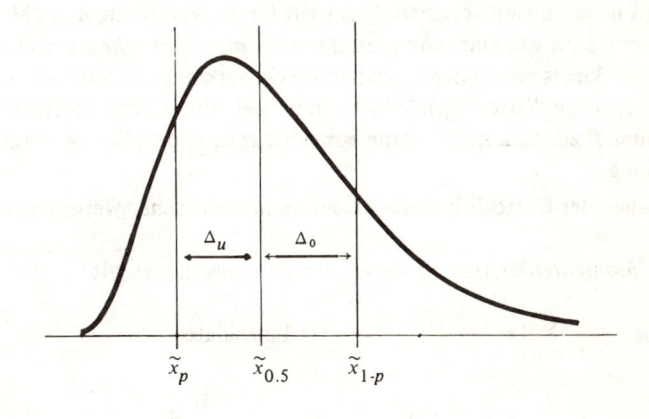

Abb. 24: Zur Konstruktion von Quantilskoeffizienten der Schiefe

Die Division durch das Streuungsmaß $\tilde{x}_{1-p} - \tilde{x}_p$ macht die Maßzahl dimensionslos.

cc) Die größte Rechenarbeit verursacht der *Momentenkoeffizient der Schiefe:* Hiezu wird zunächst die Größe μ_3 eingeführt:

$$\mu_3 = \frac{1}{n} \sum_{i=1}^{n} (x_i - \bar{x})^3 \qquad \text{für Einzeldaten}$$

$$\mu_3 = \frac{1}{N} \sum_{i=1}^{k} f_i (x_i - \bar{x})^3 \qquad \text{für gruppierte Daten}$$

Definition 3.22. Der *Momentenkoeffizient der Schiefe* von *Fisher* ist gegeben durch

$$\gamma_1 = \frac{\mu_3}{\sigma^3} \tag{3.97}$$

Anmerkung: Für symmetrische Verteilungen sind alle Schiefemaße gleich Null. Umgekehrt kann aus dem Verschwinden eines Schiefemaßes jedoch nicht auf *genaue* Symmetrie geschlossen werden.

3.3.3 Maße der Kurtosis (Wölbungs- oder Steilheitsmaße).

Die beiden Verteilungen A und B aus Beispiel 3.20 haben die gleiche Varianz und sind beide symmetrisch. Dieselbe Varianz wurde gewissermaßen mit verschiedenen Mitteln erreicht:

– die Merkmalsausprägungen sind mehr gleichmäßig ausgebreitet, aber insgesamt nicht zu weit verstreut; dies trifft für die Verteilung A zu. Man spricht dann von einer *abgeplatteten* oder *platykurtischen* Verteilung
– die Merkmalsausprägungen sind zum Teil stark um den Mittelwert konzentriert, einige Werte liegen jedoch relativ weit abseits; dies trifft für die Verteilung B zu. Man spricht dann von einer *spitzen* oder *leptokurtischen* Verteilung.

Maßzahlen der Kurtosis können wiederum in mehrfacher Weise gebildet werden:

a) Ein *Momentenkoeffizient* verwendet die Größe μ_4; es gilt

$$\mu_4 = \frac{1}{n} \sum_{i=1}^{n} (x_i - \bar{x})^4 \qquad \text{für Einzeldaten}$$

$$\mu_4 = \frac{1}{N} \sum_{i=1}^{k} f_i (x_i - \bar{x})^4 \qquad \text{für gruppierte Daten}$$

Dann kommt man zur

> **Definition 3.23.** Der *Momentenkoeffizient der Kurtosis* von *Fisher* ist gegeben durch
>
> $$\gamma_2 = \frac{\mu_4}{\sigma^4} - 3 \tag{3.98}$$

Man bezeichnet dann Verteilungen mit

$\gamma_2 > 0$ als leptokurtische ⎫
$\gamma_2 = 0$ als mesokurtische ⎬   Verteilungen
$\gamma_2 < 0$ als platykurtische ⎭

Anmerkung: Die *Normalverteilung* (siehe auch Fußnote 4) wird als Grenzfall zwischen „abgeplatteter" und „spitzer" Verteilung angesehen. Für sie ist der Quotient μ_4/σ^4 gleich 3. Indem man in Formel (3.98) diesen Wert subtrahiert, erreicht man, daß der Übergang von leptokurtischen zu platykurtischen Verteilungen gerade mit dem Vorzeichenwechsel des Kurtosiskoeffizienten zusammenfällt.

b) Auch Quantile können zur Bildung von Kurtosismaßen herangezogen werden. Einen diesbezüglichen Vorschlag beinhaltet die folgende

> **Definition 3.24.** Es sei $0 < p < q < 1/2$. Der *p, q-Quantilskoeffizient der Kurtosis* ist gegeben durch
>
> $$1 - \frac{\tilde{x}_{1-p} - \tilde{x}_p}{\tilde{x}_{1-q} - \tilde{x}_q}. \tag{3.99}$$

Die Maßzahl (3.99) ist so konstruiert, daß sie mit steigender Steilheit zunimmt.

3.3.4 Zur Beurteilung von Formmaßzahlen

a) Man prüft leicht nach, daß alle in den Abschnitten 3.3.2 und 3.3.3 definierten Schiefe- und Kurtosismaße gegenüber linearen Transformationen der Form

$y = a + bx$ mit $b \neq 0$ für Kurtosismaße
                      $b > 0$ für Schiefemaße

invariant sind; alle angeführten Maßzahlen sind tatsächlich echte Formmaßzahlen.

Aus der Invarianz gegenüber linearen Transformationen ergibt sich eine wichtige Konsequenz für die *Berechnung von Formmaßzahlen*: Es genügt, sie für (beliebig) codierte Daten zu berechnen.

b) Die verschiedenen vorgeschlagenen Maßzahlen der Schiefe und der Kurtosis können natürlich bei derselben Verteilung verschiedene Werte annehmen. Um an Hand einer bestimmten Maßzahl beurteilen zu können, ob etwa die Schiefe (Kurtosis) einer Verteilung groß sei, muß man den möglichen Variationsbereich der Maßzahl kennen. Für einige Maßzahlen sei (ohne Beweis) ihr Variationsbereich angegeben:

Momentenkoeffizient der Schiefe: $\quad -\infty < \gamma_1 < +\infty$

Momentenkoeffizient der Kurtosis: $\quad -2 < \gamma_2 < +\infty$

2. Pearsonsches Schiefemaß: $\quad -3 < Sk_2 < +3$

Quantilskoeffizient der Schiefe: $\quad -1 < S_p < +1$

Beim Vergleich von Verteilungen wird man also mit ein und derselben Maßzahl arbeiten müssen und gegebenenfalls zur Beurteilung noch die Maßzahl einer wichtigen „Standard"-Verteilung heranziehen.

3.3.5 Momente einer Verteilung

Die Varianz, aber auch die Momentenkoeffizienten der Schiefe und der Kurtosis benutzten Funktionen der Merkmalsausprägungen x_i, die alle von ähnlicher Bauart waren. Der dort verwendete Typ der Maßzahlbildung wird durch den Begriff des Moments einer Verteilung verallgemeinert.

a) Definitionen und Schreibweisen für Momente

Die einzelnen *Definitionen und Schreibweisen für Momente* werden in der folgenden Übersicht zusammengefaßt:

Definition 3.25. Es sei a eine beliebige reelle Zahl; s eine positive, ganze Zahl;

Einzeldaten | *gruppierte Daten*

α) Moment der *Ordnung s in Bezug auf a*

$$\mu'_s(a) = \frac{1}{n} \sum_{i=1}^{n} (x_i - a)^s \quad (3.100a) \quad \Big| \quad \mu'_s(a) = \frac{1}{N} \sum_{i=1}^{k} f_i (x_i - a)^s \quad (3.100b)$$

β) *Absolutes Moment der Ordnung s in Bezug auf a*

$$v'_s(a) = \frac{1}{n} \sum_{i=1}^{n} |x_i - a|^s \quad (3.101a) \quad \Big| \quad v'_s(a) = \frac{1}{N} \sum_{i=1}^{k} f_i |x_i - a|^s \quad (3.101b)$$

Spezialfälle:

γ) $a = 0$: *gewöhnliches Moment der Ordnung s*

$$\mu'_s = \frac{1}{n} \sum_{i=1}^{n} x_i^s \quad (3.102a) \quad \Big| \quad \mu'_s = \frac{1}{N} \sum_{i=1}^{k} f_i x_i^s \quad (3.102b)$$

δ) $a = \bar{x}$: zentrales Moment der Ordnung s

$$\mu_s = \frac{1}{n} \sum_{i=1}^{n} (x_i - \bar{x})^s \quad (3.103a) \quad \bigg| \quad \mu_s = \frac{1}{N} \sum_{i=1}^{k} f_i (x_i - \bar{x})^s \quad (3.103b)$$

ε) *Momente nullter Ordnung*

$$\mu'_0 (a) = \nu'_0 (a) = 1 \quad (3.104)$$

Anmerkungen:

a) Die Betrachtung allgemeiner Momente wurde vor allem von *Pearson* in die Statistik eingeführt. Name und Begriff stammen aus der Mechanik, wo man *statische Momente* (s = 1) und *Trägheitsmomente* (s = 2) betrachtet.

b) Zur Bezeichnung in Definition 3.25. Die Bezeichnung der Momente durch die griechischen Buchstaben μ und ν wird meist im Zusammenhang mit dem Verteilungsbegriff der Wahrscheinlichkeitsrechnung verwendet. Sie wird hier auch auf empirische Grundgesamtheiten übertragen. Sieht man jedoch solche Grundgesamtheiten als Realisierungen von Stichproben im Sinne der induktiven Statistik an (was hier nicht geschieht), so stehen noch andere Bezeichnungsweisen zur Verfügung.

c) Die *zentralen Momente* spielen eine Sonderrolle: Sie sind *invariant* gegenüber *Verschiebungen* y = x + c. Daher werden sie auch durch ihre Bezeichnung von den anderen Typen der Momente unterschieden. Man schreibt sie ohne den hochgestellten Strich: μ_s statt μ'_s (bzw. auch ν_s statt ν'_s).

Einige der bisher verwendeten Maßzahlen lassen sich als Spezialfälle in das allgemeine Schema des Momentenbegriffes einordnen, wobei natürlich auf die verschiedenen Bezeichnungsmöglichkeiten geachtet werden muß:

— gewöhnliches Moment 1. Ordnung = arithmetisches Mittel

$$\mu'_1 = \bar{x}$$

Man schreibt jedoch meist einfach μ statt μ'_1 und durchbricht dabei die Regel für die Verwendung des hochgestellten Striches.

— absolutes, zentrales Moment   = durchschnittliche Abweichung vom
  1. Ordnung   arithmetischen Mittel

$$\nu_1 = d_{\bar{x}}$$

— zentrales Moment 2. Ordnung = Varianz

$$\mu_2 = \sigma^2$$

b) Relationen zwischen Momenten mit verschiedenen Bezugspunkten

Mit Hilfe des binomischen Lehrsatzes zeigt man die Formel

$$\mu'_s (a) = \sum_{j=0}^{s} \binom{s}{j} \mu'_{s-j}(b) (b-a)^j \qquad s = 0, 1, 2, \ldots \quad (3.105)$$

welche einen Zusammenhang zwischen Momenten mit den Bezugspunkten a und b gibt.

Spezialfälle: Setzt man in (3.105) $a = \bar{x}$ und $b = 0$, so erhält man die wichtige Beziehung zwischen *gewöhnlichen* und *zentralen* Momenten:

$$\mu_s = \sum_{j=0}^{s} (-1)^j \binom{s}{j} \mu_1'^j \mu_{s-j}'. \tag{3.106}$$

Für $s = 2$ ergibt sich insbesondere

$$\mu_2 = \mu_2' - \mu_1'^2. \tag{3.106a}$$

Dies ist jedoch nichts anderes als die Formel (3.69) für die Varianz in entwickelter Form:

$$\sigma^2 = \frac{1}{n} \sum_{i=1}^{n} x_i^2 - \bar{x}^2$$

c) Momentenberechnung aus der Verteilungstabelle

Zur Berechnung der Momente s-ter Ordnung erweitert man die Arbeitstabelle bis zur Spalte $f_i x_i^s$ (ursprüngliche Daten) bzw. $f_i r_i^s$ (codierte Daten).

aa) Ursprüngliche Daten

Klassen- mitten	Häufig- keiten			
x_1	f_1	$f_1 x_1$		$f_1 x_1^s$
x_2	f_2	$f_2 x_2$		$f_2 x_2^s$
$\cdot$	$\cdot$	$\cdot$	$\cdots$	$\cdot$
$\cdot$	$\cdot$	$\cdot$		$\cdot$
x_k	f_k	$f_k x_k$		$f_k x_k^s$
Σ	N	S_1	$\cdots$	S_s

Es ist: $S_0 = N$; $S_s = \sum_{i=1}^{k} f_i x_i^s$.

Die Tabellensummen S_s hängen mit den *gewöhnlichen Momenten* zusammen:

$$\mu_s' = \frac{1}{N} S_s, \qquad s = 0, 1, 2, \ldots \tag{3.107a}$$

bb) Codierte Daten

	Klassen- mitten	Häufig- keiten			
$r = \dfrac{x-a}{b}$	r_1 r_2 $\vdots$ r_k	f_1 f_2 $\vdots$ f_k	$f_1 r_1$ $f_2 r_2$ $\vdots$ $f_k r_k$	$\cdots$	$f_1 r_1^s$ $f_2 r_2^s$ $\vdots$ $f_k r_k^s$
	Σ	N	S_1'	$\cdots$	S_s'

Es ist: $S_s' = \sum\limits_{i=1}^{k} f_i r_i^s$.

Die Tabellensummen S_s' hängen mit den *Momenten in bezug auf a* zusammen:

$$\mu_s'(a) = \frac{b^s}{N} \cdot S_s' \qquad s = 1, 2, \ldots \qquad (3.107b)$$

cc) Berechnung der zentralen Momente aus den Tabellen

Aus der allgemeinen Formel (3.105) für den Zusammenhang zwischen Momenten mit verschiedenem Bezugspunkt sowie den Formeln (3.107a) und (3.107b) erhält man folgende Rechenvorschriften zur Bestimmung der zentralen Momente aus den Verteilungstabellen:

Aus der Tabelle der *ursprünglichen* Daten:

$$\mu_s = \frac{1}{N} \sum_{j=0}^{s} (-1)^j \binom{s}{j} (S_1/N)^j S_{s-j} \qquad (3.108a)$$

aus der Tabelle der *codierten* Daten:

$$\mu_s = \frac{b^s}{N} \sum_{j=0}^{s} (-1)^j \binom{s}{j} (S_1'/N)^j S_{s-j}' \qquad s = 2, 3, \ldots \qquad (3.108b)$$

Die wichtigsten *Spezialfälle* sind:

$$\mu_2 = \frac{1}{N}\left(S_2 - \frac{S_1^2}{N}\right) \qquad \mu_2 = \frac{b^2}{N}\left(S_2' - \frac{S_1'^2}{N}\right)$$

$$\mu_3 = \frac{1}{N}\left(S_3 - \frac{3S_1 S_2}{N} + \frac{2S_1^3}{N^2}\right) \qquad \mu_3 = \frac{b^3}{N}\left(S_3' - \frac{3S_1' S_2'}{N} + \frac{2S_1'^3}{N^2}\right)$$

$$\mu_4 = \frac{1}{N}\left(S_4 - \frac{4S_1 S_3}{N} + \frac{6S_1^2 S_2}{N^2} - \frac{3S_1^4}{N^3}\right) \mu_4 = \frac{b^4}{N}\left(S_4' - \frac{4S_1' S_3'}{N} + \frac{6S_1'^2 S_2'}{N^2} - \frac{3S_1'^4}{N^3}\right)$$

Abschließend seien an Hand von zwei Beispielen die Techniken zur Berechnung von Momenten und Formmaßzahlen demonstriert:

Beispiel 3.21. Für die Verteilung der 140 Armspannweiten (siehe Beispiel 3.5 und 3.19) berechne man:

α) das zweite Pearsonsche Schiefemaß
β) den Momentenkoeffizienten der Schiefe } von *Fisher*
γ) den Momentenkoeffizienten der Kurtosis

In die Verteilungstabelle werden nun folgende Daten aufgenommen:

Klasse	x_i	r_i	f_i	F_i	$f_i r_i$	$f_i r_i^2$	$f_i r_i^3$	$f_i r_i^4$
61,0 – 63,0	62,0	–3	2	2	– 6	18	– 54	162
63,0 – 65,0	64,0	–2	6	8	–12	24	– 48	96
65,0 – 67,0	66,0	–1	25	33	–25	25	– 25	25
67,0 – 69,0	68,0	0	32	65	0	0	0	0
69,0 – 71,0	70,0	1	31	96	31	31	31	31
71,0 – 73,0	72,0	2	25	121	50	100	200	400
73,0 – 75,0	74,0	3	15	136	45	135	405	1215
75,0 – 77,0	76,0	4	4	140	16	64	256	1024
Σ			140		99	397	765	2953

$a = 68,0 \qquad b = 2$

$N = 140 \qquad S_1' = 99 \qquad S_2' = 397 \qquad S_3' = 765 \qquad S_4' = 2953$

Aus Beispiel 3.19 entnehmen wir:

$\bar{x} = 69,414 \qquad \sigma_x = 3,056 \qquad \sigma_x^2 = 9,342$

und daraus: $\qquad \sigma_x^3 = 28,551 \qquad \sigma_x^4 = 87,288$

α) Zur Berechnung des zweiten Pearsonschen Schiefemaßes Sk_2 benötigen wir: den Median $\tilde{x}_{0,5}$; es ist 69,0 – 71,0 die Medianklasse und

$e_{m-1} = 69,0 \qquad f_m = 31 \qquad F_{m-1} = 65 \qquad d_m = 2,0$

$\tilde{x}_{0,5} = 69,0 + \dfrac{2,0}{31}[70 - 65] = 69,323$

$Sk_2 = \dfrac{3(x - \tilde{x}_{0,5})}{\sigma} = \dfrac{3(69,414 - 69,323)}{3,056} = \underline{0,089}$

β) $\mu_3 = \dfrac{b^3}{N}\left(S_3' - \dfrac{3 S_1' S_2'}{N} + \dfrac{2 S_1'^3}{N^2}\right) = \dfrac{8}{140}\left(765 - \dfrac{3 \cdot 99 \cdot 397}{140} + \dfrac{2 \cdot 99^3}{140^2}\right)$

$= \dfrac{8}{140}(765,000 - 842,207 + 99,001) = 1,245$

$\gamma_1 = \dfrac{\mu_3}{\sigma^3} = \dfrac{1,245}{28,551} = \underline{0,044}$

γ) $\mu_4 = \dfrac{b^4}{N}\left(S'_4 - \dfrac{4S'_1 S'_3}{N} + \dfrac{6S'^2_1 S'_2}{N^2} - \dfrac{3S'^4_1}{N^3}\right)$

$= \dfrac{16}{140}\left(3953 - \dfrac{4 \cdot 99 \cdot 765}{140} + \dfrac{6 \cdot 99^2 \cdot 397}{140^2} - \dfrac{3 \cdot 99^4}{140^3}\right)$

$= \dfrac{16}{140}(2953{,}000 - 2163{,}857 + 1191{,}122 - 105{,}021) = 214{,}314$

$\gamma_2 = \dfrac{\mu_4}{\sigma^4} - 3 = \dfrac{214{,}314}{87{,}288} - 3 = -0{,}5428$

Beispiel 3.22. Für die Daten aus Beispiel 3.20 berechne man die Momentenkoeffizienten der Schiefe und der Kurtosis.

Bei der Berechnung von Formmaßzahlen genügt es, diese für codierte Daten zu berechnen. Wir schließen uns an die Codierung an, wie sie in den Arbeitstabellen des Beispiels 3.20 gegeben war. Die relevanten Werte aus den Tabellen seien in folgender Übersicht zusammengestellt, ohne die – hier sehr einfache Rechnung – im einzelnen durchzuführen:

Verteilung	S'_1	S'_2	S'_3	S'_4
A	0	144	0	432
B	0	144	0	816
C	0	144	120	576

$N = 100$

Aus Beispiel 3.20 können wir noch übernehmen:

$\sigma_R = 1{,}2 \qquad \sigma_R^2 = 1{,}44 \qquad \sigma_R^3 = 1{,}728 \qquad \sigma_R^4 = 2{,}0736$

Zur Berechnung von μ_3 und μ_4 verwenden wir codierte Daten und übernehmen die Zahlenwerte ebenfalls aus Beispiel 3.20. Mittels der Formel (3.108b) bzw. deren Spezialfälle für $s = 3$ und $s = 4$ ergibt sich:

$\mu_3 = \dfrac{1}{N}\left(S'_3 - \dfrac{3S'_1 S'_2}{N} - \dfrac{2S'^3_1}{N^2}\right) = \begin{cases} 0 & \text{für Verteilung } A \\ 0 & \text{für Verteilung } B \\ 1{,}20 & \text{für Verteilung } C \end{cases}$

$\mu_4 = \dfrac{1}{N}\left(S'_4 - \dfrac{4S'_1 S'_2}{N} + \dfrac{6S'^2_1 S'_2}{N^2} - \dfrac{3S'^4_1}{N^3}\right) = \begin{cases} 4{,}32 & \text{für Verteilung } A \\ 8{,}16 & \text{für Verteilung } B \\ 5{,}76 & \text{für Verteilung } C \end{cases}$

Die Ergebnisse seien in folgender Übersicht zusammengestellt:

Verteilung	$\gamma_1 = \frac{\mu_3}{\sigma^3}$	$\gamma_2 = \frac{\mu_4}{\sigma^4} - 3$	Charakterisierung der Verteilung
A	0	$\frac{4{,}32}{2{,}0736} - 3 = \underline{-0{,}917}$	symmetrisch, platykurtisch
B	0	$\frac{8{,}16}{2{,}0736} - 3 = \underline{+0{,}935}$	symmetrisch, leptokurtisch
C	$\frac{1{,}20}{1{,}728} = \underline{0{,}694}$	$\frac{5{,}76}{2{,}0736} - 3 = \underline{-0{,}222}$	rechtsschief, platykurtisch

3.3.6 Aufgaben und Ergänzungen zu Abschnitt 3.3

Aufgabe 3.39. Man berechne die beiden Pearson'schen Schiefekoeffizienten Sk_1 und Sk_2 für die schiefe Modellverteilung aus Beispiel 3.20. Dabei verwende man die Näherungsformel (3.54) für die Bestimmung des Modalwerts zur Berechnung von Sk_1.

Aufgabe 3.40. Für die in Aufgabe 3.39 angegebene Verteilung berechne man die Quantilskoeffizienten der Schiefe für $p = 0{,}25$ (den Quartilskoeffizienten) und $p = 0{,}20$ (den Quintilskoeffizienten).

Aufgabe 3.41. Man berechne p, q-Quantilskoeffizienten der Kurtosis für die leptokurtische und die platykurtische Modellverteilung aus Beispiel 3.20. Die Rechnung soll für die beiden p, q-Kombinationen $p = 0{,}1 \quad q = 0{,}25$ und $p = 0{,}2 \quad q = 0{,}4$ durchgeführt werden.

Aufgabe 3.42. Bei einer Untersuchung über die Zitierweise in wissenschaftlichen Arbeiten wurden 150 Artikel über das Thema „Warteschlangentheorie" untersucht, die in den letzten Jahren in zwei amerikanischen Zeitschriften für Operations Research erschienen sind. Für jeden dieser Artikel wurde die Anzahl der wissenschaftlichen Arbeiten registriert, die im Literaturverzeichnis angegeben sind. Übersichtsartikel wurden aus der Untersuchung ausgeschieden. Dabei ergab sich die folgende Verteilung (Verteilung N).

Anzahl der zitierten Arbeiten	Häufigkeit
0 – 1	3
2 – 3	25
4 – 5	22
6 – 7	25
8 – 9	20
10 – 11	18

Höhere Verteilungsmaßzahlen

Anzahl der zitierten Arbeiten	Häufigkeit
12 – 13	12
14 – 15	4
16 – 17	8
18 – 19	4
20 – 21	6
22 – 23	1
24 – 25	0
26 – 27	1
28 – 29	1
Σ	150

Man berechne für diese Verteilung
a) den Pearsonschen Schiefekoeffizienten Sk_2
b) den Quintilskoeffizienten der Schiefe ($p = 0{,}2$)
c) den p, q-Quantilskoeffizienten der Kurtosis für $p = 1/5$, $q = 1/3$.

Bei der Berechnung der benötigten Quantile ist zu beachten, daß ein diskretes Merkmal vorliegt, das jedoch in Klassen der Breite $d = 2$ zusammengefaßt wurde. Es sind zwei Näherungsmethoden anwendbar und zwar

Methode 1: Man berechne die Quantile so, als ob ein quantitativ-stetiges Merkmal vorläge.

Methode 2: Zu den nach Methode 1 ermittelten Zahlen suche man diejenige Merkmalsausprägung, welche dieser Zahl am nächsten liegt und verwende sie als das gesuchte Quantil.

Man vergleiche die Werte, die man für die in a) bis c) gefragten Formkoeffizienten nach den beiden Methoden erhält.

Aufgabe 3.43. Man überprüfe die Relation $\bar{x} - h \sim 3(\bar{x} - \tilde{x}_{0,5})$, indem man den Quotienten $(\bar{x} - h) : (\bar{x} - \tilde{x}_{0,5})$ für die folgenden, rechtsschiefen Verteilungen direkt berechne:
a) Für die Altersverteilung von Lastkraftwagen (Verteilung L, Aufgabe 3.33)
b) Für die schiefe Modellverteilung aus Beispiel 3.20.

Anleitung: Da in Verteilung L die erste Klasse bereits modale Klasse ist, schließe man eine fiktive Klasse – 2 bis 0 mit der Besetzungszahl 0 an die Verteilung an und benutze sodann Formel (3.54).

Aufgabe 3.44. Die Gleichverteilung. Eine Verteilung bestehe aus k Klassen gleicher Breite; die Besetzungszahlen in den Klassen seien alle gleich groß.

Man berechne für diese Verteilung den Momentenkoeffizienten der Kurtosis nach *R.A. Fisher*.

3.4 Die Messung der Konzentration

3.4.1 Das Konzentrationsphänomen

a) Streuungsmaße fragen danach, wie die Merkmalsausprägungen der Elemente einer Grundgesamtheit zueinander liegen. Die Frage nach der „Konzentration" weist in eine andere Richtung: Man geht von einer Grundgesamtheit mit *extensivem Merkmal* aus, betrachtet die *Gesamtsumme* der Merkmalsausprägungen und fragt, wie sich diese Summe auf die einzelnen Elemente (hier auch „Merkmalsträger" genannt) aufteilt; etwa, ob sie bei wenigen Elementen konzentriert oder ob sie gleichmäßig auf alle Elemente aufgeteilt ist.

Beispiel 3.23. Wir betrachten die Verteilung der Verdienste der Männer aus Beispiel 2.9:

Klasse	x_i	f_i		$f_i x_i$	
1000 – 2000	1500	20		30 000	
2000 – 3000	2500	30		75 000	
3000 – 4000	3500	80		280 000	
4000 – 5000	4500	40 ⎫		180 000 ⎫	
5000 – 6000	5500	20 ⎬	70	110 000 ⎬	355 000
6000 – 7000	6500	10 ⎭		65 000 ⎭	
Σ		200		740 000	

Befaßt man sich mit dem *Streuungs*phänomen, so betrachtet man Aussagen der Art: „40 Prozent der Männer haben einen Verdienst zwischen 3000 und 4000 Schilling".

Aussagen zur Konzentration befassen sich mit den *Lohnsummen*: Man stellt etwa fest, daß 355 000 Schilling, also rund 48 % der Lohnsumme auf 70 Personen, also 35 % der männlichen Beschäftigten, konzentriert sind.

Nachstehend sei eine Liste von Grundgesamtheiten mit *extensivem* Merkmal (und *nichtnegativer* Merkmalsausprägung) gegeben:

Grundgesamtheit	Merkmal
Industriebetriebe	Beschäftigtenzahl
	Jahresumsatz
Gemeinden	Einwohnerzahl
Einkommensbezieher	Jahreseinkommen
Positionen einer Außenhandelssystematik	Jahresausfuhr in den einzelnen Positionen
Artikel eines Sortiments	Jahresumsatz der einzelnen Artikel

Messung der Konzentration

In allen angeführten Beispielen liegt es nahe, nach der Konzentration von statistischen Massen zu fragen, etwa: Konzentration des Umsatzes oder der Beschäftigten auf (wenige) Betriebe, Konzentration der Bevölkerung in Großgemeinden, Konzentration des Umsatzes auf wenige Artikel, Einkommenskonzentration, usw. Im letzterwähnten Beispiel liegt es nahe zu untersuchen, wie sich etwa eine progressive Besteuerung auf die Einkommenskonzentration auswirkt.

b) Will man Maßzahlen der Konzentration konstruieren, so hat man die beiden *Grenzfälle* „keine Konzentration" und „stärkstmögliche Konzentration" sachlich festzulegen und die Maßzahlen geeignet zu normieren. Üblicherweise präzisiert man diese Forderung in nachstehender Tabelle:

Grenzfall	Beschreibung des Phänomens	geforderter Wert der Maßzahl
Keine Konzentration	Die Merkmalssumme ist gleichmäßig auf die Elemente der Grundgesamtheit aufgeteilt: jedes Element trägt denselben Anteil, also dieselbe Merkmalsausprägung.	0
Stärkstmögliche Konzentration	Ein Element trägt die gesamte Merkmalssumme, alle anderen haben die Merkmalsausprägung Null	1

Beispiel 3.24. Eine Industriebranche bestehe aus insgesamt 5 Betrieben. Die Betriebsgröße werde am Jahresumsatz des Betriebs gemessen. Wir betrachten zunächst vier Versionen, die in der nachstehend gegebenen Reihenfolge von α) bis δ) offensichtlich schon nach steigender Konzentration geordnet scheinen:

Jahresumsatz in 1000 ö.S.

Version α)	400	400	400	400	400
Version β)	400	200	800	400	200
Version γ)	400	1200	100	100	200
Version δ)	0	0	2000	0	0

Version α) entspräche dann der völligen Nichtkonzentration, Version δ) der stärkstmöglichen Konzentration der Umsatzsumme.

Merke: Man verwechsle nicht den Fall der Nichtkonzentration bzw. der gleich*mäßigen* Aufteilung der Merkmalssummen auf die Elemente der Grundgesamtheit mit der Gleich*verteilung* der Merkmalsausprägungen. Die Gleichverteilung bedeutet, daß sich die Merkmalsausprägungen gleichmäßig in einem Intervall ausbreiten.

Beispiel 3.25. Ein Beispiel für die Gleich*verteilung* wäre etwa die folgende, an das Beispiel 3.24 anschließende Version der Aufteilung des Jahresumsatzes auf 5 Betriebe:

Jahresumsatz in 1000 ö.S.

Version ε)	200	300	400	500	600

c) *Absolute und relative Konzentration.* Das bisher entwickelte Konzept eines Konzentrationsbegriffes ist in einer Hinsicht unbefriedigend: Ganz gleich, ob der Gesamtbetrag gleichmäßig auf viele oder wenige Elemente aufgeteilt wird, das Konzentrationsmaß sollte nach den in Punkt b) niedergelegten Forderungen den Wert Null ergeben, falls eine *gleichmäßige* Aufteilung gewährleistet ist. Mit anderen Worten: Ob der Jahresumsatz einer Branche nur auf zwei, auf fünf (wie in Beispiel 3.24) oder auf hundert Unternehmen aufgeteilt ist – das Konzentrationsmaß ändert sich nach dieser Konzeption nicht. Diesem Einwand kann man Rechnung tragen, indem man zwischen absoluter und relativer Konzentration unterscheidet.

Von *absoluter Konzentration* spricht man, wenn ein großer Teil der Merkmalssumme auf eine kleine *Anzahl* von Elementen der Grundgesamtheit entfällt, unabhängig davon, ob noch mehr oder weniger Elemente mit sehr kleinen Merkmalsausprägungen vorkommen.

Von *relativer Konzentration* spricht man, wenn ein großer Teil der Merkmalssumme auf einen kleinen *Anteil* der Elemente der Grundgesamtheit entfällt. Bei gleichmäßiger Aufteilung kann die absolute Konzentration verschiedene Werte annehmen (je nachdem auf wieviele Elemente aufgeteilt wird), während die relative Konzentration dann immer den Wert Null annimmt.

Adäquate Maße der absoluten Konzentration sind nicht leicht anzugeben, ihre Konstruktion ist nicht unumstritten. Daher befassen wir uns im folgenden nur mit dem Phänomen der relativen Konzentration. Einige Hinweise auf weitere Konzentrationsmaße, insbesondere auch Vorschläge zur Konstruktion von Maßzahlen der absoluten Konzentration, findet man im Abschnitt 3.4.5. Anders als bei den meisten übrigen Verteilungsmaßzahlen der deskriptiven Statistik findet man in der Literatur auch neuerdings immer wieder Untersuchungen betreffend die Definition und Anwendungsmöglichkeiten von geeigneten Konzentrationsmaßen, vor allem in der Wirtschaftsstatistik. Es sei hier vor allem auf drei Arbeiten hingewiesen: *Münzner* [1963], *Bruckmann* [1969] und die umfassende Monographie *Piesch* [1975]. Überblickt man jedoch die in der statistischen Praxis tatsächlich verwendeten Konstruktionen und Maßzahlen, so trifft man in den meisten Fällen auf die Lorenzkurve und daraus unmittelbar abgeleitete Maßzahlen.

3.4.2 Konstruktion der Lorenzkurve und eines zugehörigen Konzentrationsmaßes für Einzeldaten

a) Konstruktion der Lorenzkurve

Die Lorenzkurve bietet einen anschaulichen Zugang zum Phänomen der relativen Konzentration. Will man etwa die Lorenzkurve für die Umsatzkonzentration der Betriebe des Beispiels 3.24 finden, so hat man einfach die Betriebe

Messung der Konzentration

nach der Umsatzgröße zu ordnen und sodann die *kumulierten Anteile der Betriebe* und die *kumulierten Anteile der Umsätze* einander gegenüberzustellen.

Formal und allgemein erfolgt die Konstruktion der Lorenzkurve nach dem folgenden Schema. Gegeben sei eine Reihe von nichtnegativen Zahlen x_i, deren Summe nicht verschwinde

$$x_1, x_2, \ldots, x_i, \ldots, x_n.$$

Sie mögen als Merkmalsausprägungen eines extensiven Merkmals X angesehen werden. Diese Zahlen ordnet man nach der Größe

$$x_{(1)}, x_{(2)}, \ldots, x_{(i)}, \ldots, x_{(n)}$$

und bildet die neuen Größen

$u_0 = 0 \quad u_i = i/n \quad \ldots$ das sind die kumulierten Anteile der *Elemente* der Grundgesamtheit

$$v_0 = 0 \quad v_i = \frac{x_{(1)} + x_{(2)} + \ldots + x_{(i)}}{\sum_{j=1}^{n} x_j} = \frac{\sum_{j=1}^{i} x_{(j)}}{n\bar{x}}$$

... das sind die kumulierten Anteile der *Merkmalssummen*

$$i = 1, \ldots, n.$$

Daran schließen wir die Definition der Lorenzkurve.

Definition 3.26. Der Streckenzug, welcher die Punkte mit den Koordinaten (u_i, v_i), $i = 0, 1, \ldots, n$ verbindet, heißt die *Lorenzkurve der Konzentration* für das Merkmal X oder auch kurz „die Lorenzkurve der X-Konzentration".

Rechenschema für die Gewinnung der Lorenzkurve

Ein Rechenschema bei Vorliegen von Einzeldaten verwendet zweckmäßigerweise die Spalten $i, u_i, x_{(i)}, \Sigma x_{(j)}, v_i$ gemäß obiger Konstruktion. In einfachen Fällen kann man die Spalte „i" weglassen. Es sei nun das Rechenschema an Hand der Daten der Beispiele 3.24 und 3.25 im Detail vorgeführt. Dabei beachte man, daß die letzte Zahl in der Spalte „$\Sigma x_{(j)}$" die Merkmalsgesamtsumme darstellt. Die Spalte „v_i" wird gewonnen, indem man die Zahlen der Spalte „$\Sigma x_{(j)}$" durch diese Schlußzahl dividiert: Für die fünf Versionen α) bis ε) erhält man dann die folgenden kleinen Tabellen:

Verteilungsmaßzahlen

Version α)

i	u_i	$x_{(i)}$	$\Sigma x_{(j)}$	v_i
1	0,2	400	400	0,2
2	0,4	400	800	0,4
3	0,6	400	1200	0,6
4	0,8	400	1600	0,8
5	1,0	400	2000	1,0

Version β)

i	u_i	$x_{(i)}$	$\Sigma x_{(j)}$	v_i
1	0,2	200	200	0,1
2	0,4	200	400	0,2
3	0,6	400	800	0,4
4	0,8	400	1200	0,6
5	1,0	800	2000	1,0

Version γ)

i	u_i	$x_{(i)}$	$\Sigma x_{(j)}$	v_i
1	0,2	100	100	0,05
2	0,4	100	200	0,10
3	0,6	200	400	0,20
4	0,8	400	800	0,40
5	1,0	1200	2000	1,00

Version δ)

i	u_i	$x_{(i)}$	$\Sigma x_{(j)}$	v_i
1	0,2	0	0	0
2	0,4	0	0	0
3	0,6	0	0	0
4	0,8	0	0	0
5	1,0	2000	2000	1

Version ε)

i	u_i	$x_{(i)}$	$\Sigma x_{(j)}$	v_i
1	0,2	200	200	0,10
2	0,4	300	500	0,25
3	0,6	400	900	0,45
4	0,8	500	1400	0,70
5	1,0	600	2000	1,00

Die zugehörigen Schaubilder der Lorenzkurve sind in Abb. 25 nebeneinandergestellt.

b) Konstruktion einer Maßzahl der relativen Konzentration

Aus den Schaubildern der Lorenzkurve für die Versionen α) bis δ) wird deutlich, daß mit zunehmender Konzentration die Fläche zwischen der Diagonale und der Lorenzkurve immer größer wird. Es liegt daher nahe, zur Definition eines Konzentrationsmaßes diese Fläche heranzuziehen.

Wie Version α) zeigt, fällt im Falle der gleichmäßigen Aufteilung – also der relativen Nichtkonzentration – die Lorenzkurve mit der Diagonale zusammen. Daher erfüllt die folgende Definition die Bedingungen, die in Abschnitt 3.4.1 b) an ein Konzentrationsmaß gestellt werden:

Messung der Konzentration

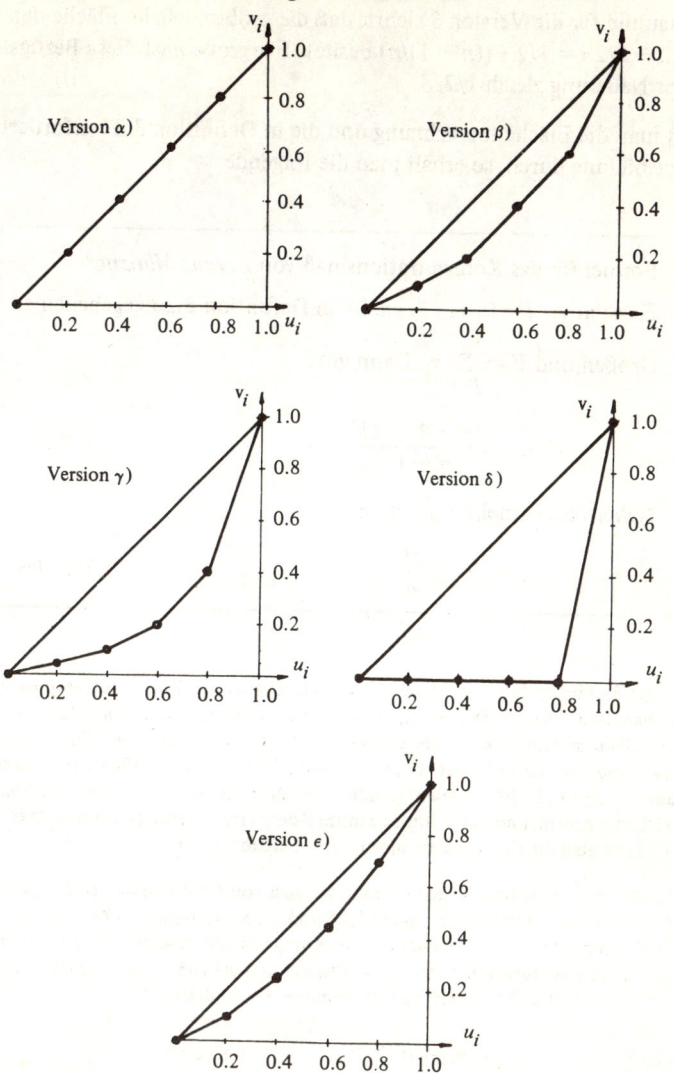

(Fünf Lorenzkurven-Diagramme: Version α), Version β), Version γ), Version δ), Version ε), mit Achsen u_i und v_i von 0 bis 1.0)

Abb. 25: Lorenzkurven der Umsatzkonzentration für die Betriebe der Beispiele 3.24 und 3.25

Definition 3.27. Das Konzentrationsmaß von Lorenz-Münzner ist gegeben durch

$$\kappa = \frac{\text{Fläche zwischen Diagonale und Lorenzkurve}}{\text{größtmögliche Fläche zwischen Diagonale und Lorenzkurve}}$$

Das Schaubild für die Version δ) lehrt, daß die größtmögliche Fläche den Wert $1/2 - 1/2n = 1/2 \cdot ((n-1)/n)$ besitzt. Für große n ist diese Bezugszahl mit guter Näherung gleich $1/2$.

Führt man die Flächenberechnung und die in Definition 3.27 geforderte Verhältnisbildung durch, so erhält man die folgende

---

Formel für das Konzentrationsmaß von *Lorenz-Münzner*

Es seien v_i, $i = 0, 1, \ldots, n$ die in Definition 3.26 gegebenen Größen und $V = \sum_{j=1}^{n} v_j$. Dann gilt:

$$\kappa = \frac{n + 1 - 2V}{n - 1} \qquad (3.109)$$

Näherungsformel für große n:

$$\kappa \sim 1 - \frac{2V}{n} \qquad (3.109a)$$

Anmerkung: Bereits im Jahre 1904 veröffentlichte *Lorenz* das Konstruktionsprinzip der nach ihm benannten Kurve. Der Name „Konzentrationsmaß nach *Lorenz-Münzner*" wurde hier vor allem im Hinblick auf die Formel (3.109) für *Einzeldaten* gewählt. *Münzner* hat nämlich 1963 auf Grund einer anders gearteten Überlegung ebenfalls die Maßzahl in der genauen Version (3.109) abgeleitet. Man kann übrigens zeigen, daß der von *Gini* im Jahre 1912 angegebene und nach ihm benannte Koeffizient ebenfalls mit dem Wert κ aus Formel (3.109) übereinstimmt (siehe hiezu auch Aufgabe 3.57).

Beispiel 3.26. Man berechne das Konzentrationsmaß von *Lorenz-Münzner* für die Umsatzkonzentration der Betriebe (Beispiele 3.24 und 3.25, Versionen α) bis ε)).

In ein Rechenschema zur Bestimmung des Konzentrationsmaßes braucht man nur diejenigen Größen aufzunehmen, die zur Bestimmung der Größe V in Formel (3.109) dienen. Diese Zahl ist nichts anderes als die Summe der Spalte „v_i".

Version α)			Version β)			Version γ)		
$x_{(i)}$	$\Sigma x_{(j)}$	v_i	$x_{(i)}$	$\Sigma x_{(j)}$	v_i	$x_{(i)}$	$\Sigma x_{(j)}$	v_i
400	400	0,2	200	200	0,1	100	100	0,05
400	800	0,4	200	400	0,2	100	200	0,10
400	1200	0,6	400	800	0,4	200	400	0,20
400	1600	0,8	400	1200	0,6	400	800	0,40
400	2000	1,0	800	2000	1,0	1200	2000	1,00
$V = 3$			$V = 2,3$			$V = 1,75$		

Messung der Konzentration

Version δ)

$x_{(i)}$	$\Sigma x_{(j)}$	v_i
0	0	0
0	0	0
0	0	0
0	0	0
2000	2000	1
	$V = 1$	

Version ε)

$x_{(i)}$	$\Sigma x_{(j)}$	v_i
200	200	0,10
300	500	0,25
400	900	0,45
500	1400	0,70
600	2000	1,00
	$V = 2,50$	

Nach Formel (3.109) erhalten wir für $n = 5$:

$$\kappa = \frac{n+1-2V}{n-1} = \frac{6-2V}{4} = \frac{1}{2}(3-V)$$

Numerische Ergebnisse:

Version α) $\kappa = \frac{1}{2}(3-3) = 0$

Version β) $\kappa = \frac{1}{2}(3-2,3) = 0,35$

Version γ) $\kappa = \frac{1}{2}(3-1,75) = 0,625$

Version δ) $\kappa = \frac{1}{2}(3-1) = 1$

Version ε) $\kappa = \frac{1}{2}(3-2,50) = 0,25$

Beispiel 3.27. Nach *Pfanzagl* [1972, S. 36]. Es seien zwei verschiedene Phänomene der relativen Konzentration am Modell einer großen Zahl von n Betrieben verglichen:

Eine Hälfte der Betriebe erzielt den Umsatz 0, alle anderen Betriebe erzielen den gleichen Umsatz

Ein Betrieb erzielt die Hälfte des gesamten Umsatzes; der restliche Umsatz teilt sich gleichmäßig auf alle anderen Unternehmen auf

Die zugehörigen Schaubilder der Lorenzkurve sind:

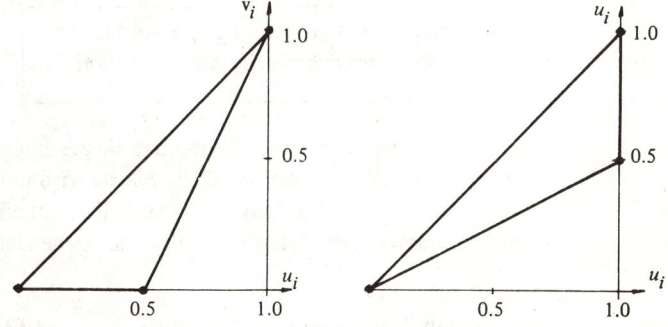

Abb. 26: Lorenzkurven zu zwei verschiedenen Sachverhalten mit gleichem Konzentrationsmaß $\kappa = 0,5$

Bei großen n erhält man in beiden Fällen gemäß Definition 3.27 mit guter Näherung das gleiche Konzentrationsmaß $\kappa = 0{,}5$. Nur dann, wenn man im Kontext einer bestimmten Fragestellung anerkennen kann, daß beiden Phänomenen die gleiche relative Konzentration zugeschrieben werden soll, wird man das Maß κ als adäquat ansehen wollen.

Würde man die beiden Lorenzkurven in einem gemeinsamen Koordinatensystem zeichnen, so würden die beiden Lorenzkurven einander schneiden. Vergleicht man zwei Verteilungen hinsichtlich ihrer Konzentration, so ergeben sich gewisse Unsicherheiten meist nur dann, wenn die Lorenzkurven einander schneiden.

3.4.3 Lorenzkurve und Konzentrationsmaß von Lorenz-Münzner für gruppierte Daten

Für die Ermittlung der Lorenzkurve und zur Berechnung des Konzentrationsmaßes nach *Lorenz-Münzner* wird das Schema der Verteilungstabelle um folgende Größen erweitert:

$u_i = F_i/N$ ... kumulierte Anteile der *Elemente*

$\sum_{j=1}^{i} f_j x_j$ ... kumulierte Merkmalssummen

$v_i = \dfrac{\sum_{j=1}^{i} f_j x_j}{S_1}$ ... kumulierte Anteile der *Merkmalssummen*

$\bar{v}_i = \dfrac{1}{2}(v_{i-1} + v_i)$ ... Hilfsgrößen

$i = 1, \ldots, k$

Weiter wird für $i = 0$ *definiert:* $u_0 = 0$ und $v_0 = 0$. In Analogie zu Definition 3.26 gilt dann für gruppierte Daten:

> Der Streckenzug, welcher die Punkte mit den Koordinaten (u_i, v_i) verbindet, ist die *Lorenzkurve der Konzentration*.

Die *Berechnung* des Konzentrationsmaßes von *Lorenz-Münzner* geschieht für gruppierte *Daten näherungsweise*: Als maximal mögliche Fläche wird nun die gesamte Fläche unterhalb der Diagonale, das heißt also, das halbe Einheitsquadrat der (u, v)-Ebene genommen. Die Maßzahl κ wird dann (siehe Definition 3.27):

$$\kappa = 2 \times \text{Fläche zwischen Lorenzkurve und Diagonale} \qquad (3.110)$$

Verwendet man nun (3.110) als Näherungs-Definition, so erhält man folgende Formel für κ, die nur Daten aus der erweiterten Verteilungstabelle verwendet:

> Näherungsformel für das Konzentrationsmaß von *Lorenz-Münzner* bei gruppierten Daten:
>
> $$\kappa \sim 1 - \frac{2}{N} \sum_{i=1}^{n} f_i \bar{v}_i \qquad (3.111)$$

Die Analogie der Formel für gruppierte Daten zur Formel (3.109a) wird ersichtlich, wenn man setzt

$$V = \sum_{i=1}^{k} f_i \bar{v}_i \qquad (3.112)$$

Für praktische Zwecke sind zwei Bemerkungen wichtig: Die *Anordnung der Merkmalsausprägungen* nach ihrer Größe, die im Konstruktionsschema für Einzeldaten verlangt wird, ist durch eine Verteilungstabelle bei quantitativem Merkmal automatisch gegeben. Die Klassen werden praktisch immer in dieser Weise angeordnet.

Die Zeichnung der Lorenzkurve und die Berechnung von κ ist bei gruppierten Daten auch dann möglich, wenn die erste und die letzte Klasse in der Tabelle *offene* Klassen sind, sofern die Merkmalssummen für diese Klassen angegeben sind.

Anmerkung: Der *Näherungscharakter* der Formel (3.111) ist in *zweifacher* Weise gegeben: Erstens durch die vereinfachte Bezugnahme auf die Lorenzkurve (siehe Formel (3.110)) und zweitens durch die Gruppierung der Daten, welche uns auch die Lorenzkurve selbst nur näherungsweise erhalten läßt. Die Konstruktion als Streckenzug ist äquivalent der Annahme, daß alle Einheiten einer Klasse dieselbe Merkmalsausprägung tragen, und zwar den durchschnittlichen Wert in der Klasse. Beide Effekte wirken in der gleichen Richtung, nämlich in einer leichten Verkleinerung des Konzentrationsmaßes gegenüber der „exakten" Formel (3.109).

In dem folgenden Beispiel 3.28 sei die Berechnung einer Einkommenskonzentration zunächst für ein Musterbeispiel mit künstlichen Daten vorgeführt. Dieses Beispiel soll zeigen, wie die Größen u_i, v_i, $\bar{v}_i$ und schließlich V durch Erweiterung des üblichen Schemas der Verteilungstabelle bequem und sicher gewonnen werden können. Das nächste Beispiel 3.29 verwendet hingegen reale Daten aus der Wirtschaftsstatistik. Hier soll gezeigt werden, daß veröffentlichte Daten häufig schon Zahlenwerte beinhalten, die im Beispiel 3.28 noch eigens berechnet werden mußten. Dadurch werden starke Vereinfachungen der Arbeitstabellen möglich.

Beispiel 3.28. Für die Verteilung der Männerverdienste (siehe die Beispiele 2.9 und 3.23) berechne man das Konzentrationsmaß nach *Lorenz-Münzner* und zeichne die Lorenzkurve.

In der schon im Beispiel 3.23 begonnenen Tabelle werden die notwendigen Erweiterungen vorgenommen:

Klasse	x_i	f_i	F_i	u_i	$f_i x_i$	$\Sigma f_j x_j$	v_i	$\bar{v}_i$	$f_i \bar{v}_i$
1000 – 2000	1500	20	20	0,10	30000	30000	0,041	0,020	0,40
2000 – 3000	2500	30	50	0,25	75000	105000	0,142	0,092	2,76
3000 – 4000	3500	80	130	0,65	280000	385000	0,520	0,331	26,48
4000 – 5000	4500	40	170	0,85	180000	565000	0,764	0,642	25,68
5000 – 6000	5500	20	190	0,95	110000	675000	0,912	0,838	16,76
6000 – 7000	6500	10	200	1,00	65000	740000	1,000	0,956	9,56
Σ		200			740000				81,64
		N			S_1				V

In Formel (3.111) benötigen wir die Größen $N = 200$ und $V = 81,64$. Man erhält so

$$\kappa = 1 - \frac{2}{200} \cdot 81,64 = 1 - 0,816 = \underline{0,184}$$

Die Lorenzkurve erhalten wir aus den beiden Spalten u_i, v_i unter Beifügung von $u_0 = 0, v_0 = 0$.

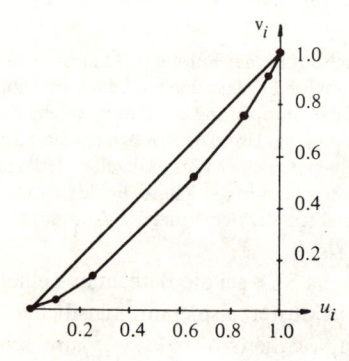

Abb. 27: Lorenzkurve der Konzentration der Männerverdienste

Beispiel 3.29. Aus den Ergebnissen der Totalerhebung im Bauhauptgewerbe der BRD entnehmen wir die folgende Tabelle:

Messung der Konzentration

Betriebe, Beschäftigte und Umsatz des Bauhauptgewerbes nach Beschäftigtengrößenklassen

Nr.	Betriebe mit ... Beschäftigten	Betriebe Juni 1974 Anzahl	%	Beschäftigte Juni 1974 1000	%	Umsätze 1974 Mill DM
1	1	5 651	9,3	5,7	0,4	
2	2 – 4	11 604	19,1	34,8	2,5	6 811,2
3	5 – 9	14 961	24,6	100,8	7,3	
4	10 – 19	12 816	21,1	176,5	12,8	8 452,7
5	20 – 49	9 799	16,1	282,7	20,5	15 620,9
6	50 – 99	3 528	5,8	243,3	17,6	13 486,1
7	100 – 199	1 560	2,6	213,8	15,5	12 884,4
8	200 – 499	712	1,2	203,8	14,7	11 799,6
9	500 und mehr	140	0,2	120,9	8,7	5 990,8
	Insgesamt	60 771	100,0	1 382,2	100,0	75 045,7

Quelle: Wirtschaft und Statistik 1976, S. 117 und 118

Die Konzentration im Bauhauptgewerbe soll zunächst am Merkmal „Anzahl der Beschäftigten" gemessen werden. Dazu verwenden wir die nachstehende Arbeitstabelle.

i	f_i	p_i	u_i	$f_i x_i / S_1$	v_i	$\bar{v}_i$	$f_i \bar{v}_i$
1	5 651	0,093	0,093	0,004	0,004	0,002	11,3
2	11 604	0,191	0,284	0,025	0,029	0,017	197,3
3	14 961	0,246	0,530	0,073	0,102	0,066	987,4
4	12 816	0,211	0,741	0,128	0,230	0,166	2 134,9
5	9 799	0,161	0,902	0,205	0,435	0,333	3 263,1
6	3 528	0,058	0,960	0,176	0,611	0,523	1 845,1
7	1 560	0,026	0,986	0,155	0,766	0,689	1 074,8
8	712	0,012	0,998	0,147	0,913	0,840	598,1
9	140	0,002	1,00	0,087	1,000	0,957	134,0
Σ	60 771						10 246,0
	N ↗						V ↗

Zum Aufbau der Arbeitstabelle sei hier folgendes bemerkt: Die Berechnung der u_i erfolgte einfach über die Kumulierung der Anteile p_i, weil diese aus der vorgelegten Veröffentlichung zu entnehmen waren. Die Berechnung über F_i ist jedoch – im Hinblick auf Rundungsfehler – genauer. Ebenso konnte die Berechnung von V von den bereits in der Tabelle vorhandenen Beschäftigtenanteilen $f_i x_i / S_1$ ausgehen. Falls nur das Konzentrationsmaß κ zu berechnen ist, können die Spalten u_i (bzw. F_i) weggelassen werden.

Zur Berechnung von κ entnehmen wir der Arbeitstabelle die Größen $N = 60\,771$ und $V = 10\,246,0$. Man erhält dann

$$\kappa = 1 - \frac{2 \cdot 10\,246,0}{60\,771} = \underline{0,6628}.$$

Man könnte daran denken, neben der „Beschäftigtenkonzentration" auch die *Umsatzkonzentration* zu berechnen. Das ist mittels der vorliegenden Daten an sich nicht möglich, denn die Betriebe sind nicht nach Größenklassen der Umsätze, sondern nach Grö-

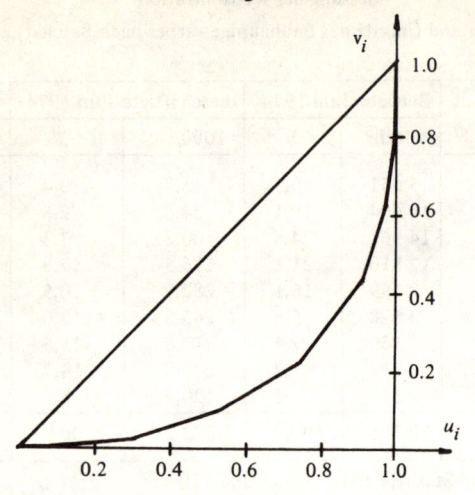

Abb. 28: Lorenzkurve der Konzentration im Bauhauptgewerbe 1974

ßenklassen der Beschäftigten gegliedert. Wäre der Umsatz eine monotone Funktion der Beschäftigtenzahl, so wäre die Berechnung von κ möglich, weil dann auch die Klasseneinteilung nach Beschäftigten die bei der Konstruktion von κ geforderte Reihung nach der Größe der Merkmalsausprägungen *des zu untersuchenden* Merkmals wiedergeben würde. Immerhin kann man vermuten, daß die Rechnung mittels Beschäftigtengrößenklassen eine gute Näherung liefern dürfte. (Siehe hiezu auch Aufgabe 3.55)

3.4.4 Aufgaben und Ergänzungen zu Abschnitt 3.4

Aufgabe 3.45. Ein Textilgroßhändler handle mit insgesamt 8 Garnsorten. Die Jahresumsätze der einzelnen Sorten seien

Sorte	Jahresumsatz in 1 000 DM
A	2 000
B	4 000
C	800
D	2 000
E	100
F	600
G	200
H	300

Zur Bestimmung der relativen Konzentration der Jahresumsätze auf die einzelnen Sorten

a) zeichne man die Lorenzkurve
b) bestimme man den Konzentrationskoeffizienten κ.

Aufgabe 3.46. Ein Weinexporteur handelt mit insgesamt 6 Weinsorten. Die exportierten Mengen sowie die Exportpreise seien in nachstehender Tabelle gegeben:

Sorte	hl	Preis in 1000 öS/hl
Kalterer	200	1,2
Riesling	400	0,8
Veltliner	100	0,7
Blaufränkischer	200	1,0
St. Laurent	40	2,0
Müller-Thurgau	60	1,5

Man berechne den *Lorenz-Münzner*'schen Konzentrationskoeffizienten der Sortenkonzentration
a) für die exportierten *Mengen*
b) für die Export*umsätze*

(Statistikklausur Wien, WS 1974/75).

Aufgabe 3.47. In einer Gemeinde befinden sich 20 landwirtschaftliche Betriebe mit folgender Aufteilung der Betriebsgrößen (gemessen in ha):

Betriebsgröße	60	130	20	100	5	40
Anzahl der Betriebe dieser Größe	1	1	6	1	10	1

Man zeichne die Lorenzkurve und berechne den *Lorenz-Münzner*'schen Konzentrationskoeffizienten
a) für die obigen Daten
b) für den Fall, daß die 10 Kleinbetriebe à 5 Hektar in einen Betrieb zusammengelegt werden.

Aufgabe 3.48. Bei progressiver Besteuerung vermindert sich die Einkommenskonzentration beim Übergang vom Brutto- zum Nettogewinn. Dies soll an folgender Modellrechnung illustriert werden.

Eine bestimmte Branche umfasse fünf Firmen, die folgende Bruttojahresgewinne erzielten:

$$x_1 = 100 \quad x_2 = 1200 \quad x_3 = 100 \quad x_4 = 400 \quad x_5 = 200$$

Der Einkommensteuersatz $S(x)$ sei durch folgende Funktion gegeben:

$$S(x) \begin{cases} = 0 & \text{für} \quad 0 \leq x \leq 200 \\ = \dfrac{1}{4000}(x-200) & \text{für} \quad 200 \leq x \leq 2200 \\ = 0{,}5 & \text{für} \quad 2200 \leq x \end{cases}$$

a) Man zeichne die Lorenzkurve der Einkommenskonzentration
b) man berechne den Konzentrationskoeffizienten κ
für die Einkommen vor und nach der Besteuerung.

Aufgabe 3.49. Änderung des Konzentrationskoeffizienten bei Änderung einer Merkmalsausprägung.

Ein Industriezweig umfasse vier Betriebe. Drei davon weisen die Jahresumsätze

$$x_1 = 1 \qquad x_2 = 2 \qquad x_3 = 5$$

auf, der vierte den Umsatz $x \geq 0$. Man berechne den *Lorenz-Münzner*'schen Koeffizienten der Umsatzkonzentration als Funktion von x und bestimme die Stelle, an welcher er ein Minimum aufweist.

Aufgabe 3.50. Aus der Statistik der Vermögenssteuer für Österreich 1968 entnimmt man die folgende — gegenüber dem Original z.T. stark gerundete und zusammengefaßte — Tabelle:

Stufen des steuerpfl. Vermögens in 1000 öS.	Vermögenssteuerpflichtige	steuerpflicht. Vermögen in Milliarden öS.
bis 50	37 000	1
50 – 100	28 000	2
100 – 500	75 000	17
500 – 1 000	17 000	12
1 000 – 5 000	15 000	29
5 000 und mehr	3 000	94
Σ	175 000	155

Man zeichne die Lorenzkurve und berechne das *Lorenz-Münzner*'sche Konzentrationsmaß für die Vermögenskonzentration.

Aufgabe 3.51. Durch eine geschickte Anordnung des Datenmaterials kann man mit wenigen Zahlen Konzentrationsphänomene präsentieren.

Die Verteilung der verfügbaren Nettoeinkommen der Arbeitnehmerhaushalte in der BRD und der DDR sieht für 1960 und für 1967 folgendermaßen aus

Haushalts-quintile	Einkommensanteile in Prozent			
	1960		1967	
	BRD	DDR	BRD	DDR
1. Quintil	8,4	9,8	8,7	10,5
2. Quintil	12,6	15,5	13,0	15,8
3. Quintil	16,4	19,3	17,1	19,7
4. Quintil	22,8	23,4	23,0	23,6
5. Quintil	39,8	32,0	38,2	30,4

a) Man zeichne die Lorenzkurven der Nettoeinkommen
b) Man berechne die Konzentrationskoeffizienten κ der Nettoeinkommen

Quelle: Bericht der Bundesregierung und Materialien zur Lage der Nation 1971, S. 138.

Aufgabe 3.52. Das von *Lorenz* benutzte Originalbeispiel befaßt sich mit einem Vergleich der Einkommenskonzentration in Preußen 1892 und 1901. Die damals verwendete Tabelle sei hier originalgetreu zitiert.

Class	1892		1901	
	Per Cent of Number	Per Cent of Total Income	Per Cent of Number	Per Cent of Total Income
Under 900	70.1	41.2	60.5	31.7
900 – 3,000	26.0	30.0	34.8	35.3
3,000 – 6,000	2.5	8.6	3.0	9.3
6,000 – 9,000	.7	4.2	.8	4.5
9,500 – 30,500	.6	7.4	.7	8.1
30,500 and over	.1	8.6	.2	11.1
	100.0	100.0	100.0	100.0

Man bestimme
a) die Lorenz-Kurven der Einkommenskonzentration in Preußen für 1892 und 1901
b) die beiden Konzentrationskoeffizienten κ für 1892 und 1901

Anleitung: Man beachte die abweichende Schreibweise für Tausender und Dezimalzahlen. Welche Modifikation der Formel (3.111) ist angesichts der hier gegebenen Daten (die Häufigkeiten f_i sind nicht gegeben) zu verwenden?
Quelle: *Lorenz* [1904, S. 214].

Aufgabe 3.53. Um die Auswirkungen einer Datenaggregation auf das Konzentrationsmaß κ zu studieren, fasse man in Beispiel 3.29 die ersten drei Klassen in eine Klasse zusammen, berechne den Konzentrationskoeffizienten κ und vergleiche mit dem Ergebnis in Beispiel 3.29.

Aufgabe 3.54. Die Betriebe einer Branche seien so in drei gleichgroße Gruppen gegliedert, daß die Betriebe der ersten Gruppe überhaupt keinen Umsatz erzielten, die Betriebe der dritten Gruppe insgesamt einen doppelt so hohen Umsatz erzielten als die gesamten Betriebe der zweiten Gruppe. Innerhalb der drei Gruppen seien die Umsätze jeweils gleich groß.

a) Man bestimme die Lorenzkurve
b) man berechne den *Lorenz-Münzner*'schen Konzentrationskoeffizienten der Umsatzkonzentration.

Zum Vergleich siehe Beispiel 3.27.

Aufgabe 3.55. Kann man die Umsatzkonzentration mit einer Größengliederung von Betrieben nach der Beschäftigtenzahl — zumindest näherungsweise — berechnen? Um dies zu untersuchen, verwenden wir Daten der Handwerkszählung 1968, bei der Größengliederungen sowohl nach Beschäftigten als auch nach dem Umsatz vorliegen.

Betriebe, Beschäftigte und Umsätze des Handwerks nach Beschäftigtengrößenklassen

Unternehmen mit ... Beschäftigten	Unternehmen Anzahl in 1000	Beschäftigte[1]) 1 000	Umsätze[2]) Mill. DM
1	150,3	150	2 566
2	104,7	209	6 201
3 – 4	139,6	480	15 583
5 – 9	138,9	902	29 668
10 – 19	47,4	634	22 059
20 – 49	24,7	729	26 588
50 – 99	6,5	440	17 239
100 und mehr	2,8	544	22 212
Σ	614,9	4 088	142 116

Betriebe, Umsätze und Beschäftigte des Handwerks nach
Umsatzgrößenklassen

Unternehmen mit ... 1000 DM Gesamtumsatz	Unternehmen Anzahl in 1000	Umsätze[2]) Mill. DM	Beschäftigte[1]) 1 000
bis 20	120,1	1 022	154
20 – 40	83,8	2 635	202
40 – 60	61,6	2 503	140
60 – 100	83,8	6 374	299
100 – 250	147,3	23 448	787
250 – 500	65,8	22 609	642
500 – 1 000	30,0	20 609	545
1 000 – 2 000	13,1	17 994	457
2 000 und mehr	9,3	44 922	862
Σ	614,9	142 116	4 088

[1]) Beschäftigte ohne Heimarbeiter am 30.9.1967
[2]) Umsätze im Jahr 1967
Quelle: Statistisches Bundesamt Wiesbaden. Fachserie D Industrie und Handwerk. Handwerkszählung 1968 Heft 3. Unternehmen nach Gewerbezweigen: Nebenbetriebe. S. 13 und S. 28.

Man berechne den *Lorenz-Münzner*'schen Konzentrationskoeffizienten
a) für das Merkmal „Beschäftigte" einmal korrekt und näherungsweise mittels der Umsatzgrößengliederung
b) für das Merkmal „Umsatzgröße" einmal korrekt und näherungsweise mittels der Größengliederung der Beschäftigten

und vergleiche jeweils die korrekten Resultate mit den Näherungsresultaten.

Der *Medial* (*Scheidewert*)

Der Medial M ist ein Lagemaß, das jedoch in engem Zusammenhang mit der Messung der relativen Konzentration steht. Er ist diejenige Merkmalsausprägung, unterhalb der die Hälfte der Merkmals*summe* liegt.

Die Berechnung des Medials M bei gruppierten Daten erfolgt durch lineare Interpolation; dabei erhält man die Formel

$$M = e_{s-1} + d_s \frac{0{,}5 - v_{s-1}}{v_s - v_{s-1}}. \tag{3.113}$$

Dabei wird v_i wie im Abschnitt 3.4.3 definiert; s bedeutet die Nummer der Klasse, für die gilt: $v_{s-1} \leqslant 0{,}5 < v_s$.

Aufgabe 3.56. Man berechne den Medial
a) für die Verteilung der Männerverdienste in Beispiel 3.28.
b) für die Verteilung der Betriebsgrößen in Beispiel 3.29.

Der Gini-Koeffizient.

Es sei Δ_G das in Definition 3.16 angegebene Gini-Maß der Streuung. Dann gilt die folgende Beziehung zwischen dem *Lorenz-Münzner*'schen Konzentrationskoeffizienten und Δ_G:

$$\kappa = \frac{\Delta_G}{2\bar{x}}. \tag{3.114}$$

Den Ausdruck auf der linken Seite von (3.114) nennt man den *Gini*-Koeffizienten der Konzentration. Es zeigt sich also, daß der Konzentrationskoeffizient κ auch als ein Variationskoeffizient gedeutet werden kann.

Aufgabe 3.57. Man beweise die Beziehung (3.114).

Anleitung: Man berechne κ und Δ_G über die Rangreihenfolge $x_{(1)}, \ldots, x_{(i)}, \ldots, x_{(n)}$.

Als ein Maß der *absoluten Konzentration* wird der *Herfindahl*-Index angesehen. Sei π_i der Anteil des i-ten Elements an der Merkmalssumme:

$$\pi_i = \frac{x_i}{\sum_{i=1}^{n} x_i}.$$

Dann ist der *Herfindahl*-Index He gegeben durch

$$He = \sum_{i=1}^{n} \pi_i^2 \tag{3.115}$$

Die Größe He variiert zwischen 1 (die Merkmalssumme ist auf ein Element vereinigt) und $1/n$ (alle Elemente haben dieselbe Merkmalsausprägung). Normiert man den *Herfindahl*-Index zwischen 0 und 1, indem man die Größe

$$He^* = \frac{He - 1/n}{1 - 1/n}$$

bildet, so zeigt sich wiederum eine Verwandtschaft mit einem Variationskoeffizienten. Es gilt nämlich

$$He^* = \frac{v^2}{n-1} = \frac{\sigma^2}{\bar{x}^2 (n-1)} \tag{3.116}$$

Die Größe v bedeutet den Variationskoeffizienten gemäß Definition 3.18A.

Aufgabe 3.58. Man beweise die Beziehung (3.116).

4. Allgemeine Theorie der Maß- und Indexzahlen

Die Ausführungen dieses Kapitels überschreiten zum Teil das Konzept der Statistik als einer Lehre von den Verteilungen (siehe Abschnitt 1.3). Sie befassen sich jedoch mit Hilfsmitteln der quantitativen Beschreibung — vor allem in den Sozial- und Wirtschaftswissenschaften —, die seit jeher zum traditionellen Handwerkszeug des Statistikers zählen. Wie kaum bei anderen Teilen der statistischen Methodenlehre zeigt sich hier, wie fließend die Grenzen zwischen einzelwissenschaftlicher und statistisch-methodologischer Argumentation sind. Viel mehr als früher neigt man heute dazu, die Verantwortung für die richtige Konstruktion einer Maßzahl den jeweiligen Sachgebieten selbst zuzuweisen; der Statistiker kann und muß sich auf die Darlegung allgemeiner Gesichtspunkte beschränken.

Zwei Autoren haben die Darstellung dieses Kapitels maßgeblich beeinflußt: *Pfanzagl* [1972] und *Calot* [1973]. Ersterer war Vorbild für die Gestaltung der allgemeinen Maßzahldiskussion und Teile des Abschnitts 4.3.5 „Spezialprobleme der Indexrechnung", letzterer bot die Anregung für den hier dargelegten allgemeinen Aufbau der Indexrechnung.

4.1 Die Konstruktion von Maßzahlen

4.1.1 Maßzahlen und äquivalente Sachverhalte

Bei der Konstruktion von Maßzahlen kommt ganz allgemein das Bestreben zum Ausdruck, Sachverhalte durch Zahlen zu charakterisieren. In vielen Fällen sind verschiedene Maßzahlen zur Charakterisierung eines Sachverhalts denkbar. Dann entstanden oft Kontroversen über die „wahre" Maßzahl.

Grundsätzlich hat man sich dabei folgendes vor Augen zu halten: Maßzahlen dienen vor allem dem *Vergleich*. Eine Maßzahl ist dann richtig konstruiert, wenn sie *äquivalenten Sachverhalten* gleiche Maßzahlen zuordnet. Welche Sachverhalte jedoch als äquivalent anzusehen sind, hängt von der jeweiligen Fragestellung ab, ist genaugenommen nur im Zusammenhang mit einer wohldefinierten Problemstellung überhaupt beantwortbar. Wenn man demnach von der „Vergleichbarkeit von Maßzahlen" spricht, meint man im Grunde immer, daß dieses Äquivalenzprinzip erfüllt sei. Zwei Beispiele mögen dies verdeutlichen.

Beispiel 4.1. Eine wohlbekannte Maßzahl ist der Quotient

$$\text{Bevölkerungsdichte} = \frac{\text{Wohnbevölkerung}}{\text{Fläche in km}^2}$$

Er gibt ein anschauliches Maß für die Dichte der Bevölkerung in verschiedenen Staaten bzw. Regionen. Ein Vergleich zwischen der Bundesrepublik Deutschland und Ägypten ergibt zunächst folgendes Bild:

	Bevölkerungsdichte 1974
Bundesrepublik Deutschland	249,6 Einw./km²
Ägypten	36,4 Einw./km²

Scheidet man nun die nichtkultivierbaren Flächen Ägyptens aus, so ergibt sich dort eine Bevölkerungsdichte von 1023,5 Einw./km². Um die Bevölkerungsdichten der BRD und Ägyptens in diesem neuen Sinn vergleichbar zu machen, müßte man versuchen, denselben – nicht unproblematischen Prozeß – bei der Bundesrepublik vorzunehmen. Nun würde die vergleichbare Bestimmung des Begriffes „nichtkultivierbare Fläche" Schwierigkeiten bereiten. Kann man See-, Sumpf- und Hochgebirgsland einerseits mit Wüstengebieten andererseits vergleichen?

Quelle der Daten: United Nations, Statistical Yearbook 1975, S. 67–78

Beispiel 4.2. Vergleich der Unfallgefährdung bei Bahn-, Auto- und Flugreisen. Nach *Pfanzagl* [1972, S. 37f.]. Dieses Beispiel soll zeigen, wie durch stufenweise Verfeinerung der Fragestellung die Problematik der Konstruktion einer geeigneten Maßzahl immer schärfer hervortritt.

a) Es muß zunächst geklärt werden, ob man Unfallbeteiligte insgesamt, Verletzte oder nur Unfalltote in den Vergleich einbezieht. Flugzeugunfälle verlaufen, wenn sie passieren, mit größerer Wahrscheinlichkeit tödlich.

b) Die bloße Anzahl der Unfälle liefert selbstverständlich keine faire Vergleichsmöglichkeit bezüglich der Gefährdung des Reisenden in diesen drei Verkehrsmitteln, da die Anzahl der Reisenden für Bahn, Auto und Flugzeug sehr verschieden ist.

c) Die Maßzahl „Anzahl der Unfälle/Anzahl der Reisenden" ist noch immer nicht geeignet, da die Länge der Reisestrecke nicht berücksichtigt wird. Besser scheint die Maßzahl „Anzahl der Unfälle/Personenkilometer". *Pfanzagl* erklärt dies im Prinzip so: Gleichgültig, ob ein Reisender mit der Bahn von Wien nach Nürnberg oder von Wien nach Köln fährt, nach Methode b) würde immer *ein* Reisender gezählt. Hinsichtlich der Gefährdung des Reisenden sind das keine äquivalenten Sachverhalte. Äquivalente Sachverhalte wären jedoch: „Ein Reisender fährt von Wien nach Köln" und „Ein Reisender A fährt von Wien nach Nürnberg und ein Reisender B fährt von Nürnberg nach Köln". Diese Äquivalenz wird jedoch ersichtlich durch Personenkilometer wiedergegeben.

d) Ohne Zweifel wird die Maßzahl „Anzahl der Unfälle/Personenkilometer" die Unfallgefährdung beim Vergleich von Eisenbahnsystemen verschiedener Länder richtig erfassen. Kann man jedoch auf diese Weise Flugreisen und Bahnreisen miteinander vergleichen? Man bedenke, daß die Unfallgefährdung beim Starten und Landen eines Flugzeugs wesentlich größer ist, als während des eigentlichen Reiseflugs. Hier treten also doch wieder Elemente auf, welche der *ganzen* Reise gewisse „Fixkosten der Gefährdung" hinzufügen. Die Frage eines besorgten Reisenden Wien–Köln, ob er besser eine Bahnfahrt oder eine Flugreise wählen soll, ist offenbar durch globale Verkehrs- und Unfallstatistiken nicht beantwortbar, sondern nur durch Spezialuntersuchungen – die es aber kaum gibt.

4.1.2 Eine Klassifikation von Maßzahlen

In diesem Abschnitt wird zunächst eine Einteilung der Maßzahltypen gegeben und diese sodann durch geeignete Beispiele erläutert. Den beiden folgenden Abschnitten bleibt eine genauere Diskussion der Meßzahlen, der Indexzahlen und des Standardisierungsverfahrens vorbehalten.

A) *Verhältniszahlen.* Sie werden durch Quotientenbildung aus zwei Zahlen gebildet.
  a) *Meßzahlen: Gleichartige Größen,* meist nur durch wechselnden Erhebungszeitpunkt oder -zeitraum unterschieden, werden ins Verhältnis gesetzt.
  b) *Gliederungszahlen: Teilgrößen* werden auf eine *Gesamtgröße* bezogen.
  c) *Beziehungszahlen:* Zwei verschiedenartige, aber in sachlich sinnvoller Beziehung stehende Größen werden ins Verhältnis gesetzt.
    aa) *Verursachungszahlen:* Eine Bewegungsmasse wird auf eine zugehörige Bestandsmasse bezogen.
    bb) *Entsprechungszahlen:* Alle sonstigen Beziehungszahlen.

B) *Indexzahlen* und Maßzahlen, die *durch Standardisierung* gewonnen werden. Hier werden durch geeignete Verfahren der Mittel- und Quotientenbildung mehrere Größen zu einer Maßzahl verarbeitet.

C) *Maßzahlbildung durch allgemeine Funktionen.* Hierher gehören fast alle im 3. Kapitel besprochenen Verteilungsmaßzahlen.

Verhältnis- und Indexzahlen werden meist *in Prozenten* ausgedrückt, d.h. die ermittelten Quotienten werden mit der Zahl hundert multipliziert. In der Bevölkerungsstatistik verwendet man auch *Promillezahlen.*

Zu a): *Meßzahlen*

Meßzahlen werden vor allem im Zeitvergleich benutzt; eine Zeitreihe von Größen wird auf *eine* bestimmte Größe, aber oft auch auf einen *Durchschnitt* zeitlich aufeinanderfolgender Größen aus dieser Reihe bezogen

Daneben können auch in verschiedenen Regionen definierte, gleichartige Größen durch Meßzahlen verglichen werden.

Beispiel 4.3. Das wichtigste Anwendungsgebiet der Meßzahlen ist das vergleichende Studium verschiedener Zeitreihen. Die folgende Tabelle zeigt die unterschiedlichen Entwicklungstendenzen des *Stromverbrauchs* bei verschiedenen Verbrauchergruppen.

Elektrizitätsverbrauch in Bayern 1970–1976

Jahr	Industrie	Haushalte	Sonstige	Industrie	Haushalte	Sonstige
	Gigawattstunden			1970 = 100		
1970	15 788	5 385	7 119	100,0	100,0	100,0
1972	16 422	6 842	8 851	104,0	127,1	124,3
1974	17 807	8 149	9 889	112,8	151,3	138,9
1976	18 143	9 426	11 167	114,9	175,0	156,9

Quelle: *Braun* [1977, S. 233]

Obwohl die Industrie in allen Jahren der größte Stromverbraucher war, zeigt die Meßzahlenreihe, daß die Entwicklungstendenz des Haushaltsverbrauchs große Aufmerksamkeit verdient. Unter „Sonstige" sind hier die Verbrauchergruppen Handel und Gewerbe, öffentliche Einrichtungen, Verkehr (ohne Bundesbahn) und Landwirtschaft zusammengefaßt.

Beispiel 4.4. Es soll der jahreszeitliche (saisonale) Gang der Todesfälle durch Herzinfarkt studiert werden. Dazu betrachten wir die folgende Tabelle:

Sterbefälle durch Herzinfarkt, Bundesrepublik Deutschland 1975

Monat	Sterbefälle	Jahresdurchschnitt = 100	Jahresdurchschnitt = 100, bereinigt
Januar	6 317	100	99
Februar	6 707	107	116
März	6 388	102	100
April	6 458	103	104
Mai	6 097	97	95
Juni	5 980	95	96
Juli	5 926	94	92
August	5 683	90	89
September	5 916	94	95
Oktober	6 548	104	102
November	6 244	99	101
Dezember	7 195	114	112
Jahresdurchschnitt 1975	6 288	100	100

Quelle: Statistisches Bundesamt, Fachserie 12 Gesundheitswesen, Todesursachen 1975, S. 98f.

Die Spalte „Jahresdurchschnitt = 100" läßt schon deutlich den jahreszeitlichen Einfluß auf die Herzinfarkt-Todesfälle erkennen. Allerdings ist diese Meßzahlenreihe noch nicht ganz korrekt, da sie die unterschiedliche Dauer der Monate nicht berücksichtigt. In der dritten Spalte wurde daher eine *Bereinigung nach Kalendertagen* vorgenommen. Dies kann geschehen, indem man die unbereinigten Meßzahlen mit den Faktoren

$$\frac{365}{28 \cdot 12} = 1{,}086 \qquad \frac{365}{30 \cdot 12} = 1{,}014 \qquad \frac{365}{31 \cdot 12} = 0{,}981$$

für Monate mit 28, 30 resp. 31 Kalendertagen multipliziert. Immer dann, wenn Bewegungsmassen einer jahreszeitlichen Untersuchung unterzogen werden, ist die Notwendigkeit einer Kalendertagsbereinigung zu prüfen.

Zu b): *Gliederungszahlen*

Alle relativen Häufigkeiten p_i, die bei der Betrachtung von Verteilungen anfallen, können als Gliederungszahlen betrachtet werden. Darüber hinaus werden Gliederungszahlen für zugehörige Einteilungen von statistischen Massen berechnet.

Konstruktion von Maßzahlen

Beispiel 4.5. Die statistischen Massen „Importwerte" und „Exportwerte" der Bundesrepublik Deutschland 1975 werden in nachstehender Tabelle nach Erdteilen (Herstellerland bzw. Verbrauchsland) gegliedert.

Ein- und Ausfuhr der BRD 1975 nach Erdteilen

Erdteil	Einfuhr		Ausfuhr	
	Mrd. DM	%	Mrd. DM	%
Europa	122,69	66,7	160,43	72,6
Afrika	14,36	7,8	12,47	5,6
Amerika	22,68	12,3	24,00	10,9
Asien	22,52	12,2	22,22	10,1
Australien [1])	1,82	1,0	1,77	0,8
Insgesamt [2])	184,08	100,0	220,90	100,0

[1]) mit Ozeanien
[2]) ohne Schiffs- und Luftfahrzeugbedarf

Quelle: Statistisches Jahrbuch für die Bundesrepublik Deutschland 1976, S. 322ff.

Gliederungszahlen werden manchmal fälschlicherweise an Stelle von Beziehungszahlen verwendet.

Beispiel 4.6. [Nach *Pfanzagl*, 1964, S. 53]. In einer Tageszeitung wurde festgestellt, daß von 785 Insolvenzen von Handelsunternehmen, die es in den Jahren 1959 bis 1961 in Österreich gab, 164 Insolvenzen, also 21 % auf den Lebensmittelhandel entfielen. Diese Gliederungszahl sollte auf eine besonders schlechte wirtschaftliche Lage des Lebensmittelhandels hinweisen. Betrachtet man jedoch die *Beziehungszahlen*

$$\frac{\text{Anzahl der Insolvenzen}}{\text{Anzahl der Betriebe}} \ldots \text{für den} \quad \begin{matrix} \text{Lebensmittelhandel: 0,51 \%} \\ \text{gesamten Handel} \quad : 2,65 \% \end{matrix}$$

so wird die geringere Intensität der Insolvenzen im Lebensmittelhandel, auf die es bei der Beurteilung der wirtschaftlichen Lage einer Branche ankommt, sofort augenfällig.

Zu c) aa): *Verursachungszahlen*

Beispiele für Verursachungszahlen können vor allem der Bevölkerungsstatistik entnommen werden:

— die Geburtenziffer : $\dfrac{\text{Lebendgeborene}}{\text{Durchschnittsbevölkerung}} \cdot 1\,000$

— die Sterbeziffer : $\dfrac{\text{Gestorbene}}{\text{Durchschnittsbevölkerung}} \cdot 1\,000$

Als weitere Beispiele seien angeführt:

$\dfrac{\text{Verkehrsunfälle}}{\text{Anzahl der Kfz}}$; $\dfrac{\text{Anzahl der Konkurse}}{\text{Anzahl der Betriebe}}$

Zu c) bb): *Entsprechungszahlen*

Beispiele für Entsprechungszahlen sind:
- die Bevölkerungsdichte
- der Hektarertrag an Weizen
...

sowie viele Kennzahlen der Betriebsstatistik, wie z.B.

- die Rentabilität des Gesamtkapitals $= \dfrac{\text{Reingewinn + Fremdkapitalzinsen}}{\text{Gesamtkapital}}$

- Produktivität $= \dfrac{\text{Nettoproduktion}}{\text{Anzahl der Beschäftigten}}$

Wie aus obigen Beispielen ersichtlich, ist eine strenge Trennung zwischen Verursachungszahlen und Entsprechungszahlen nicht ohne weiteres zu ziehen.

Bei der Konstruktion von Entsprechungszahlen hat man besonders darauf zu achten, daß einander sinnvoll entsprechende Bezugszahlen genommen werden.

Beispiel 4.7. Beliebte Maßzahlen zur Charakterisierung der Exportwirtschaft eines Landes sind

$$\frac{\text{Ausfuhrwert}}{\text{Wohnbevölkerung}} \quad \text{und} \quad \frac{\text{Ausfuhrwert}}{\text{Bruttoinlandsprodukt zu Marktpreisen}} \cdot 100.$$

Die zweite Maßzahl nennt man den *Ausfuhrkoeffizienten*.
Für einige ausgewählte Länder zeigt sich folgendes Bild:

Land	Ausfuhrwert 1970 pro Kopf in US $	Ausfuhrkoeffizient 1970
BRD	564	18,3
Belgien-Luxemburg	1 232	45,4
Frankreich	348	12,0
Niederlande	903	38,4
Österreich	385	19,9
Schweiz	818	26,0
Irland	352	26,9
USA	208	4,4

Es fällt auf, daß von der „Exportstärke" der BRD bei den Ausfuhrkoeffizienten nichts zu bemerken ist. Die BRD liegt unter Österreich und der Schweiz, beides Länder mit defizitären Handelsbilanzen, diese wiederum noch unter Irland. Die USA rangiert eindeutig an letzter Stelle. Man sieht, daß bei der Maßzahl „Ausfuhrkoeffizient" *die Größe* eines Wirtschaftsgebietes eine Rolle spielt. Faßt man nämlich zwei Gebiete bei sonst völlig gleichbleibenden Verhältnissen zusammen, so muß der Ausfuhrkoeffizient des zusammengefaßten Gebietes kleiner sein als der gewogene Ausfuhrkoeffizient aus beiden Ländern, da die zwischen den beiden Ländern fließenden Exportströme wegfallen.

4.2 Meßzahlenreihen (einfache Indizes)

4.2.1 Definitionen und Bezeichnungen

Es sei die Zeitreihe einer Größe G gegeben:

$$G_0, G_1, \ldots, G_s, \ldots, G_t, \ldots$$

Die zeitanzeigenden Indizes $0, 1, \ldots, s, \ldots, t, \ldots$ können echte Zeitpunkte bedeuten, falls G eine Bestandsmasse (Beschäftigtenstand) oder eine intensive Größe (Preis) ist, aber auch aufeinanderfolgende Zeitintervalle (Monate, Jahre) bezeichnen, falls G eine Bewegungsmasse darstellt (Geburten, Einkommen, Bruttonationalprodukt).

> *Definition 4.1.* Das Verhältnis
>
> $$I_{0|t}(G) = G_t/G_0 \tag{4.1}$$
>
> heißt *Meßzahl oder (einfacher) Index von G auf der Basis $t = 0$*

Üblicherweise nennt man

G_t ... absolute Werte

$I_{0|t}(G)$ ... Meßzahlen

0 ... den Basiszeitpunkt oder -zeitraum

t ... den Berichtszeitpunkt oder -zeitraum

Ist aus dem Zusammenhang klar, welche Reihe von absoluten Werten behandelt wird, kann das Argument G weggelassen werden

$$I_{0|t}(G) = I_{0|t}.$$

Sind die Berichtszeiträume auf Jahre bezogen, so schreiben wir im folgenden abgekürzt: $I_{1972|1977} = I_{72|77}$.

a) Indizes werden üblicherweise in Prozent angegeben:

$$I_{0|t}(G) = (G_t/G_0) \cdot 100.$$

In den nachfolgenden allgemeinen Formeln lassen wir jedoch den Faktor 100 immer weg; bei Formeln der Verkettung und Umbasierung ist jedoch auf eine sinngemäße Verwendung dieses Faktors zu achten.

b) Änderungen von Indexzahlen werden in *Prozentpunkten* ausgedrückt: Hat eine Indexzahl den Wert 200 %, so bedeutet eine Steigerung um 10 *Prozentpunkte* eine Steigerung auf 210 %. Die Indexzahl ist hier jedoch nur um *5 Prozent* gestiegen.

c) Man beachte auch, daß eine Steigerung um 10 % und eine nachfolgende Senkung um 10 % nicht zur Wiederherstellung des alten Zustandes führt.

4.2.2 Umbasierung von Meßzahl- (Index-) Reihen

Wir betrachten eine Reihe von absoluten Werten und die dazugehörige Indexreihe auf der Basis $t = 0$:

$$G_0, \quad G_1 \quad ,\ldots, G_s \quad ,\ldots, G_t \quad ,\ldots$$

$$1, \quad I_{0|1}(G),\ldots, I_{0|s}(G),\ldots, I_{0|t}(G),\ldots$$

Man möchte nun oft zu einer neuen Indexreihe auf der Basis s übergehen, ohne die Reihe der absoluten Werte zu benutzen. Manchmal ist die Reihe der absoluten Werte gar nicht bekannt. Es ist

$$I_{s|t}(G) = G_t/G_s = \frac{G_t/G_0}{G_s/G_0} = \frac{I_{0|t}(G)}{I_{0|s}(G)}.$$

Wir erhalten somit den neuen Index auf der Basis s ausgedrückt als Meßzahl zweier Indizes auf der Basis 0.

$$I_{s|t}(G) = \frac{I_{0|s}(G)}{I_{0|s}(G)} \quad \text{mit} \quad \begin{array}{l} 0 \ldots \text{alte Basis} \\ s \ldots \text{neue Basis} \end{array} \qquad (4.2)$$

Formel (4.2) kann auch als *Kettenformel* geschrieben werden:

$$I_{0|t}(G) = I_{0|s}(G) \cdot I_{s|t}(G). \qquad (4.3)$$

Die Umbasierung von Indexreihen wird in der statistischen Praxis sehr häufig verwendet, insbesondere bei internationalen Übersichten. So finden sich etwa im Statistischen Jahrbuch 1975 der Vereinten Nationen insgesamt 307 Preisindexreihen der Lebenshaltungskosten, die mit wenigen Ausnahmen alle auf der Basis 1970 = 100 angegeben werden. Dabei wurden Indexreihen der einzelnen Länder als Ausgangsmaterial benutzt, die natürlich ganz verschiedene Basisjahre[1]) oder -zeitpunkte benutzten.

4.2.3 Verkettung von Meßzahl- (Index-) Reihen

Es seien zwei Reihen, und zwar von Größen G^1, G^2 gegeben:

$$G_0^1, G_1^1, \ldots, \boxed{G_s^1,} \ldots \qquad \text{Reihe 1}$$

$$G_0^2, G_1^2, \ldots, \boxed{G_s^2,} \ldots \qquad \text{Reihe 2}$$

---

[1]) Obwohl Preisindizes sich genaugenommen auf *Zeitpunkte* beziehen, werden sie auch auf Zeiträume (Jahre) bezogen, indem man *Jahres*durchschnitte aus Monatswerten berechnet.

Meßzahlenreihen

In der Praxis tritt nun manchmal das folgende Problem auf:
Die Reihe 1 bricht bei s ab, und man möchte die Entwicklung mit der Reihe 2 fortführen. Dabei muß man natürlich annehmen, daß die Entwicklungs*tendenz* der Reihe 2 mit der Entwicklungstendenz der Reihe 1 sachlich eng verknüpft ist. Zur Fortführung der Reihe 1 bildet man nun einen *verketteten Index* $I_{0|t}^{(v)}$, indem man in der Kettenformel (4.3) den ersten Faktor aus der Reihe 1, den zweiten Faktor aus der Reihe 2 gewinnt:

$$I_{0|t}^{(v)} = I_{0|s}(G^1) \cdot I_{s|t}(G^2). \tag{4.4}$$

Man kann sich auch vorstellen, daß die neue Indexreihe ab dem Zeitpunkt s durch eine sogenannte *Basiskorrektur* entstanden sei:

$$I_{0|t}^{(v)} = \frac{G_s^1}{G_0^1} \cdot \frac{G_t^2}{G_s^2} = \frac{G_t^2}{G_0^1 \cdot (G_s^2/G_s^1)}. \tag{4.5}$$

Mit neuen Bezeichnungen wird dann aus (4.5)

$$I_{0|t}^{(v)} = \frac{G_t^2}{G_0^1 \, \text{corr}}$$

wobei bedeutet: G_0^1 ... alte Basis

$G_0^1 \, \text{corr} = G_0^1 \cdot (G_s^2/G_s^1)$ ... korrigierte Basis

Beispiel 4.8. Wir betrachten eine Zeitreihe der Erwerbstätigen in der BRD (einschließlich Westberlin)

Jahresdurchschnitt	Erwerbstätige in 1 000	1960 = 100	1962 = 100
1960	26 247	100,0	98,0
1962	26 783	102,0	100,0
1964	26 979	102,8	100,8
1966	27 082	103,2	101,1

Die Umbasierung der Reihe 1960 = 100 auf die Reihe 1962 = 100 erfolgt, indem man die Zahlen der ersten Indexreihe durch 102,0 dividiert (und mit 100 multipliziert, sofern man wieder Prozentzahlen angeben will):

$I_{60|66} = \frac{27082}{26247} \cdot 100 = 103,2$ $\qquad I_{60|62} = \frac{26783}{26247} \cdot 100 = 102,0$

$I_{62|66} = \frac{103,2}{102,0} \cdot 100 = 101,1$

Man möchte nun die Steigerung der Anzahl der Erwerbstätigen von 1950 an verfolgen. Für diesen Zeitpunkt steht jedoch nur eine Zahl *ohne Westberlin* zur Verfügung. Für das Jahr 1960 stehen jedoch beide Daten zur Verfügung:

Jahresdurchschnitt	Erwerbstätige (BRD ohne Westberlin)	
	in 1 000	1950 = 100
1950	20 736	100,0
1960	25 223	123,8

Es ist also

$I_{50|60} = 123{,}8 \ldots$ ohne Westberlin

$I_{60|66} = 103{,}2 \ldots$ mit Westberlin

und

$$I^{(v)}_{50|60} = \frac{1}{100} \cdot 123{,}8 \cdot 103{,}2 = \underline{127{,}7}$$

Eine korrigierte Basiszahl für 1950 ergäbe sich zu:

$$G^1_{50}\text{corr} = 20736 \cdot \frac{26247}{25223} = 20736 \cdot 1{,}041 = 21201$$

und daher

$$I^{(v)}_{50|66} = \frac{27082}{21201} = \underline{127{,}7}$$

Man beachte jedoch: Die Verkettung, die bei zeitlichem Bruch einer Reihe vorgenommen wird, beruht genaugenommen auf einer Fiktion; man nimmt dabei an — so auch in Beispiel 4.8 —, daß die Entwicklung 1950–1960 in Westberlin ebenso verlaufen ist wie im übrigen Bundesgebiet, wenn man die Aussage für den Zeitraum 1950/1966 auf das ganze Bundesgebiet ausdehnt.

Sehr häufig tritt die Notwendigkeit einer Verkettung bei Preisreihen auf; durch die Einführung neuer Qualitäten und das Verschwinden vom Markt der alten Qualität sieht man sich gezwungen, die Preisreihen zu verketten, da man für die Erstellung eines Preisindex (siehe 4.3) auf eine fortlaufende Reihe angewiesen ist.

4.2.4 Gleichzeitige Betrachtung mehrerer Meßzahlreihen

Häufig genügt es nicht, einen komplexen Tatbestand durch eine einzige Größe G zu charakterisieren, sondern man faßt mehrere Größen gleichzeitig ins Auge:

$G^1, G^2, \ldots, G^m$.

Zum Beispiel wird man das Niveau der Verbraucherpreise nicht nur durch einen einzigen Preis, sondern durch die Preise *aller wichtigen Konsumartikel* kennzeichnen wollen. Wir haben also m parallele Reihen von Größen zu betrachten, deren Zusammenfassung durch — im allgemeinen Fall variable — Gewichte erfolgt:

Reihe der absoluten Werte
$$G_0^1, G_1^1, G_2^1, \ldots, G_t^1, \ldots$$
$$G_0^2, G_1^2, G_2^2, \ldots, G_t^2, \ldots$$
$$\ldots$$
$$G_0^m, G_1^m, G_2^m, \ldots, G_t^m, \ldots$$

Gewichte
$$\alpha_0^1, \alpha_1^1, \alpha_2^1, \ldots, \alpha_t^1, \ldots$$
$$\alpha_0^2, \alpha_1^2, \alpha_2^2, \ldots, \alpha_t^2, \ldots$$
$$\ldots$$
$$\alpha_0^m, \alpha_1^m, \alpha_2^m, \ldots, \alpha_t^m, \ldots$$

Reihe der gewogenen Werte
$$G_0, G_1, G_2, \ldots, G_t, \ldots$$

Zu jedem Zeitpunkt t gehört also ein eigenes Gewichtungsschema

$$\alpha_t^1, \alpha_t^2, \ldots, \alpha_t^m$$

mit dem der gewogene Wert G_t gebildet werde

$$G_t = \sum_{i=1}^m \alpha_t^i G_t^i \qquad t = 0, 1, 2, \ldots \qquad (4.6)$$

Im Falle *konstanter Gewichte* $\alpha_t^i = \alpha^i$ vereinfacht sich (4.6) zu

$$G_t = \sum_{i=1}^m \alpha^i G_t^i. \qquad (4.7)$$

Nun kann man eine wichtige Beziehung zwischen den Meßzahlen der gewogenen Werte und den Meßzahlen der einzelnen Größenreihen ableiten. Es sei

$$I_{0|t}(G) = G_t/G_0 \quad \text{und} \quad I_{0|t}(G^i) = G_t^i/G_0^i, \qquad i = 1, 2, \ldots, m.$$

Setzt man in den Quotienten $I_{0|t}(G)$ die Ausdrücke für G_t und G_0 gemäß (4.7) ein, so ergibt sich

$$I_{0|t}(G) = \frac{\Sigma \alpha^i G_t^i}{\Sigma \alpha^i G_0^i} = \frac{\Sigma \alpha^i G_0^i \cdot G_t^i/G_0^i}{\Sigma \alpha^i G_0^i} = \frac{\Sigma \alpha^i G_0^i \cdot I_{0|t}(G^i)}{\Sigma \alpha^i G_0^i}. \qquad (4.8)$$

Dieses Ergebnis bedeutet, daß $I_{0|t}(G)$ als *gewogenes Mittel* der Meßzahlen $I_{0|t}(G^i)$ aufgefaßt werden kann, und zwar mit den *allgemeinen Gewichten* $\alpha^i \tilde{G}_0^i$. Daraus kann weiter eine Formel mit *normierten Gewichten* ω^i abgeleitet werden. Mit

$$\omega^i = \frac{\alpha^i G_0^i}{\Sigma \alpha^i G_0^i}$$

wird aus (4.8)

$$I_{0|t}(G) = \sum_{i=1}^{m} \omega^i I_{0|t}(G^i). \tag{4.9}$$

Man beachte also den Unterschied zwischen den Gewichten der Größen G^i, nämlich α^i, und den Gewichten der Meßzahlen $I_{0|t}(G^i)$, nämlich den ω^i. Im allgemeinen ist $\omega^i \neq \alpha^i$.

Anmerkung zur Bezeichnung: Indizes, welche sich auf *verschiedene Gegenstände* beziehen, werden *hochgestellt*; Indizes, welche sich auf verschiedene Zeitpunkte beziehen, werden tiefgestellt:

$$G_t^i \begin{array}{l} \nearrow \text{Gegenstand} \\ \searrow \text{Zeitpunkt} \end{array}$$

In der deutschsprachigen Literatur wird eine umgekehrte Bezeichnungsweise vorgenommen; dies hat jedoch den Nachteil, daß die Bezeichnung in der Indextheorie nicht mit der üblichen Bezeichnungsweise für Zeitreihen von Größen übereinstimmt. Wir wählen daher aus Gründen der Konsistenz ein einheitliches Verfahren der Darstellung. Man bemerkt, daß – leider – hier das Wort „Index" eine doppelte Bedeutung aufweist, nämlich

1. Index im Sinne der Definition 4.1; das ist der „statistische Index"
2. Index im Sinne eines Zeigers wie oben; das ist der „mathematische Index".

4.3 Theorie der Preis- und Mengenindexzahlen

Indexzahlen, welche versuchen, die Entwicklung mehrerer Größenreihen zusammenzufassen, nennen wir zum Unterschied von den bisher betrachteten Meßzahlen *zusammengesetzte Indizes*.

Für die Diskussion von Preis- und Mengenindizes ist es üblich, folgende Spezialbezeichnungen einzuführen

    Preise : p

    Mengen : q

    Werte, Umsätze, Ausgaben : $u = pq$.

Überlegungen zur Indexkonstruktion werden meist an einem Zweiperiodenmodell angestellt, wobei man die Bezeichnungen

Theorie der Preis- und Mengenindexzahlen

$t = 0$ für die Basisperiode (-zeitpunkt)

$t = 1$ für die Berichtsperiode (-zeitpunkt)

verwendet.

4.3.1 Entwicklung der Fragestellung des Preisindex an Hand eines Beispiels

In den Jahren 1952 und 1954 waren die meistgekauften Zigarettensorten der österreichischen Tabakregie die Sorten Austria C, Donau, Austria III.

Über Preise und produzierte Mengen gibt folgende Zusammenstellung Auskunft[2]):

	Preise pro Stück in Groschen		produzierte Mengen in Mrd. Stück	
	1952	1954	1952	1954
Austria C	25	30	0,8	1,8
Donau	25	28	2,5	0,8
Austria III	16	18	1,8	2,0

Schema mit den allgemeinen Preis- und Mengensymbolen

Austria C	p_0^1	p_1^1	q_0^1	q_1^1
Donau	p_0^2	p_1^2	q_0^2	q_1^2
Austria III	p_0^3	p_1^3	q_0^3	q_1^3
	Periode 0 : 1952		Periode 1: 1954	

Die Fragen: „Wie haben sich die Zigarettenpreise insgesamt geändert?" und „Wie hat sich die Zigarettenproduktion entwickelt?" führen auf das Problem des Preisindex bzw. des Mengenindex. Wir wenden uns zunächst der Frage nach einem geeigneten Preisindex zu.

Die drei Preismeßziffern

$$I_{0|1}(p^i) = p_1^i / p_0^i$$

lauten, in Prozent ausgedrückt

Austria C : $\dfrac{30}{25} \cdot 100 = 120,0$

Donau : $\dfrac{28}{25} \cdot 100 = 112,0$

Austria III : $\dfrac{18}{16} \cdot 100 = 112,5$.

---

[2]) Um die entscheidenden Gesichtspunkte deutlicher hervortreten zu lassen, wurden die hier angegebenen Mengen gegenüber den tatsächlichen Werten etwas verändert wiedergegeben.

Zur Entwicklung einer einheitlichen Meßzahl der Preisentwicklung kann man zunächst verschiedene Möglichkeiten ins Auge fassen.

1. Möglichkeit: Gewöhnliches arithmetisches Mittel der Preismeßziffern

$$I_{0|1}(p) = \frac{1}{3}(120{,}0 + 112{,}0 + 112{,}5) = 114{,}8$$

allgemein:

$$I_{0|1}(p) = \frac{1}{3}(p_1^1/p_0^1 + p_1^2/p_0^2 + p_1^3/p_0^3) = \frac{1}{3}\sum_{i=1}^{3} I_{0|1}(p^i). \quad (4.10)$$

Die Maßzahl (4.10) ist insofern unbefriedigend, als die unterschiedliche Bedeutung der Sorten nicht berücksichtigt wird[3].

2. Möglichkeit: Index der jeweiligen Durchschnittspreise

Wir berechnen die Durchschnittspreise der Zigaretten für 1952 und 1954:

1952: $\quad \dfrac{25 \cdot 0{,}8 + 25 \cdot 2{,}5 + 16 \cdot 1{,}8}{0{,}8 + 2{,}5 + 1{,}8} = 21{,}82$

1954: $\quad \dfrac{30 \cdot 1{,}8 + 28 \cdot 0{,}8 + 18 \cdot 2{,}0}{1{,}8 + 0{,}8 + 2{,}0} = 24{,}43$

$$I_{0|1}(p) = \frac{\text{Durchschnittspreis 1954}}{\text{Durchschnittspreis 1952}} = \frac{24{,}43}{21{,}82} \cdot 100 = 111{,}97$$

Vom Standpunkt des Produzenten sagt dieses Resultat, daß der Durchschnittspreis der tatsächlich verkauften Zigaretten um 11,97 % gestiegen ist. Merkwürdigerweise liegt dieses Resultat unterhalb aller drei Preismeßziffern für die einzelnen Sorten. Das erklärt sich offenbar durch die Verschiebung der Produktion zu billigeren Sorten.

Der allgemeine Ausdruck wird nun

$$I_{0|1}(p) = \frac{(\sum_{i=1}^{3} p_1^i q_1^i)/(\sum_{i=1}^{3} q_1^i)}{(\sum_{i=1}^{3} p_0^i q_0^i)/(\sum_{i=1}^{3} q_0^i)} = \frac{\sum_{i=1}^{3} p_1^i q_1^i}{\sum_{i=1}^{3} p_0^i q_0^i} \cdot \frac{\sum_{i=1}^{3} q_0^i}{\sum_{i=1}^{3} q_1^i} = \frac{\sum_{i=1}^{3} u_1^i}{\sum_{i=1}^{3} u_0^i} : \frac{\sum_{i=1}^{3} q_1^i}{\sum_{i=1}^{3} q_0^i}$$

(4.11)

---

[3] Diese Berechnungsmethode wurde 1764 von dem Italiener *Carli* verwendet, er versuchte, die allgemeine Preisänderung durch Mittelung von drei Preismeßziffern für Getreide, Wein und Öl zu erfassen.

Die Maßzahl $\dfrac{\text{Durchschnittspreis 1954}}{\text{Durchschnittspreis 1952}}$ kann also auch aufgefaßt werden als der Quotient

$\dfrac{\text{Meßzahl der Gesam}t\textit{umsatz}\text{änderung}}{\text{Meßzahl der Gesam}t\textit{mengen}\text{änderung}}$

Dieses Verfahren findet manchmal – als Baustein – bei Indexberechnungen im Außenhandel Verwendung. Siehe hierzu Abschnitt 4.3.5.4 b).

3. Möglichkeit: Index der Durchschnittspreise, ermittelt mit den (konstanten) Mengen der Basisperiode

Unerwünschte Effekte durch Änderung der Produktionsmengen, wie sie bei Möglichkeit 2 auftreten, wird man durch Konstanthalten der Produktionsmengen auszuschalten suchen. Dazu verwenden wir jetzt die Produktionsmengen der Basisperiode. Dann erhält man folgende Durchschnittspreise

1952: Wie in Möglichkeit 2, nämlich 21,82

1954: $\dfrac{30 \cdot 0{,}8 + 28 \cdot 2{,}5 + 18 \cdot 1{,}8}{5{,}1} = 24{,}78$

und den Preisindex

$$I_{0|1}(p) = \dfrac{24{,}78}{21{,}82} \cdot 100 = 113{,}6.$$

Der allgemeine Ausdruck lautet nun

$$I_{0|1}(p) = \dfrac{(\sum_{i=1}^{3} p_1^i q_0^i)/(\sum_{i=1}^{3} q_0^i)}{(\sum_{i=1}^{3} p_0^i q_0^i)/(\sum_{i=1}^{3} q_0^i)} = \dfrac{\sum_{i=1}^{3} p_1^i q_0^i}{\sum_{i=1}^{3} p_0^i q_0^i}. \tag{4.12}$$

Die Maßzahl (4.12) ist nun ein echter Mittelwert der Preismeßziffern; sie liegt in der Spannweite der einfachen Preismeßziffern $I_{0|1}(p^i)$.

4. Möglichkeit: Gewogenes arithmetisches Mittel der Preismeßziffern

Man kann versuchen, die in Möglichkeit 1 vorgeschlagene Mittelbildung zu verallgemeinern, indem man anstelle des gewöhnlichen arithmetischen Mittels ein geeignetes gewogenes Mittel ansetzt:

$$I_{0|1}(p) = \beta_1 \cdot \dfrac{p_1^1}{p_0^1} + \beta_2 \cdot \dfrac{p_1^2}{p_0^2} + \beta_3 \cdot \dfrac{p_1^3}{p_0^3} = \sum_{i=1}^{3} \beta_i \cdot I_{0|1}(p^i), \quad \sum_{i=1}^{3} \beta_i = 1.$$

Wir wählen als Gewichte die *Umsatzanteile der Basisperiode*:

$$\beta_i = \frac{u_0^i}{\Sigma u_0^i} = \frac{p_0^i q_0^i}{\Sigma p_0^i q_0^i}.$$

Dann ergibt sich:

$$I_{0|1}(p) = \sum_{i=1}^{3} \beta_i \cdot I_{0|1}(p^i) = \frac{\Sigma p_0^i q_0^i I_{0|1}(p^i)}{\Sigma p_0^i q_0^i} = \frac{\Sigma p_0^i q_0^i (p_1^i / p_0^i)}{\Sigma p_0^i q_0^i} = \frac{\Sigma p_1^i q_0^i}{\Sigma p_0^i q_0^i}$$

Das Resultat ist nun wieder dasselbe wie in Formel (4.12). Dieses Ergebnis läßt noch eine andere wichtige Interpretation zu:

Die Produktionsmengen der Basisperiode betrachten wir als *Warenkorb* (q_0^1, q_0^2, q_0^3).

Der *Wert* dieses Warenkorbes wird einmal mit den Preisen der Basisperiode

$$u_0 = p_0^1 q_0^1 + p_0^2 q_0^2 + p_0^3 q_0^3$$

sodann mit den Preisen der Berichtsperiode

$$u_1 = p_1^1 q_0^1 + p_1^1 q_0^2 + p_1^3 q_0^3$$

ermittelt und der Preisindex als Quotient der beiden Werte des Warenkorbes bestimmt.

Die Tatsache, daß sich die Möglichkeiten 3 und 4 als gleichartig herausstellen, kann als eine Folge der Formeln (4.8) und (4.9) über die Gewichtung von Größenreihen angesehen werden. Möglichkeit 3 entspricht der Anwendung von Formel (4.8) auf die Preisreihen, Gewichte sind die Mengenanteile der Basisperiode; Möglichkeit 4 entspricht Formel (4.9) für die Meßwertreihen, Gewichte sind nun die Umsatzanteile. Man kann also die folgenden Entsprechungen registrieren:

allgemeine Formeln		Preisindex	
α^i	↔	$q^i / \Sigma q_i$	... Mengenanteile
ω^i	↔	$\beta^i = u^i / \Sigma u^i$	... Umsatzanteile

4.3.2 Preisindizes

Im folgenden verwenden wir beliebig große Warenkörbe[4]) mit den dazugehörigen Preisen:

---

[4]) Bei den nun nachfolgenden Formeln wird auf die explizite Angabe des Summationsbereichs $i = 1, \ldots, m$ verzichtet.

Theorie der Preis- und Mengenindexzahlen

Warenkorb : $q_t^1, q_t^2, \ldots, q_t^m$

Preise : $p_t^1, p_t^2, \ldots, p_t^m$

$t = 0, 1.$

Die Idee des Warenkorbes kann nun in verschiedener Weise zur Konstruktion von Preisindizes verwendet werden:

a) *Preisindex nach Laspeyres*

$$I_{0|1}^L (p) = \frac{\Sigma p_1^i q_0^i}{\Sigma p_0^i q_0^i} \tag{4.13}$$

Der Warenkorb wird für die Basisperiode 0 bestimmt und im *Zeitablauf konstant* gehalten.

b) *Preisindex nach Paasche*

$$I_{0|1}^P (p) = \frac{\Sigma p_1^i q_1^i}{\Sigma p_0^i q_1^i} \tag{4.14}$$

Der Warenkorb wird für die jeweilige Berichtsperiode 1 bestimmt. Der Warenkorb, der für die Berechnung des Preisindex herangezogen wird, *ändert sich dann im Zeitablauf.*

c) *Preisindex nach Lowe*

$$I_{0|1}^{L0} (p) = \frac{\Sigma p_1^i q^i}{\Sigma p_0^i q^i} \tag{4.15}$$

Es wird ein geeigneter, sonst aber beliebiger Warenkorb verwendet, der im Zeitablauf konstant gehalten wird. Der Preisindex nach Laspeyres kann in diesem Sinn als ein Spezialfall des Index nach Lowe angesehen werden. Weitere Bemerkungen über die Verwendung dieser Indextype siehe Beispiel 4.9 c).

In der Praxis werden Preisindizes meist nach Laspeyres (bzw. Lowe) berechnet, weil man bei laufenden Preiserhebungen nicht in jeder Berichtsperiode einen neuen Warenkorb ermitteln will. Es gibt jedoch Fälle, wie in der Außenhandelsstatistik, wo die Warenkörbe automatisch in den laufenden Statistiken anfallen und daher die Berechnung von Paasche-Indexreihen tatsächlich praktisch möglich ist.

Als Beispiele für Preisindizes seien hier angeführt:

— Preisindex der Lebenshaltung
— Preisindex der Einzelhandelspreise, Großhandelspreise
— Index der Aktienkurse
— Lohnindizes; sie können als Preisindex der Arbeit aufgefaßt werden.

Anmerkung: Die drei Indextypen wurden mit den Namen Etienne Laspeyres (1864), Hermann Paasche (1871) und J. Lowe (1823) in Zusammenhang gebracht. Für die ersten beiden Indextypen ist das allgemein üblich; die zugehörigen Jahreszahlen, sollen die erste Veröffentlichung anzeigen. Der Hinweis auf L. Lowe stammt aus *Anderson* [1957, S. 39]. *Andersons* Zitat wurde weiterverwendet, da die Idee des konstanten Warenkorbes sich bei Indexreihen als die grundlegendere erweist. Eingehende Auskünfte über die Geschichte der Preisindexzahlen gibt *Esenwein-Rothe* [1969, S. 294ff.].

Beispiel 4.9. Man berechne für die in 4.3.1 angegebenen Zigarettenpreise Preisindizes nach Laspeyres, Paasche und Lowe. Die Ergebnisse sollen in Prozent „auf der Basis 0" angegeben werden.

a) *Preisindex nach Laspeyres:*

$$I^L_{0|1}(p) = 100 \cdot \frac{\Sigma p^i_1 q^i_0}{\Sigma p^i_0 q^i_0} = 100 \cdot \frac{30 \cdot 0{,}8 + 28 \cdot 0{,}8 + 18 \cdot 2{,}0}{25 \cdot 0{,}8 + 25 \cdot 2{,}5 + 16 \cdot 1{,}8}$$

$$= 100 \cdot \frac{126{,}4}{111{,}3} = \underline{113{,}6}$$

b) *Preisindex nach Paasche:*

$$I^P_{0|1}(p) = 100 \cdot \frac{\Sigma p^i_1 q^i_1}{\Sigma p^i_0 q^i_1} = 100 \cdot \frac{30 \cdot 1{,}8 + 28 \cdot 0{,}8 + 18 \cdot 2{,}0}{25 \cdot 1{,}8 + 25 \cdot 0{,}8 + 16 \cdot 2{,}0}$$

$$= 100 \cdot \frac{112{,}4}{97{,}0} = \underline{115{,}9}$$

c) *Preisindex nach Lowe:*

Als konstanten Warenkorb nehmen wir die Summe der Produktionsmengen von 1952 und 1954:

$$q^1 = 0{,}8 + 1{,}8 = 2{,}6 \qquad q^2 = 2{,}5 + 0{,}8 = 3{,}3$$

$$q^3 = 1{,}8 + 2{,}0 = 3{,}8$$

Dann erhält man

$$I^{Lo}_{0|1}(p) = 100 \cdot \frac{\Sigma p^i_1 q^i}{\Sigma p^i_0 q^i} = 100 \cdot \frac{30 \cdot 2{,}6 + 28 \cdot 3{,}3 + 18 \cdot 3{,}8}{25 \cdot 2{,}6 + 25 \cdot 3{,}3 + 16 \cdot 3{,}8}$$

$$= 100 \cdot \frac{238{,}8}{208{,}3} = \underline{114{,}6}$$

Preisindizes der Lebenshaltung werden genaugenommen meist nach der Methode von Lowe berechnet. Sie werden monatlich ermittelt; der konstante Warenkorb bezieht sich aber keinesfalls auf ein „erstes Monat" der Zeitreihe, sondern benutzt – wegen saisonaler Verbrauchsschwankungen – einen Jahresdurchschnitt. Der vom Statistischen Bundesamt berechnete „Preisindex der Lebenshaltung auf der Basis 1970" bezieht sein Wägungsschema aus der Einkommens- und Verbrauchsstichprobe 1969. Somit fallen zumindest formal Basisperiode und Warenkorb auseinander, alles reduziert sich auf die Idee des *konstanten* Warenkorbes.

4.3.3 Indizes zur Messung von Mengenänderungen

Wieder benutzen wir das in 4.3.1 gegebene Beispiel der Zigarettenproduktion, um die Fragestellung des Mengenindex zu untersuchen. Grundsätzlich

Theorie der Preis- und Mengenindexzahlen

kann neben der Frage nach der Preisänderung der Zigaretten auch die Frage „Um wieviel Prozent ist die Produktions*menge* gestiegen?" gestellt und in verschiedener Weise beantwortet werden.

a) *Index der Outputmengen (Outputmeßziffer)*
Die *Outputmeßziffer* ist gegeben durch:

$$I_{0|1}(q) = \frac{\Sigma q_1^i}{\Sigma q_0^i}. \tag{4.16}$$

Der Index der Outputmengen kann nur dann berechnet werden, wenn alle Produkte in gleichen Mengeneinheiten gemessen werden können (t, hl, m³, Stück). Er berücksichtigt *nicht die unterschiedlichen Preise* — und damit die möglicherweise wirtschaftlich stark unterschiedliche Bedeutung der einzelnen Waren. Mißt man z.B. Außenhandelsmengen in t, so werden unter Umständen Steinkohlen und Uhren in eine Gewichtsangabe zusammengefaßt. Für die Messung der Entwicklung des Güterverkehrs etwa kann jedoch diese Meßzahl von Nutzen sein.

b) *Index der Umsätze (Umsatzmeßziffer)*
Die *Umsatzmeßziffer* ist gegeben durch:

$$I_{0|1}(pq) = \frac{\Sigma p_1^i q_1^i}{\Sigma p_0^i q_0^i}. \tag{4.17}$$

Umsatzindizes spiegeln nicht nur die Mengenänderungen, sondern *zugleich auch* Preisänderungen wider; eine Steigerung etwa braucht keine echte Produktionssteigerung anzuzeigen, sondern kann allein durch Preisänderungen verursacht worden sein.

c) *Mengen- (Volum-) Indizes*
Die beiden bisher beschriebenen Indexzahlen machten — vom Standpunkt einer guten Maßzahl der Mengenänderung — entgegengesetzte Fehler: Die Outputmeßziffer berücksichtigt Preise überhaupt nicht, die Umsatzmeßziffer berücksichtigt neben den Preisen auch Preis*änderungen*.

Man wird versuchen, einen Mittelweg durch eine Indexkonstruktion mit konstanten Preisen einzuschlagen.

1. *Mengen-(Volum-)index nach Laspeyres*

$$I_{0|1}^L(q) = \frac{\Sigma p_0^i q_1^i}{\Sigma p_0^i q_0^i}. \tag{4.18}$$

2. Mengen-(Volum-)index nach Paasche

$$I^P_{0|1}(q) = \frac{\Sigma p^i_1 q^i_1}{\Sigma p^i_1 q^i_0} \,. \tag{4.19}$$

Volumindizes messen also *Änderungen von Warenkörben* zu *konstanten Preisen*. Der Index nach Laspeyres verwendet hierzu die Preise der Basisperiode, der Index nach Paasche die Preise der Berichtsperiode.

Beispiel 4.10. Die Änderung der Zigarettenproduktion soll mittels der vier vorgeschlagenen Maßzahlen untersucht werden. Index- und Meßzifferangabe in Prozent.

a) *Outputmeßziffer*

$$I_{0|1}(q) = 100 \cdot \frac{\Sigma q^i_1}{\Sigma q^i_0} = \frac{1,8 + 0,8 + 2,0}{0,8 + 2,5 + 1,8} \cdot 100 = \frac{4,6}{5,1} \cdot 100 = \underline{90,2}$$

b) *Umsatzmeßziffer*

$$I_{0|1}(pq) = 100 \cdot \frac{\Sigma p^i_1 q^i_1}{\Sigma p^i_0 q^i_0} = \frac{30 \cdot 1,8 + 28 \cdot 0,8 + 18 \cdot 2,0}{25 \cdot 0,8 + 25 \cdot 2,5 + 16 \cdot 1,8} \cdot 100 = \frac{112,4}{111,3} \cdot 100$$

$$= \underline{101,0}$$

c1) *Volumindex nach Laspeyres*

$$I^L_{0|1}(q) = 100 \cdot \frac{\Sigma p^i_0 q^i_1}{\Sigma p^i_0 q^i_0} = \frac{25 \cdot 1,8 + 25 \cdot 0,8 + 16 \cdot 2,0}{25 \cdot 0,8 + 25 \cdot 2,5 + 16 \cdot 1,8} \cdot 100 = \frac{97,0}{111,3} \cdot 100$$

$$= \underline{87,2}$$

c2) *Volumindex nach Paasche*

$$I^P_{0|1}(q) = 100 \cdot \frac{\Sigma p^i_1 q^i_1}{\Sigma p^i_1 q^i_0} = \frac{30 \cdot 1,8 + 28 \cdot 0,8 + 18 \cdot 2,0}{30 \cdot 0,8 + 28 \cdot 2,5 + 18 \cdot 1,8} \cdot 100 = \frac{112,4}{126,4} \cdot 100$$

$$= \underline{88,9}$$

Trotz gestiegener Umsätze zeigen die Volumindizes, aber auch die Outputmeßziffer ein Absinken der Produktion; die Steigerung des Umsatzes ist allein auf Preissteigerungen zurückzuführen.

Beispiele für die Verwendung von Volumindizes sind
– der Nettoproduktionsindex
– Volumindizes des Exports und des Imports
– Messung der realen Entwicklung des Bruttonationalprodukts

4.3.4 Der Zusammenhang zwischen Preis-, Mengen- und Umsatzindizes

a) *Vektorschreibweise in der Indexrechnung*

Warenkörbe und die dazugehörigen Preise lassen sich durch Vektoren darstellen:

$$\mathbf{p}_t = (p_t^1, p_t^2, \ldots, p_t^m) \qquad t = 0, 1, \ldots$$
$$\mathbf{q}_t = (q_t^1, q_t^2, \ldots, q_t^m) \qquad t = 0, 1, \ldots$$

Der Umsatz (Wert des Warenkorbes) in der Periode t läßt sich dann als *inneres Produkt* von Preis- und Mengenvektor schreiben:

$$u_t = \mathbf{p}_t \mathbf{q}_t = p_t^1 q_t^1 + p_t^2 q_t^2 + \ldots + p_t^m q_t^m = \sum_{i=1}^{m} p_t^i q_t^i \quad t = 0, 1, \ldots \tag{4.20}$$

Mittels des inneren Produkts lassen sich auch die verschiedenen Indextypen bequem in Vektorschreibweise darstellen:

Matrizensymbol

Preisindex nach Laspeyres $\qquad I_{0|1}^L (p) = \dfrac{\mathbf{p}_1 \mathbf{q}_0}{\mathbf{p}_0 \mathbf{q}_0} \qquad \begin{pmatrix} 1 & 0 \\ 0 & 0 \end{pmatrix}$

Preisindex nach Paasche $\qquad I_{0|1}^P (p) = \dfrac{\mathbf{p}_1 \mathbf{q}_1}{\mathbf{p}_0 \mathbf{q}_1} \qquad \begin{pmatrix} 1 & 1 \\ 0 & 1 \end{pmatrix}$

Volumindex nach Laspeyres $\qquad I_{0|1}^L (q) = \dfrac{\mathbf{p}_0 \mathbf{q}_1}{\mathbf{p}_0 \mathbf{q}_0} \qquad \begin{pmatrix} 0 & 1 \\ 0 & 0 \end{pmatrix}$

Volumindex nach Paasche $\qquad I_{0|1}^P (q) = \dfrac{\mathbf{p}_1 \mathbf{q}_1}{\mathbf{p}_1 \mathbf{q}_0} \qquad \begin{pmatrix} 1 & 1 \\ 1 & 0 \end{pmatrix}$

Umsatzmeßziffer $\qquad I_{0|1} (pq) = \dfrac{\mathbf{p}_1 \mathbf{q}_1}{\mathbf{p}_0 \mathbf{q}_0} \qquad \begin{pmatrix} 1 & 1 \\ 0 & 0 \end{pmatrix}$

Das *Matrizensymbol* gibt in übersichtlicher Weise die Stellung der zeitanzeigenden Indizes 0,1 an, welche — die oben normierte Indexschreibweise vorausgesetzt — den Indextyp eindeutig bestimmen.

b) *Der Zusammenhang zwischen Preis-, Mengen- und Umsatzindizes*

Für jede einzelne Position eines Warenkorbes gilt die Gleichung

Umsatz = Preis × Menge,

jedoch im allgemeinen nicht für die entsprechenden Indizes, sofern Preis- und Mengenindizes zugleich nach Laspeyres oder Paasche berechnet werden.

Es ist also:

$$\begin{aligned} I_{0|1} (pq) &\neq I_{0|1}^L (p) \cdot I_{0|1}^L (q) \\ I_{0|1} (pq) &\neq I_{0|1}^P (p) \cdot I_{0|1}^P (q). \end{aligned} \tag{4.21}$$

Wie aus den Übersichten in a) leicht zu entnehmen ist, gilt jedoch:

$$I_{0|1}(pq) = I^L_{0|1}(p) \cdot I^P_{0|1}(q)$$
$$I_{0|1}(pq) = I^P_{0|1}(p) \cdot I^L_{0|1}(q) \, .$$
(4.22)

Dividiert man also z.B. eine Umsatzmeßziffer durch einen Preisindex nach Laspeyres, so erhält man einen Volumindex nach Paasche. Solche Relationen sind insbesondere beim Studium der deutschen Außenhandelsstatistik zu beachten.

Beispiel 4.11. Im Falle des Musterbeispiels der Zigarettenproduktion (siehe auch Beispiele 4.9 und 4.10) gilt

$$I^L_{0|1}(p) \cdot I^L_{0|1}(q) = 1{,}136 \cdot 0{,}872 = 0{,}990 \neq 1{,}010 = I_{0|1}(pq)$$

$$I^P_{0|1}(p) \cdot I^P_{0|1}(q) = 1{,}159 \cdot 0{,}889 = 1{,}030 \neq 1{,}010 = I_{0|1}(pq)$$

Anmerkung. v. Bortkiewicz hat gezeigt, daß die Differenz zwischen Umsatzmeßziffer und dem Produkt Preisindex mal Mengenindex — sofern beide Indizes nach derselben Berechnungsmethode gewonnen wurden — die mit den Umsatzanteilen der Basisperiode gewonnene Kovarianz der Preis- und Mengenmeßziffern ergibt.

Das Produkt $I^L_{0|1}(p) \cdot I^L_{0|1}(q)$ ist zum Beispiel *kleiner* als die Umsatzmeßziffer, wenn Preis- und Mengenänderungen positiv korrelieren, das heißt, gleichsinnig verlaufen, und *größer* als die Umsatzmeßziffer, wenn Preis- und Mengenänderungen entgegengesetzt verlaufen. Diese Überlegungen treffen übrigens genauso auf die Differenz von Paasche- und Laspeyresindex zu. Eine ausführliche Berechnung hiezu siehe etwa in *Calot* [1973, S. 440].

4.3.5 Spezialprobleme der Indexrechnung

Die folgenden Teilabschnitte 4.3.5.1 und 4.3.5.2 behandeln Probleme der Index*reihen*berechnung, die Teilabschnitte 4.3.5.3 und 4.3.5.4 Aufgaben der *Aggregation* von Indexzahlen. Alle Probleme werden anhand des Indexmodells eines Preisindex nach Laspeyres abgehandelt. Anstelle der präzisen Schreibweise $I^L_{0|1}(p)$ schreiben wir daher einfach $I_{0|1}$ und verwenden hochgestellte Symbole bei I für weitere Unterscheidungen.

4.3.5.1 Erweiterung des Indexschemas

Im Laufe der Fortführung einer Indexreihe kann es vorkommen, daß ein wichtiges Gut auftritt, das im ursprünglichen Warenkorb nicht berücksichtigt wurde. Eine Neuberechnung der gesamten Indexreihe kann jedoch

a) *unmöglich* sein, da zum Basiszeitpunkt keine brauchbare Preisermittlung vorlag,

b) aus technischen oder organisatorischen Gründen *untunlich* sein, z.B., weil man nicht alle bisher veröffentlichten Daten ändern will.

Theorie der Preis- und Mengenindexzahlen

Will man die Reihe bruchlos unter Beibehaltung des bisherigen Warenkorbes für die anderen Waren weiterführen, so kann man in folgender Weise vorgehen:

Es seien: 0 ... der Basiszeitpunkt
1 ... der Zeitpunkt der Einführung der neuen Ware
2 ... der Berichtszeitpunkt

— Man berechnet einen Index $I_{0|1}$ mit dem alten Warenkorb:

$$I_{0|1} = \frac{\sum_{i=1}^{m} p_1^i q_0^i}{\sum_{i=1}^{m} p_0^i q_0^i} \tag{4.23a}$$

— Man berechnet einen Index $I_{1|2}^*$ mit einem um die neue Warenmenge q_{m+1} erweiterten Warenkorb:

$$I_{1|2}^* = \frac{\sum_{i=1}^{m} p_2^i q_0^i + p_2^{m+1} q^{m+1}}{\sum_{i=1}^{m} p_1^i q_0^i + p_1^{m+1} q^{m+1}} \tag{4.23b}$$

— Der gesuchte Index $I_{0|2}^{(v)}$ wird durch Verkettung ermittelt:

$$I_{0|2}^{(v)} = I_{0|1} \cdot I_{1|2}^* . \tag{4.23c}$$

Zur Interpretation des Ergebnisses (4.23c) kann man folgenden Satz heranziehen:

Satz: Das Ergebnis der Verkettung nach Einführung einer neuen Ware zum Zeitpunkt 1 ist äquivalent einer Indexrechnung, die
  — im Zeitpunkt 0 bereits mit dem erweiterten Warenkorb rechnet,
  — für die neue Warenmenge q^{m+1} einen fiktiven Preis p_0^{m+1} verwendet, der mittels der Annahme berechnet wird, daß sich der Preis für das zum Zeitpunkt 0 noch nicht existierende Gut zwischen 0 und 1 so entwickelt hat wie $I_{0|1}$:

$$I_{0|1} = \frac{p_1^{m+1}}{p_0^{m+1}} \tag{4.24}$$

Beweis: Nach unserer Konstruktion ist:

$$I_{0|2} = \frac{\sum_{i=1}^{m} p_1^i q_0^i}{\sum_{i=1}^{m} p_0^i q_0^i} \cdot \frac{\sum_{i=1}^{m} p_2^i q_0^i + p_2^{m+1} q^{m+1}}{\sum_{i=1}^{m} p_1^i q_0^i + p_1^{m+1} q^{m+1}}$$

$$\frac{\sum_{i=1}^{m} p_2^i q_0^i + p_2^{m+1} q^{m+1}}{\sum_{i=1}^{m} p_0^i q_0^i + \underbrace{p_1^{m+1} \cdot (\Sigma p_0^i q_0^i / \Sigma p_1^i q_0^i)}_{p_0^{m+1}} \cdot q^{m+1}}$$

Wir können also in der Basisperiode einen fiktiven Preis p_0^{m+1} ansetzen, für den gilt:

$$p_0^{m+1} = p_1^{m+1} \cdot \frac{1}{I_{0|1}} \tag{4.25}$$

woraus (4.24) unmittelbar folgt. □

Beispiel 4.12. Eine Elektrofirma registriert für vier aufeinanderfolgende Perioden folgende Preise für ihre drei Hauptartikel:

Periode	Radioapparate	Kühlschränke	Fernsehapparate
		Preise in DM	
0	220	350	.
1	200	400	.
2	200	420	950
3	180	400	850

In der Basisperiode 0 wurden erzeugt:
40 000 Radioapparate, 15 000 Kühlschränke.

Die Produktion von Fernsehapparaten wurde in Periode 2 aufgenommen, und zwar mit 20 000 Stück. Man berechne einen Preisindex nach Laspeyres für das Produktionsprogramm der Firma für die Perioden von 0 bis 3 auf der Basis $t = 0$.

Zunächst wird mit dem „kleinen Warenkorb" (40 000; 15 000) die Zeitspanne 0 bis 2 überdeckt:

Periode	Warenkorbwerte in 1 000 DM	Index
0	220 · 40 + 350 · 15 = 14 050	100,0
1	200 · 40 + 400 · 15 = 14 000	99,6
2	200 · 40 + 420 · 15 = 14 300	101,8

$$I_{0|2} = 101{,}8$$

Mit dem erweiterten Warenkorb (40 000; 15 000; 20 000) wird die Preisänderung von 2 auf 3 gemessen:

Periode	Warenkorbwerte in 1 000 DM	Index
2	200 · 40 + 420 · 15 + 950 · 20 = 33 300	100,0
3	180 · 40 + 400 · 15 + 850 · 20 = 30 200	90,7

$$I_{2|3}^* = 90{,}7$$

Der verkettete Index wird

$$I_{0|3}^{(v)} = I_{0|2} \cdot I_{2|3}^* = 101{,}8 \cdot 90{,}7 \cdot \frac{1}{100} = \underline{92{,}3}\,.$$

Der fiktive Preis der Fernsehapparate für die Basisperiode beträgt

$$p_0^3 = \frac{950}{101{,}8} \cdot 100 = 933{,}20 \text{ DM}\,.$$

4.3.5.2 Substitution einer Ware

Bei der Erstellung einer repräsentativen Preisstatistik tritt häufig das Problem der *Qualitätsänderung* auf: Gewisse Warensorten verschwinden praktisch ganz vom Markt, neue Sorten werden an deren Stelle gekauft, die aber mit einer erheblichen Änderung der Qualität eine deutliche Preisänderung gegenüber der alten Sorte nach sich ziehen. Zu einem bestimmten Zeitpunkt wird man sich entschließen müssen, die beiden Sorten auszutauschen.

Würde man einfach die neuen Preise in der Indexrechnung übernehmen, so würde nicht nur die reine Preisänderung, sondern auch die durch die Sortenänderung (Qualitätsverbesserung) verursachte Preisänderung den Verlauf der Indexreihe beeinflussen.

In diesem Fall sind folgende Verfahren üblich, deren Äquivalenz durch allgemeine Rechnung gezeigt werden kann:

a) Man verkettet die *Preisreihe* der substituierten Qualität mit der Preisreihe der alten Qualität am Zeitpunkt der Auswechselung und rechnet den Index mit den konstanten *Mengen* des Warenkorbes der Basisperiode.

b) Man bildet eine Reihe von verketteten *Preismeßzahlen*. Die Preismeßzahlen werden mit den konstanten *Ausgabenanteilen* der Basisperiode gewogen. Dieses Verfahren wird in der Praxis der Indexrechnung sehr häufig verwendet.

Daß eine Rechnung mit konstantem Warenkorb der Basis einer Rechnung mit konstanten Ausgabenanteilen, mit denen Preismeßziffern gewogen werden, äquivalent ist, wurde in 4.2.4 durch Formel (4.9) und in 4.3.1 durch Vergleich der „3. Möglichkeit" mit der „4. Möglichkeit" gezeigt.

c) Theoretisch könnte man auch das Verfahren der *Indexverkettung* wählen:

$$I_{0|2}^{(v)} = I_{0|1} \cdot I_{1|2}^*$$

mit 0 ... Basiszeitpunkt
1 ... Auswechselungszeitpunkt
2 ... Berichtszeitpunkt

Der Index $I_{1|2}^*$ wird dabei mit den neuen Preisen, aber auch mit einem *neuen Warenkorb* berechnet, der so beschaffen ist, daß im Auswechselungszeitpunkt 1 die Ausgaben für (der Umsatz mit) der neuen Sorte gleich den Ausgaben für die alte Sorte ist.

Dagegen ist es *nicht sinnvoll,*

— eine *Indexverkettung mit konstantem Warenkorb* vorzunehmen (dies hieße nämlich, daß man im Auswechselungszeitpunkt zu einer neuen ökonomischen Situation übergeht, und zwar einer, in der eine Veränderung der Ausgabenanteile für die zur Diskussion stehende Warenart stattgefunden hat)

— eine *Rückextrapolation des neuen Preises auf die Basisperiode* vorzunehmen.

Beispiel 4.13. Die angegebenen Gesichtspunkte der Substitution sollen an einem Modellbeispiel demonstriert werden.

Für die Perioden 0 bis 4 ist ein Index für Schweinefleisch und Schinken zu berechnen. Die Warenart „Schinken" wird zunächst durch die billigere Sorte „Schinkenwurst", ab Periode 2 durch die neue Position „Schinken, gekocht" repräsentiert. Warenkorb und Preise seien in folgender Tabelle gegeben:

Warenart	Menge	Perioden				
		0	1	2	3	4
		Preise in DM/kg				
Schweinefleisch	2 kg	7,50	8,00	8,20	8,50	8,50
Schinkenwurst		9,00	9,50	9,60	.	.
Schinken	1 kg					
Schinken gekocht		.	.	13,50	14,40	16,20

Methode a). Die Preisreihe für „Schinken, gekocht" wird mit der Preisreihe für „Schinkenwurst" verkettet:

$$p_3^2 = 9{,}60 \cdot \frac{14{,}40}{13{,}50} = \underline{10{,}24} \qquad p_4^2 = 9{,}60 \cdot \frac{16{,}20}{13{,}50} = \underline{11{,}52}$$

Wir erhalten dann folgendes, auf den verketteten Preisen für „Schinken" basierendes Indexrechenschema:

		0	1	2	3	4
Schweinefleisch	2 kg	7,50	8,00	8,20	8,50	8,50
Schinken	1 kg	9,00	9,50	9,60	10,24	11,52
Wert des Warenkorbes		24,00	25,50	26,00	27,24	28,52
Indexreihe $I_{0|t}$		100,0	106,3	108,3	113,5	118,8

Theorie der Preis- und Mengenindexzahlen

Methode b). Berechnung der *Ausgabenanteile* in der Basisperiode 0:

	Ausgaben	Ausgabenanteile
Schweinefleisch :	$2 \cdot 7{,}50 = 15$	$\omega^1 = 0{,}625$
Schinken :	$1 \cdot 9{,}00 = 9$	$\omega^2 = 0{,}375$

Die Berechnung der verketteten *Preismeßziffern* mittels der in 4.2 gezeigten Methoden ergibt:

	Gewichte	0	1	2	3	4
Schweinefleisch	0,625	100,0	106,7	109,3	113,3	113,3
Schinken	0,375	100,0	105,6	106,7	113,7	128,0

Die *Indizes* erhält man nun als *gewogene Preismeßziffern*:

$I_{0|1} = 106{,}7 \cdot 0{,}625 + 105{,}6 \cdot 0{,}375 = \underline{106{,}3}$

$I_{0|2} = 109{,}3 \cdot 0{,}625 + 106{,}7 \cdot 0{,}375 = \underline{108{,}3}$

$I_{0|3} = 113{,}3 \cdot 0{,}625 + 113{,}7 \cdot 0{,}375 = \underline{113{,}5}$

$I_{0|4} = 113{,}3 \cdot 0{,}625 + 128{,}0 \cdot 0{,}375 = \underline{118{,}8}$

Methode c). Will man in der Periode 2 die Ausgaben für „Schinken, gekocht" denen für „Schinkenwurst" gleichhalten, so kann

$$1 \cdot \frac{9{,}60}{13{,}50} = 0{,}711 \text{ kg Schinken, gekocht}$$

verbraucht werden.

Ein zur Verkettung geeigneter Index $I^*_{2|4}$ kann nun nach folgendem Schema berechnet werden:

	Menge	2	3	4
Schweinefleisch	2 kg	8,20	8,50	8,50
Schinken	0,711 kg	13,50	13,40	16,20
Wert des Warenkorbes		26,00	27,24	28,52
Indexreihe $I^*_{2|t}$		100,0	104,8	109,7

Die Verkettung von $I_{0|2}$ mit $I^*_{2|t}$ liefert tatsächlich dieselben Indexwerte wie Methode a) und Methode b):

$I^{(v)}_{2|3} = 108{,}3 \cdot 104{,}8 \cdot \frac{1}{100} = \underline{113{,}5}$

$I^{(v)}_{2|4} = 108{,}3 \cdot 109{,}7 \cdot \frac{1}{100} = \underline{118{,}8}$

Nicht geeignet ist jedoch eine Verkettung mit einem Index $I^{**}_{2|4}$, der mit neuen Preisen, aber alten Gewichten arbeitet:

	Menge	2	3	4
Schweinefleisch	2 kg	8,20	8,50	8,50
Schinken	1 kg	13,50	14,40	16,20
Wert des Warenkorbes		29,90	31,40	33,20
Indexreihe $I^{**}_{2|t}$		100,0	105,0	111,4

$$I^{(v)}_{2|3} = 108,3 \cdot 105,0 \cdot \frac{1}{100} = \underline{113,7} > 113,5$$

$$I^{(v)}_{2|4} = 108,3 \cdot 111,4 \cdot \frac{1}{100} = \underline{120,6} > 118,8$$

Da die Preise für Schinken von Periode 2 auf Periode 4 stärker stiegen als die Preise für Schweinefleisch, bewirkt die stärkere Repräsentation von Schinken eine etwas zu starke Steigerung des Gesamtindex.

Anmerkung. Man muß allerdings zugeben, daß Verkettungen der Art, wie sie im Beispiel 4.13 abgelehnt wurden, in der Praxis dennoch vorgenommen werden, nämlich dann, wenn von Zeit zu Zeit (etwa alle fünf Jahre) zu einem *neuen Warenkorb* übergegangen wird. Dann hat man keine andere Möglichkeit, als Indizes mit verschiedenen Ausgabenanteilen miteinander zu verketten.

4.3.5.3 Teil- oder Subindizes

In der Praxis verwendete Warenkörbe sind häufig sehr umfangreich. Man faßt daher Gruppen ähnlicher und zusammengehöriger Waren zu *Teilwarenkörben* zusammen. *Teilindizes*, die mittels dieser Teilwarenkörbe berechnet werden können, haben bei geeigneter Gruppierung der Waren spezifischen ökonomischen Aussagegehalt.

Zum Beispiel wird der Preisindex der Lebenshaltung in folgende Teilindizes zerlegt:

1. Nahrungs- und Genußmittel
2. Kleidung, Schuhe
3. Wohnungsmiete
4. Elektrizität, Gas, Brennstoffe
5. Übrige Waren und Dienstleistungen für die Haushaltsführung
6. Waren und Dienstleistungen für Verkehrszwecke und Nachrichtenübermittlung
7. Waren und Dienstleistungen für Körper- und Gesundheitspflege
8. Waren und Dienstleistungen für Bildungs- und Unterhaltungszwecke
9. Persönliche Ausstattung; sonstige Waren und Dienstleistungen

Theorie der Preis- und Mengenindexzahlen

Ein *Gesamtindex* kann als gewogenes Mittel der *Teilindizes* berechnet werden. Gewichte sind die *Ausgabenanteile* für die einzelnen Teilwarenkörbe bzw. Ausgabengruppen in der Basisperiode. Dies soll an einer Rechnung mit zwei Warengruppen gezeigt werden.

Wir betrachten einen in die Gruppen I und II geteilten Warenkorb:

$$(q_1, q_2, \ldots, q_m; \quad q_{m+1}, \ldots, q_n).$$

Gruppe I   Gruppe II

Teilindizes sind die Ausdrücke:

$$I_{0|1}^{(\mathrm{I})} = \frac{\sum_{i=1}^{m} p_1^i q_0^i}{\sum_{i=1}^{m} p_0^i q_0^i} \qquad I_{0|1}^{(\mathrm{II})} = \frac{\sum_{i=m+1}^{n} p_1^i q_0^i}{\sum_{i=m+1}^{n} p_0^i q_0^i}.$$

Die Ausgabenanteile für die Warenkörbe sind:

$$\omega^{\mathrm{I}} = \frac{\sum_{i=1}^{m} p_0^i q_0^i}{\sum_{i=1}^{n} p_0^i q_0^i} \qquad \omega^{\mathrm{II}} = \frac{\sum_{i=m+1}^{n} p_0^i q_0^i}{\sum_{i=1}^{n} p_0^i q_0^i}$$

und der Gesamtindex ist:

$$I_{0|1} = \frac{\sum_{i=1}^{n} p_1^i q_0^i}{\sum_{i=1}^{n} p_0^i q_0^i} = \frac{\sum_{i=1}^{m} p_1^i q_0^i + \sum_{i=m+1}^{n} p_1^i q_0^i}{\sum_{i=1}^{n} p_0^i q_0^i} = \frac{I_{0|1}^{(\mathrm{I})} \cdot \sum_{i=1}^{m} p_0^i q_0^i + I_{0|1}^{(\mathrm{II})} \cdot \sum_{i=m+1}^{n} p_0^i q_0^i}{\sum_{i=1}^{n} p_0^i q_0^i}$$

oder

$$I_{0|1} = \omega^{\mathrm{I}} I_{0|1} + \omega^{\mathrm{II}} I_{0|1}. \tag{4.26}$$

Benötigt man die Werte der einzelnen Teilindizes, so bietet es Rechenvorteile, zunächst die Teilindizes und sodann den Gesamtindex aus den bereits vorhandenen Teilindizes zu berechnen.

Beispiel 4.14. Für die Gruppen „Brot" und „Fleisch" sollen zunächst zwei Teilindizes gebildet werden; mittels der Ausgabenanteile der Basisperiode sollen sie zu einem Gesamtindex vereinigt werden.

Jahr	Gruppe Brot		Gruppe Fleisch		
	Roggenbrot	helles Mischbrot	Rindfleisch	Kalbfleisch	Schweinefleisch
	Preise in DM/kg		Preise in DM/kg		
1950	0,42	0,51	3,20	3,60	4,30
1954	0,62	0,70	4,20	5,00	5,20
1958	0,77	0,85	4,80	6,10	5,70
1962	0,88	0,96	5,30	7,10	7,00
1965	1,05	1,04	6,60	8,90	7,90
Jahresverbrauch pro Person	24 kg	48 kg	6,4 kg	1,0 kg	7,2 kg

Nun werden die Ausgabenanteile für das Basisjahr 1950 ermittelt:

	Ausgaben		Ausgabenanteile
Gruppe Brot :	$24{,}0 \cdot 0{,}42 + 48{,}0 \cdot 0{,}51$	= 34,56	0,386
Gruppe Fleisch :	$6{,}4 \cdot 3{,}20 + 1{,}0 \cdot 3{,}60 + 7{,}2 \cdot 4{,}30$	= 55,04	0,614
Gesamtausgaben		89,60	1,000

Die Teilindizes für die beiden Gruppen werden in der üblichen Weise berechnet und seien in der folgenden Tabelle zusammengestellt.

Teilindizes Basis 1950 = 100

Jahr	Brot	Fleisch
Gewicht	0,386	0,614
1950	100,0	100,0
1954	140,3	125,9
1958	171,5	141,5
1962	194,0	166,1
1965	217,4	196,3

Die Ermittlung des Gesamtindex erfolgt nun mittels der oben berechneten Ausgabenanteile nach dem Schema

Gesamtindex

$100{,}0 \cdot 0{,}386 + 100{,}0 \cdot 0{,}614 = 100{,}0$
$140{,}3 \cdot 0{,}386 + 125{,}9 \cdot 0{,}614 = 131{,}5$
$171{,}5 \cdot 0{,}386 + 141{,}5 \cdot 0{,}614 = 153{,}1$
$194{,}4 \cdot 0{,}386 + 166{,}1 \cdot 0{,}614 = 177{,}0$
$217{,}4 \cdot 0{,}386 + 196{,}3 \cdot 0{,}614 = 204{,}4$

Ein Gesamtindex kann natürlich auch als Meßziffer des gesamten Warenkorbwertes berechnet werden:

Jahr	Gesamtausgaben	Index 1950 = 100
1950	89,60	100,0
1954	117,80	131,5
1958	137,14	153,1
1962	158,62	177,0
1965	183,14	204,4

4.3.5.4 Der Durchschnittswertindex

Die Aggregation von Teilindizes zu einem Gesamtindex ist eine „exakte" Aggregation insofern, als die Zusammenfassung der Teilindizes und die Indexberechnung aus den ursprünglichen Daten das gleiche Ergebnis liefern.

Manchmal, besonders in der Außenhandelsstatistik, findet man jedoch folgende Situation vor: Für eine große Zahl von *Warengruppen* sind in fortlaufenden Perioden jeweils *Gesamtmengen* und *Gesamtwerte* gegeben; daraus können *Durchschnittspreise* berechnet werden. Berechnet man mittels eines Warenkorbes, der aus den *Gesamtmengen der Gruppen* besteht, und aus den Durchschnittspreisen einen Preisindex, so spricht man von einem *Durchschnittswertindex*.

Man beachte: Ein echter Preisindex beruht auf allen einzelnen Waren, oder, falls diese Rechnung zu umfangreich wird, auf genau definierten Waren, welche die einzelnen Gruppen repräsentieren. Der Preisindex liefert im allgemeinen ein anderes Resultat als der Durchschnittswertindex, da sich in diesem die Veränderung der Zusammensetzung innerhalb der Gruppen neben der reinen Preisänderung niederschlägt. Ein Durchschnittswertindex liegt begrifflich zwischen einem Umsatzindex und einem Preisindex: Die Mengenänderungen werden nur *teilweise* ausgeschaltet. Dennoch werden häufig solche Durchschnittswertindizes berechnet, besonders dann, wenn die Erstellung eines reinen Preisindex auf rechen- oder erhebungstechnische Schwierigkeiten stößt.

Beispiel 4.15. Die Berechnung von Durchschnittswertindizes soll an einem Modellbeispiel erläutert werden: *Durchschnittswertindex* und *Preisindex* für die Importe von Getreide sollen berechnet und miteinander verglichen werden.

Es seien folgende Importmengen und -preise für drei aufeinanderfolgende Perioden gegeben:

Warenart	Ware	Importe in t			Preise in DM/t		
		Periode			Periode		
		0	1	2	0	1	2
Weizen	Saatweizen	2000	1000	2000	500	700	750
	sonstiger Weizen	4000	5000	6000	350	400	450

172 Allgemeine Theorie der Maß- und Indexzahlen

Warenwert	Ware	Importe in t			Preise in DM/t		
		Periode			Periode		
		0	1	2	0	1	2
Roggen	Roggen	1000	1200	1000	200	300	400
Mais	Saatmais	500	500	600	800	1000	1000
	sonstiger Mais	2000	2000	1800	400	400	480

a) *Berechnung eines Durchschnittswertindex nach Warenarten*

Zu Beginn der Rechnung werden die Gesamtmengen der Basisperiode und die Durchschnittspreise $\bar{p}_t^i$ für die einzelnen Waren*arten* zusammengestellt.

Warenart	Importmengen der Basisperiode in t	Durchschnittspreise in DM/t		
Weizen	6000	$\bar{p}_0^1 = 400$	$\bar{p}_1^1 = 450$	$\bar{p}_2^1 = 525$
Roggen	1000	$\bar{p}_0^2 = 200$	$\bar{p}_1^2 = 300$	$\bar{p}_2^2 = 400$
Mais	2500	$\bar{p}_0^3 = 480$	$\bar{p}_1^3 = 520$	$\bar{p}_2^3 = 610$

Die Durchschnittspreise wurden für jede Warenart und jede Periode als gewogenes Mittel berechnet:

$$\bar{p}_0^1 = \frac{2 \cdot 500 + 4 \cdot 350}{6} = 400 \qquad \bar{p}_1^1 = \frac{1 \cdot 700 + 5 \cdot 400}{6} = 450$$

$$\bar{p}_2^1 = \frac{2 \cdot 750 + 6 \cdot 450}{8} = 525$$

$$\bar{p}_0^2 = 200 \qquad \bar{p}_1^2 = 300$$

$$\bar{p}_2^2 = 300$$

$$\bar{p}_0^3 = \frac{0{,}5 \cdot 800 + 2 \cdot 400}{2{,}5} = 480 \qquad \bar{p}_1^3 = \frac{0{,}5 \cdot 1000 + 2 \cdot 400}{2{,}5} = 520$$

$$\bar{p}_2^3 = \frac{0{,}6 \cdot 1000 + 1{,}8 \cdot 480}{2{,}4} = 610$$

Den Durchschnittswertindex können wir nun mit den $\bar{p}_t^i$ nach der Warenkorbmethode berechnen:

Periode	Wert des Warenkorbes in 1000 DM	Durchschnittswertindex Basis = 100
0	$6 \cdot 400 + 1 \cdot 200 + 2{,}5 \cdot 480 = 3800$	100,0
1	$6 \cdot 450 + 1 \cdot 300 + 2{,}5 \cdot 520 = 4300$	113,2
2	$6 \cdot 525 + 1 \cdot 400 + 2{,}5 \cdot 610 = 5075$	133,6

Theorie der Preis- und Mengenindexzahlen

b) *Berechnung eines Preisindex nach Waren*

Zu Beginn der Rechnung werden die Mengen der einzelnen Waren für die Basisperiode und die tatsächlichen Warenpreise in allen Perioden zusammengestellt:

Ware	Importmengen der Basisperiode in t	Preise in DM/t Periode 0	1	2
Saatweizen	2000	500	700	750
sonstiger Weizen	4000	350	400	450
Roggen	1000	200	200	400
Saatmais	500	800	1000	1000
sonstiger Mais	2000	400	400	480

Der Preisindex wird wiederum nach der Warenkorbmethode berechnet:

Periode	Wert des Warenkorbes in 1000 DM	Preisindex Basis = 100
0	2 · 500 + 4 · 350 + 1 · 200 + 0,5 · 800 + 2 · 400 = 3800	100,0
1	2 · 700 + 4 · 400 + 1 · 300 + 0,5 · 1000 + 2 · 400 = 4600	121,1
2	2 · 750 + 4 · 450 + 1 · 400 + 0,5 · 1000 + 2 · 480 = 5160	135,8

c) *Vergleich der Ergebnisse*

Die unterschiedliche Entwicklung von Preisindex und Durchschnittswertindex kann erklärt werden durch die unterschiedliche Entwicklung der Meßziffern der Durchschnittspreise und der Preisindizes für die Waren Weizen, Roggen und Mais:

Periode	Durchschnittswertindex	Preisindex	Meßziffern der Durchschnittswerte			Preisindizes (Teilindizes)		
			Weizen	Roggen	Mais	Weizen	Roggen	Mais
0	100,0	100,0	100,0	100,0	100,0	100,0	100,0	100,0
1	113,2	121,1	112,5	150,0	108,3	125,0	150,0	108,3
2	133,6	133,3	131,3	200,0	127,1	137,5	200,0	121,7

Die Meßziffern und Preisindizes für die einzelnen Waren können leicht aus den Ergebnissen aus a) und b) berechnet werden.

4.3.5.5 Der ökonomische oder „Befriedigungsindex"

Vom Standpunkt der Ökonomie begegnet das Konstanthalten eines Warenkorbes von verbrauchten Mengen des privaten Konsums dem Einwand, daß durch das unterschiedliche Steigen der Preise die Verbrauchsmengen beeinflußt werden. Steigt der Preis der Ware A stärker als der Preis der Ware B, so wird sich im allgemeinen der Verbrauch zugunsten der Ware B verschieben. Über lange Zeit konstantgehaltene Warenkörbe müssen also als unrealistisch angesehen werden. Das Problem verschärft sich noch, wenn man durch technischen Fortschritt bedingte Qualitätsänderungen und Neueinführungen von Verbrauchs- und Gebrauchsgütern ins Auge faßt. Man denke nur an die Gütersequenz Radioapparat, Fernseher, Farbfernseher.

In der Praxis hilft man sich dann so, daß man den Warenkorb von Zeit zu Zeit – meist an Hand der Ergebnisse von Wirtschaftsrechnungen privater Haushalte oder Konsumerhebungen – ändert. Über diese Änderungen hinweg werden die Indexreihen verkettet. Revisionen von Warenkörben erfolgten z.B. in der Bundesrepublik in den Jahren 1950, 1958, 1962, 1970. Die Verkettung von Indizes mit verschiedenen Warenkörben gestattet jedoch nur in Sonderfällen eine ganz präzise und klare Aussage, wie etwa der einfache in Abschnitt 4.3.5.2 behandelte Fall der Substitution einer Ware. Eine recht massive Absage an Verkettungen von Indizes findet sich übrigens in *Anderson* [1967, S. 57ff.].

Der ökonomische Befriedigungsindex betrachtet nun nicht einen konstanten Warenkorb, sondern ein *konstantes Nutzenniveau U*. Man gibt ein bestimmtes Nutzenniveau vor und bestimmt den Warenkorb, der mit *minimalen Kosten* dieses Nutzenniveau befriedigt. Die Höhe dieser minimalen Kosten wird einmal bei Vorliegen der Preisstruktur $\mathbf{p}_0$ der Basisperiode, zum anderen an Hand der Preisstruktur $\mathbf{p}_1$ der Berichtsperiode bestimmt. Die Meßziffer (der Quotient) der Kostenminima wird dann als *Befriedigungsindex* definiert:

$$I_{0|1} = \frac{K_{\min}(\mathbf{p}_1, U)}{K_{\min}(\mathbf{p}_0, U)}. \tag{4.27}$$

Zur Berechnung des Befriedigungsindex benötigt man die Kenntnis der (ordinalen) Nutzenfunktion über der Menge der Warenkörbe. Diese Tatsache zeigt, daß eine praktische Anwendung der Formel (4.27) wohl kaum möglich ist. Jedoch hat man versucht, Näherungen zu finden, welche in die Richtung der bekannten Indextypen von Laspeyres und Paasche weisen. Eine Übersicht über solche Entwicklungen bietet *Pfanzagl* [1955].

4.4 Die Standardisierung

4.4.1 Die Aufgabenstellung der Standardisierung

Das Verfahren der Standardisierung kann als Verallgemeinerung der Indexrechnung aufgefaßt werden. Betrachten wir zunächst noch einmal die Berechnung von Umsatz-, Preis- und Mengenindizes: Der *Umsatzindex* mißt die *tatsächliche Änderung einer Gesamtgröße*. Durch die Berechnung von Preis- und

Mengenindizes sucht man die Faktoren herauszuarbeiten, die für die Veränderung dieser Gesamtgröße verantwortlich sind, nämlich einerseits *Preisänderungen*, andererseits *Mengenänderungen*. Man könnte in Sonderfällen sogar daran denken, die Mengenänderungen weiter zu zerlegen in *Umschichtungen zwischen den einzelnen Sorten* und die *Änderung* der *Gesamtmenge*. Man beachte aber, daß die Bildung von Gesamtmengen und die zugehörige Betrachtung eines Outputindex in vielen wirtschaftlich relevanten Fällen nicht sinnvoll ist (siehe hiezu auch die Bemerkungen in Abschnitt 4.3.3 a)). Fragestellungen, die auf die Isolierung von Ursachen für die Veränderung von Globalgrößen abzielen, sind jedoch nicht auf die bloße Untersuchung von Preis- und Mengenänderungen beschränkt. Die Methoden der Indexrechnung lassen sich leicht auf andere Gebiete der Ursachenforschung übertragen.

Beispiel 4.16 [nach *Pfanzagl*, 1972, S. 57f.]. Ein Resultat der österreichischen Konsumerhebung 1954/55 war unter anderem, daß in Wien der Anteil der Ernährungsausgaben an den Gesamtausgaben bei den Arbeitern 52,5 %, bei den Angestellten 44,6 % betrug. Es ist bekannt, daß der Anteil der *Ernährungsausgaben* mit *steigendem* Einkommen *fällt*. Man wird also geneigt sein, den Unterschied der Anteile durch die verschiedenen Einkommensverteilungen bei Arbeitern und Angestellten zu erklären. Es fragt sich jedoch, ob die *gesamte* Differenz auf den Faktor „Einkommen" zurückzuführen war, oder ob Arbeiter auch *unabhängig vom Einkommen* eine stärkere Bevorzugung von Ernährungsausgaben zeigten.

Um dies zu untersuchen, kann man fragen: „Wie hoch wäre der Anteil der Ernährungsausgaben der Angestellten gewesen, wenn diese die gleiche Einkommensverteilung wie die Arbeiter gehabt hätten, jedoch ihre eigenen einkommensspezifischen Anteile beibehielten?" Die Rechnung ergibt, daß dann die Angestellten im Durchschnitt 49,4 % für Ernährung ausgegeben hätten. Der Unterschied zwischen Arbeitern und Angestellten ist also zu einem beachtlichen Teil „echt", das heißt nicht auf bloße Unterschiede der Einkommensverteilung zurückzuführen.

Dieses Beispiel zeigt, daß nicht *nur zeitliche* Veränderungen, sondern auch der Vergleich zweier sonstwie gekennzeichneten statistischen Massen durch die Einführung von „konstanten" Strukturen in Angriff genommen werden kann.

Beispiel 4.17. Wir betrachten nun ein Problem der Bevölkerungsstatistik. Die allgemeine Sterbeziffer, berechnet nach der Formel

$$\frac{\text{Gestorbene eines Jahres}}{\text{Durchschnitt der Bevölkerung}} \cdot 1000$$

hatte für die männliche Bevölkerung der Bundesrepublik im Jahr 1950 den Wert 11,5, in den Jahren 1966 und 1974 die Werte 12,4 bzw. 12,1.

Dieses Ergebnis erscheint zunächst paradox, da man doch mit Recht annehmen kann, daß die gesundheitliche Betreuung dank der Fortschritte von Medizin und Sozialversicherung im Laufe der Zeit eher gestiegen sei. Bei der Beurteilung der Globalziffern hat man jedoch zu berücksichtigen, daß die *Altersverteilung* der Bevölkerung eine Rolle spielt: In den höheren Altersgruppen liegt die altersspezifische Sterbeziffer sehr stark über dem Durchschnitt, also wird man bei einer überalterten Bevölkerung eine höhere allgemeine Sterbeziffer erwarten müssen, die durch die stärkere Besetzung der älteren Jahrgänge verursacht wird.

Um die „echte" Veränderung der Sterblichkeit zu messen, berechnet man eine *standardisierte Sterbeziffer*, wobei die Altersverteilung eines Basis- oder Vergleichsjahres fest vorgegeben wird. Eine (fiktive) Gesamtzahl von Gestorbenen wird für das Berichtsjahr berechnet, indem man die Besetzungszahlen der Altersjahrgänge des Basisjahres mit den altersspezifischen Sterbeziffern des Berichtsjahres multipliziert. Benutzt man z.B. die Standardstruktur des Jahres 1950, so erhält man für 1966 die standardisierte Sterbeziffer 10,9. Der Unterschied zwischen den Werten 12,4 (allgemeine Sterbeziffer) und 10,9 (standardisierte Sterbeziffer) ist also der relativen Überalterung der männlichen Bevölkerung 1966 gegenüber 1950 zuzuschreiben.

Die sukzessive Ausschaltung von Ursachen kann man noch deutlicher machen, wenn wir von der Entwicklung der Gesamtgröße der männlichen Gestorbenen ausgehen und daneben die Veränderung der allgemeinen und der standardisierten Sterbeziffer betrachten.

männliche Bevölkerung der Bundesrepublik

Jahr	Gestorbene	allgemeine Sterbeziffer	standardisierte Sterbeziffer
1950	266 895	11,5	11,5
1966	351 301	12,4	10,9
Meßzahl $I_{50|66}$	132	108	95

Die Anzahl der Gestorbenen stieg um 32 %. Durch den Übergang zur allgemeinen Sterbeziffer wird die Zunahme der Gesamtbevölkerung ausgeschaltet, die natürlich von primärem Einfluß auf die Anzahl der Gestorbenen ist. Dadurch erfolgt eine Reduktion des Anstieges von 30 % auf nur 8 %. Schaltet man noch den Einfluß der Altersstruktur aus, so registriert man einen *Rückgang* der biologisch-medizinisch bestimmten standardisierten Sterbeziffer[5]) um 5%.

Beim Vergleich des Jahres 1974 mit 1950 und 1966 verwenden wir die Standardbevölkerung von 1970. Dann ergibt sich folgendes Bild

Jahr	1950	1966	1974
stand. Sterbeziffer	12,8	12,5	12,1
Meßzahl 1950 = 100	100	98	94

Wiederum zeigt sich ein Rückgang der standardisierten Männersterblichkeit, allerdings nicht in dem starken Ausmaß (zwischen 1950 und 1966) wie bei der Standardbevölkerung von 1950. Diese Unterschiede der Standardisierungsergebnisse entsprechen im wesentlichen den Unterschieden einer Indexberechnung nach Laspeyres und Paasche.

Die Meßzahl der standardisierten Sterbeziffern kann in direkte *Analogie zu einem Preisindex* gebracht werden: Den Besetzungszahlen der Altersjahrgänge entsprechen die Mengenangaben des Warenkorbes, den altersspezifischen Sterbeziffern die Preise. Im

---

[5]) Neuerdings bezeichnet man als „standardisierte Sterbeziffer" eine Maßzahl, bei der als Standardbevölkerung die zum jeweiligen Zeitpunkt gehörige *stabile Bevölkerung* genommen wird. Sie ist aus einer Sterbetafel zu gewinnen. Die oben berechnete Sterbeziffer heißt dann „standardisierte allgemeine Sterbeziffer".

Unterschied zur Preisindexrechnung begnügt man sich hier meist mit der Berechnung von standardisierten Ziffern, ohne durch Meßzahlbildung zu echten Indizes der Sterblichkeit weiterzugehen. Diese Vorgangsweise wiederum wäre zu vergleichen mit der Berechnung des Bruttosozialprodukts zu konstanten Preisen, das ebenfalls als standardisierte Zahl aufgefaßt werden kann, allerdings mit den intensiven Größen der Preise als Standardstruktur.

4.4.2 Das formale Modell der Standardisierung

Die formale Struktur der Standardisierung soll an einem Problem erläutert werden, in dem die Entwicklung einer Gesamtgröße unter dem Einfluß von drei Faktoren studiert wird. Das Thema lautet: Entwicklung der Zahl der weiblichen Studierenden in den Jahren 1959 bis 1967. Diese Zeitspanne wurde gewählt, weil eine Untersuchung, welche die neueren Wandlungen des Hochschulsystems zeitlich umfaßt, viel detaillierter vorgehen müßte.

Ausgangspunkt der Überlegung seien die folgenden vier Tabellen[6]):

Hochschultyp	insgesamt	davon weiblich
I	141 614	38 340
II	46 560	1 814
III	4 665	355
IV	7 675	3 167
Summe	200 514	43 676

Tab. 1: WS 1959/60

Hochschultyp	insgesamt	davon weiblich
I	219 239	61 995
II	55 262	3 269
III	4 361	606
IV	8 937	3 734
Summe	287 799	69 604

Tab. 2: WS 1966/67

Hochschultyp	WS 1959/60	WS 1966/67
	Prozent	
I	70,62	76,18
II	23,22	19,20
III	2,33	1,52
IV	3,83	3,11
Summe	100,0	100,0

Tab. 3: Verteilung der Studierenden nach Hochschultypen

Hochschultyp	WS 1959/60	WS 1966/67
	Prozent	
I	27,07	28,28
II	3,90	5,92
III	7,61	13,90
IV	41,26	41,78
alle Hochschulen	21,78	24,18

Tab. 4: Anteile der weiblichen Studierenden

---

[6]) Quelle der Daten: Statistisches Jahrbuch für die Bundesrepublik Deutschland 1968, S. 84. Ohne Philosophisch-Theologische und Kirchliche Hochschulen.

Als Hochschultypen wurden unterschieden:

I   ... Universitäten
II ... Technische Hochschulen
III ... Hochschulen mit Universitätsrang
IV ... Hochschulen für Musik, Bildende Kunst und Sport

Eine vorläufige Inspektion der Daten zeigt, daß der Anstieg der Anzahl der weiblichen Studierenden offenbar von drei Faktoren beeinflußt wird:

— dem *allgemeinen Anstieg* der Studentenzahlen
— durch *Umschichtungen* innerhalb der Hochschultypen; der Anteil der an Universitäten Studierenden, der eine überdurchschnittliche „Rate" der weiblichen Studierenden aufweisen, stieg
— dem *eigentlichen Anstieg* des Frauenstudiums: In allen Sparten stieg der *Anteil* der weiblichen Studierenden.

Allgemein unterscheiden wir drei Faktoren, die mit folgenden Symbolen bezeichnet seien:

G ... Änderung der Gesamtgröße = „allgemeiner" Anstieg

V ... Änderung der Verteilung   = Umschichtung

R ... Änderung der Rate   = „eigentlicher" Anstieg

Die zu untersuchende Größe, nämlich die Anzahl der weiblichen Studierenden, nennen wir *Referenzgröße* und bezeichnen sie mit Symbol W. Es sei weiter:

$t = 0$ der Index der Basisperiode (oder Basisstruktur)

$t = 1$ der Index der Berichtsperiode (oder Vergleichsstruktur)

i die Nummer der Teilmasse (Nummer des Hochschultyps)

Die weiteren benötigten Bezeichnungen seien, zusammen mit ihrer Interpretation in unserer speziellen Aufgabe, in einer Übersicht zusammengefaßt:

	allgemeines Modell	konkrete Interpretation
G_t	Gesamtgröße (-masse)	Gesamtzahl der Studierenden
W_t	Referenzgröße	Anzahl der Studentinnen
$w_t = W_t/G_t$	durchschnittlicher Anteil der Referenzgröße	Anteil der Studentinnen an Studierenden überhaupt
G_t^i	Teilgrößen (-massen)	Anzahl der Studierenden in Hochschultyp i

Standardisierung

allgemeines Modell	konkrete Interpretation
$g_t^i = G_t^i/G_t$	Anteile der Teilgrößen (-massen)	Anteile der Studierenden des Hochschultyps i
$w_t^i = W_t^i/G_t^i$	Intensität der Referenzgröße in Klasse i	Rate = Anteil der Studentinnen an den Studierenden in Hochschultyp i

Aus dieser Übersicht kann man direkt ablesen, daß gilt:

$$W_t^i = G_t g_t^i w_t^i .$$

Daraus folgt durch Summierung über die Klassen i

$$W_t = G_t \Sigma g_t^i w_t^i \qquad t = 0,1. \tag{4.28}$$

Dies ist eine fundamentale Beziehung. Die Meßzahl $I(W) = W_1/W_0$, also der zu untersuchende Anstieg der Studentinnenzahl, kann nun mittels der Gleichungen (4.28) so geschrieben werden, daß das Zusammenwirken der drei Faktoren G, V, R beim Zustandekommen von $I(W)$ sichtbar wird:

$$\frac{W_1}{W_0} = \frac{G_1}{G_0} \frac{\Sigma g_1^i w_1^i}{\Sigma g_0^i w_0^i} . \tag{4.29}$$

In Formel (4.29) kann man folgende Entsprechungen zwischen den Faktoren G, V, R und Größen bzw. Quotienten herstellen

$$G \leftrightarrow G_t; \qquad V \leftrightarrow g_t^i; \qquad R \leftrightarrow w_t^i .$$

Wir schreiben daher (4.29) auch symbolisch in der Form

$$I(W) = I(G, V, R) . \tag{4.30}$$

Durch Konstanthalten von gewissen Faktoren können nun Indizes für die Entwicklung der jeweils komplementären Faktoren oder Faktorenkombinationen gebildet werden. Bei drei Faktoren gibt es insgesamt $2^3 - 1 = 7$ nichttriviale Möglichkeiten, die in folgender Zusammenstellung explizit angegeben seien:

konstant bleiben :	zugehöriger Indextyp	(4.31)
V, R	$I(G) \quad = \dfrac{G_1}{G_0}$	

konstant bleiben :	zugehöriger Indextyp
G, R	$I(V) = \dfrac{\Sigma g_1^i w_0^i}{\Sigma g_0^i w_0^i}$
G, V	$I(R) = \dfrac{\Sigma g_0^i w_1^i}{\Sigma g_0^i w_0^i}$
G	$I(V, R) = \dfrac{\Sigma g_1^i w_1^i}{\Sigma g_0^i w_0^i}$
V	$I(G, R) = \dfrac{G_1 \Sigma g_0^i w_1^i}{G_0 \Sigma g_0^i w_0^i}$
R	$I(G, V) = \dfrac{G_1 \Sigma g_1^i w_0^i}{G_0 \Sigma g_0^i w_0^i}$
R	$I(G, V, R) = \dfrac{G_1 \Sigma g_1^i w_1^i}{G_0 \Sigma g_0^i w_0^i}$

In das Indexsymbol $I(\cdot)$ werden dabei genau diejenigen Faktoren eingetragen, deren Einfluß gemessen werden soll.

Die besondere Rolle des Faktors G läßt sich aus den folgenden Beziehungen erkennen:

$I(G, R) = I(G) \cdot I(R)$ (4.32a)

$I(G, V) = I(G) \cdot I(V)$ (4.32b)

$I(G, V, R) = I(G) \cdot I(V, R)$ (4.32c)

Der zum „Größenveränderungsfaktor" G gehörige Index läßt sich also immer multiplikativ abspalten. Im allgemeinen gilt jedoch

$I(V, R) \neq I(V) \cdot I(R)$. (4.33)

Durch Einsetzen aus der Übersicht ergibt sich, daß $I(V, R)$ auch in der Form

$I(V, R) = w_1 / w_0$ (4.34)

geschrieben werden kann, somit als „Anstieg des durchschnittlichen Anteils" der Referenzgröße gedeutet werden kann. Er kann gemäß (4.33) nicht multiplikativ in einen „Umschichtungsanteil" und einen „Intensitätsanteil" zerlegt werden.

Standardisierung

Im nachstehenden Zahlenbeispiel sollen nun alle Indizes aus (4.31) zur Analyse des Anstiegs der weiblichen Studierenden eingesetzt werden.

Beispiel 4.18.

a) *Allgemeiner Anstieg*

$$I(G) = G_1/G_0 = \frac{287\,799}{200\,514} = \underline{1{,}435}$$

Der allgemeine Anstieg der Studentenzahlen betrug also 43,5 %. Das heißt hier: Durch den allgemeinen Anstieg der Studentenzahlen wäre — ceteris paribus — die Anzahl der Studentinnen um 43,5 % gestiegen.

b) *Umschichtung zwischen den Hochschultypen*

$$I(V) = \frac{\Sigma g_1^i w_0^i}{\Sigma g_0^i w_0^i}$$

Hier benutzen wir die Beziehungen

$$\Sigma g_0^i w_0^i = \Sigma \frac{G_0^i}{G_0} \cdot \frac{W_0^i}{G_0^i} = \frac{1}{G_0} \Sigma W_0^i = \frac{W_0}{G_0} = w_0.$$

Aus den Tabellen 3 und 4 erhalten wir

$$I(V) = \frac{0{,}7618 \cdot 0{,}2707 + 0{,}1920 \cdot 0{,}0390 + 0{,}0152 \cdot 0{,}0761 + 0{,}0311 \cdot 0{,}4126}{0{,}2178}$$

$$= \frac{0{,}2277}{0{,}2178} = \underline{1{,}045}.$$

Durch die *Umschichtung* zwischen den Hochschultypen allein wäre die Anzahl der Studentinnen um 4,5 % gestiegen.

c) *Rate der weiblichen Studierenden*

$$I(R) = \frac{\Sigma g_0^i w_1^i}{\Sigma g_0^i w_0^i} = \frac{\Sigma g_0^i w_1^i}{w_0}$$

$$= \frac{0{,}7062 \cdot 0{,}2828 + 0{,}2322 \cdot 0{,}0592 + 0{,}0233 \cdot 0{,}1390 + 0{,}0383 \cdot 0{,}4178}{0{,}2178}$$

$$= \frac{0{,}2327}{0{,}2178} = \underline{1{,}068}.$$

Dieses Resultat ist das interessanteste. Es besagt, daß durch eine Steigung des Anteils der weiblichen Studenten in den einzelnen Hochschultypen allein sich ein Zuwachs von 6,8 % der Studentinnen ergäbe. Man kann diese Prozentzahl als Maß für die Stärke des „Eindringens" weiblicher Studierender in die Hochschultypen ansehen.

d) *Anteil der Studentinnen*

$$I(V, R) = \frac{\Sigma g_1^i w_1^i}{\Sigma g_0^i w_0^i} = \frac{w_1}{w_0} = \frac{0{,}2418}{0{,}2178} = \underline{1{,}110}.$$

Das heißt: Würden die Studentenzahlen konstant bleiben, so stiege – durch Umschichtung und Eindringen – die Anzahl der Studentinnen um 11,0 %.

e) *Konstante Hochschulstruktur*

$$I(G, R) = I(G) \cdot I(R) = 1{,}435 \cdot 1{,}068 = \underline{1{,}533}$$

Ohne Umschichtungen zwischen den Hochschultypen wäre die Anzahl der Studentinnen um 53,3 % gestiegen.

f) *Konstante Rate der weiblichen Studierenden*

$$I(G, V) = I(G) \cdot I(V) = 1{,}435 \cdot 1{,}045 = \underline{1{,}500}$$

Ohne eine Steigerung der hochschulspezifischen Raten, also allein durch allgemeine Steigerung der Studentenzahlen und Umschichtung zu den Universitäten wäre die Anzahl der Studentinnen um 50,5 % gestiegen.

g) *Alle Faktoren*

$$I(G, V, R) = \frac{W_1}{W_0} = \frac{69\,604}{43\,676} = \underline{1{,}594}$$

Die Anzahl der Studentinnen stieg um 59,4 %.

Auf Grund der groben Einteilung in nur vier Hochschultypen ist natürlich eine Trennung der Faktoren „Umschichtung" und „Intensität" nur unzureichend möglich. Eine genauere Untersuchung müßte eine Einteilung nach Studienrichtungen vornehmen.

Im folgenden sollen noch einige weitere Aspekte der Standardisierungsformeln (4.28) – (4.34) diskutiert werden[7]).

a) *Die Analogie zur Konstruktion von Preis- und Mengenindizes*

Interpretiert man

die Teilgrößen $\quad G_t^i = g_t^i \cdot G_t \quad$ als Mengen

die Intensitäten $\quad w_t^i \quad$ als Preise

so kann man eine Preis- und Mengenindizes als *Spezialfälle* der allgemeinen Konstruktion der Standardisierung erkennen:

$\qquad I(R) \qquad \leftrightarrow \quad$ Preisindex nach Laspeyres

$\qquad I(G, V) \quad \leftrightarrow \quad$ Mengenindex nach Laspeyres

$\qquad I(G) \qquad \leftrightarrow \quad$ Outputmeßziffer

$\qquad I(V, R) \quad \leftrightarrow \quad$ Meßziffer der Durchschnittspreise

$\qquad I(G, V, R) \leftrightarrow \quad$ Umsatzmeßziffer

---

[7]) Die hier unter den Punkten a) bis c) gegebenen Entwicklungen lehnen sich eng an eine Darstellung an, wie sie in *Calot* [1973, S. 449ff.] für die Standardisierung gegeben wurden.

Standardisierung

b) *Die multiplikative Zerlegung in Faktoren*

Die Formeln (4.32) zeigen, daß der Faktor G *immer* multiplikativ aus einer Veränderung, in der er enthalten ist, abgespalten werden kann. Man kann das als *Unabhängigkeit* des Faktors „allgemeiner Anstieg" von den Faktoren „Umschichtung" und „Intensität" deuten.

Man kommt allgemein zu folgender

Definition 4.2. Die Faktorengruppen $F_1, F_2, \ldots, F_k$ und $F_{k+1}, \ldots, F_m$ sind *unabhängig*, wenn

$$I(F_1, F_2, \ldots, F_k, F_{k+1}, \ldots, F_m) = I(F_1, \ldots, F_k) \cdot I(F_{k+1}, \ldots, F_m) \quad (4.35)$$

gilt.

In Beispiel 4.18 erhielten wir:

$$I(V, R) = 1{,}110$$
$$I(V) \cdot I(R) = 1{,}045 \cdot 1{,}068 = 1{,}116$$

also: $I(V, R) \neq I(V) \cdot I(R)$, das heißt, die Faktoren V, R sind *hier nicht* unabhängig.

Man kann jedoch die multiplikative Zerlegung in folgender Weise erzwingen:

$$\frac{I(V, R)}{I(R)} \cdot I(R) = I(V, R) \quad (4.36a)$$

$$I(V) \cdot \frac{I(V, R)}{I(V)} = I(V, R) \quad (4.36b)$$

Die beiden in (4.36a) und (4.36b) auftretenden Quotienten können als Paasche-Indizes gedeutet werden.

Um die Analogie zu den Indexformeln der Übersicht in 4.3.4 a) herzustellen, verwenden wir wieder die hochgestellten Symbole „L" und „R" zur Bezeichnung jener Quotienten, die als Laspeyres- und Paasche-Index interpretiert werden können. Wir schreiben also

$$\frac{I(V,R)}{I(R)} = \frac{\Sigma g_1^i w_1^i}{\Sigma g_0^i w_1^i} = I^P(V) \qquad \frac{\Sigma g_1^i w_0^i}{\Sigma g_0^i w_0^i} = I^L(V)$$

$$\frac{I(V,R)}{I(V)} = \frac{\Sigma g_1^i w_1^i}{\Sigma g_1^i w_0^i} = I^P(R) \qquad \frac{\Sigma g_0^i w_1^i}{\Sigma g_0^i w_0^i} = I^L(R).$$

Dann ergibt sich wie in den Gleichungen (4.22)

$$I^L(V) \cdot I^P(R) = I(V, R) \quad \text{und} \quad I^P(V) \cdot I^L(R) = I(V, R). \tag{4.37}$$

Damit sind zwei multiplikative Zerlegungen von $I(V, R)$ angegeben. Zur Herstellung der Eindeutigkeit kann man – als Konvention – das geometrische Mittel aus Laspeyres- und Paascheindizes einführen

$$I^*(V) = \sqrt{I^L(V) \cdot I^P(V)} \quad \text{und} \quad I^*(R) = \sqrt{I^L(R) \cdot I^P(R)} \tag{4.38}$$

und erhält dann durch Multiplikation der beiden Gleichungen in (4.37)

$$I(V, R) = I^*(V) \cdot I^*(R) \tag{4.39}$$

Das geometrische Mittel aus Laspeyres- und Paascheindex desselben Faktors wird auch *Fischer'scher Idealindex* genannt, nach Irving Fisher, der in seinem Buch „The Making of Index Numbers" [3rd ed., 1967, S. 136ff.] solche „Indexkreuzungen" für Preis- und Mengenindizes vorgeschlagen hat.

c) *Die Interaktion zweier Faktoren*

Im Abschnitt 4.3.4 b) wurde darauf hingewiesen, daß das Produkt aus Preis- und Mengenindex gleichen Typs nur dann gleich dem Umsatzindex ist, wenn Preis- und Mengenänderungen unkorreliert sind. Das ist auch mit dem intuitiven Begriff der Unabhängigkeit von Faktoren im allgemeinen Standardisierungsmodell durchaus vereinbar. Eine solche Betrachtungsweise legt es dann nahe, auch ein Maß der Interaktion zu definieren. Das kann in folgender Weise geschehen.

Definition 4.3. Die *Interaktion der Faktoren V, R* wird durch

$$In(V, R) = \frac{I(V, R)}{I(V) \cdot I(R)} - 1 \tag{4.40}$$

gemessen.

Beispiel 4.19. Die „Paasche-Indizes" der beiden Faktoren V und R aus Beispiel 4.18 sind

$$I^P(V) = \frac{I(V, R)}{I^L(R)} = \frac{1{,}110}{1{,}068} = 1{,}039$$

$$I^P(R) = \frac{I(V, R)}{I^L(V)} = \frac{1{,}110}{1{,}045} = 1{,}062$$

Die Fisher'schen Idealindizes werden dann:

$$I^*(V) = \sqrt{I^L(V) \cdot I^P(V)} = \sqrt{1{,}045 \cdot 1{,}039} = \underline{1{,}042}$$

$$I^*(R) = \sqrt{I^L(R) \cdot I^P(R)} = \sqrt{1{,}068 \cdot 1{,}062} = \underline{1{,}065}$$

Damit wäre *eine* multiplikative Zerlegung der Meßzahl $I(W)$ geleistet:

$$I(W) = I(G, V, R) = I(G) \cdot I^*(V) \cdot I^*(R) = \underline{1{,}435 \cdot 1{,}042 \cdot 1{,}065}$$

Die Interaktion der Faktoren V und R ist

$$In(V, R) = \frac{I(V, R)}{I(V) \cdot I(R)} - 1 = \frac{1{,}110}{1{,}045 \cdot 1{,}068} - 1 = -0{,}006$$

oder in Prozent ausgedrückt: $In(V, R) = -0{,}6\%$.

Die Interaktion der beiden Faktoren „Umschichtung" und „Eindringen" ist sehr schwach.

4.4.3 Kaufkraftparitäten

Die Berechnung von Kaufkraftparitäten kann als ein Spezialfall des Verfahrens der Standardisierung angesehen werden. Es seien zunächst einige Fragestellungen angeführt, welche es nahelegen, sich mit dem Problem der Kaufkraftparitäten zu befassen.

a) *Internationale Reallohnvergleiche*

Schon vor etwa dreißig Jahren hat man sich im Rahmen der Europäischen Gemeinschaft für Kohle und Stahl die Frage vorgelegt, wie man die Verdienste in genau definierten Berufen (z.B. Häuer im Kohlebergbau) in den verschiedenen Ländern der Gemeinschaft miteinander vergleichen könnte. Zunächst müssen natürlich die Verdienste selbst genau abgegrenzt und vergleichbar gemacht werden. Sodann könnte man daran denken, die in verschiedenen Währungen ausgedrückten Verdienste auf eine gemeinsame Währung, z.B. belgische Franken, umzurechnen. Man erkennt jedoch leicht die Mängel dieses Verfahrens: Es kann sein, daß in einem Land ein relativ starker Anstieg der Preise und Löhne stattfindet, ohne daß die Wechselkurse geändert (oder nicht im gleichen Ausmaß geändert) werden. Vom Standpunkt der Arbeiter muß ein fairer Vergleich der Verdienste die Kaufkraft der Löhne in Betracht ziehen, oder anders ausgedrückt, das unterschiedliche Preisniveau in verschiedenen Ländern berücksichtigen. Dieses Problem führt direkt zum Begriff der Kaufkraftparität.

b) *Fremdenverkehr*

Jeder informierte Urlaubsreisende weiß, daß man „teure" und „billige" Urlaubsländer unterscheiden kann. Ein Urlaub in skandinavischen Ländern kommt — bei gleichen Ansprüchen — im allgemeinen teurer als ein Urlaub in

Spanien oder Italien. Natürlich muß man jetzt berücksichtigen, daß die Güter und Dienstleistungen, die ein Urlaubs- oder Geschäftsreisender kauft, anders zusammengesetzt sind als die Warenkörbe, die ein einheimischer Arbeitnehmer verbraucht. Dieser Umstand führte zum Begriff der „Reisegeldparität". Ob ein Urlaubsland günstig ist oder nicht, ist aus dem Vergleich von Wechselkurs und Reisegeldparität zu ersehen.

In den Statistischen Jahrbüchern der Bundesrepublik findet man neuerdings Angaben über Kaufkraft- und Reisegeldparitäten, so etwa im Jahrbuch 1976 auf S. 681ff.

Wir beginnen die Erörterung dieses Problemkreises mit einem sehr einfachen Beispiel und betrachten dazu folgende Preise in der BRD und in Schweden:

Preise für 1 kg; Jahresdurchschnitt 1975

	Butter	Zucker
BRD	8,36 DM	1,65 DM
Schweden	12,38 skr	3,17 skr

sodann bilden wir die Meßzahlen (in Prozent)

$$100 \cdot \frac{12,38}{8,36} = 148 \qquad 100 \cdot \frac{3,17}{1,65} = 192$$

Diese beiden Meßzahlen können gedeutet werden als

„Butterkurs" : 100 DM = 148 skr

„Zuckerkurs" : 100 DM = 192 skr

Sie beantworten nämlich die Frage: „Wie müßte der Wechselkurs DM − skr beschaffen sein, damit Butter (bzw. Zucker) in der BRD und in Schweden gleich teuer ist?" Der Ausdruck „gleich teuer" bedeutet bei einem Preisvergleich zwischen den beiden Ländern, daß der Betrag, den man für eine gewisse Menge Butter (bzw. Zucker) in Deutschland zu zahlen hat, nach dem Umtausch DM − skr ausreicht, um in Schweden dieselbe Menge Butter (bzw. Zucker) zu kaufen.

Der Devisenkurs DM − skr war hingegen im Jahresdurchschnitt 1975 100 DM = 169 skr. Daraus folgt: Butter ist in Schweden *billiger*, Zucker jedoch *teurer* als in Deutschland, falls man die Schwedenkronen nach dem Wechselkurs eintauscht.

Bei der Betrachtung einzelner Waren, wie „Butter", „Zucker" muß man damit rechnen, daß der Vergleich zufällig stark verzerrt werden kann, wie ja auch das obige Zahlenbeispiel zeigt. Man verwendet daher für einen Vergleich

Standardisierung

Warenkörbe, die den privaten Verbrauch (oder die Urlaubsausgaben) möglichst gut wiedergeben. Für die Berechnung von Kaufkraftparitäten benutzt man meist einen Warenkorb, der auch dem Index der Preise für die Lebenshaltung zugrundeliegt. Es ist dann allerdings noch zu entscheiden, welchem der beiden zu vergleichenden Länder man den Warenkorb entnimmt.

Das allgemeine Schema zur Ermittlung der Kaufkraftparität kann man nun etwa in folgender Weise angeben. Der Index $t = 0$ sei dem „Basisland", der Index $t = 1$ dem „Vergleichsland" zugeordnet[8]).

Es sei

beispielsweise:

$(q_0^1, q_0^2, \ldots, q_0^m)$ ... Warenkorb des Basislandes — BRD

$(q_1^1, q_1^2, \ldots, q_1^m)$ ... Warenkorb des Vergleichslandes — Schweden

$(p_0^1, p_0^2, \ldots, p_0^m)$ ... Preise des Basislandes ⎫ in der jeweiligen Landeswährung — BRD in DM

$(p_1^1, p_1^2, \ldots, p_1^m)$ ... Preise des Vergleichslandes ⎭ — Schweden in skr

Dann wird die *Kaufkraftparität K* definiert durch

$$K = \frac{\text{Preis des Warenkorbes im Vergleichsland}}{\text{Preis des Warenkorbes im Basisland}}$$

Dabei gibt es zwei Versionen, je nachdem ob man den Warenkorb des Basislandes oder des Vergleichslandes benutzt:

$$K = \frac{\Sigma p_1^i q_0^i}{\Sigma p_0^i q_0^i} \quad (4.41a) \qquad K = \frac{\Sigma p_1^i q_1^i}{\Sigma p_0^i q_1^i} \quad (4.41b)$$

Das Ergebnis kann man sodann in der Form

> 100 Währungseinheiten des Basislandes entsprechen
> 100 K Währungseinheiten des Vergleichslandes

ausdrücken[9]).

---

[8]) Selbstverständlich herrscht hier Symmetrie zwischen den beiden Ländern, anders als bei Preis- und Mengenindizes, wo die Symbole $t = 0$ und $t = 1$ i.a. den Zeitlauf wiedergeben sollen.

[9]) Die Veröffentlichungen des Statistischen Bundesamtes benutzen die reziproke Form 100 WE des Vergleichslandes = $\frac{1}{K}$ 100 DM.

Beispiel 4.20. Wir stellen Kaufkraftparitäten und Wechselkurse für einen Vergleich der BRD mit Österreich, Schweden und der Schweiz in nachstehender Tabelle zusammen:

Kaufkraftparitäten im Jahresdurchschnitt 1975

	Österreich	Schweden	Schweiz
	100 DM entsprechen		
deutscher Warenkorb	679 öS	177,3 skr	125,7 sfr
ausländischer Warenkorb	606 öS	167,8 skr	117,7 sfr
Wechselkurs	708 öS	168,7 skr	105,0 sfr

Aus den angegebenen Zahlen läßt sich ablesen, daß man in Österreich „billiger", in der Schweiz „teurer" lebt als in der BRD. Für 100 DM kann man nämlich in der BRD eine bestimmte Menge des allgemeinen Verbrauchersortiments (des Warenkorbes) kaufen; verglichen mit dem Betrag, den man in Österreich bzw. in der Schweiz für dieselbe Menge aufwenden muß, ist der Betrag, den man in der Wechselstube für 100 DM bekommt, in öS größer, aber in sfr kleiner als die notwendige Verbrauchsausgabe. Für Schweden liegt der Wechselkurs (gerade noch) zwischen den beiden Werten, die sich bei Anwendung des deutschen und des schwedischen Warenkorbes ergeben.

In *allen* Fällen ergibt jedoch der Warenkorb des Vergleichslandes die „billigere" Version.

Die Formeln (4.41a) und (4.41b) lassen sich als Laspeyres- bzw. Paasche-Indizes denken. Formal geschieht diese Deutung, indem man das Basisland der Basisperiode $t = 0$, das Vergleichsland der Berichtsperiode $t = 1$ zuordnet. Man erhält dann die Entsprechungen

Laspeyres-Index ↔ Warenkorb des Basislandes

Paasche -Index ↔ Warenkorb des Berichtslandes

Diese Entsprechung hat aber auch einen sachlichen Grund. Für eine Reihe von Ländern konnte das Statistische Bundesamt Kaufkraftparitäten mit den beiden Warenkörben, nämlich dem der Bundesrepublik (Basisland) und dem des jeweiligen Auslandes (Vergleichsland), berechnen. In allen Fällen, wo dies möglich war, zeigte sich, daß der Warenkorb des Vergleichslandes im Vergleichsland billiger war als der deutsche Warenkorb. Offensichtlich wird dies durch die gegenseitige Anpassung von Verbrauchergewohnheiten und Preisen bedingt. Die Differenz Laspeyres-Index minus Paasche-Index ist also hier immer positiv. Dasselbe Verhalten kann man auch bei gewöhnlichen Preisindizes erwarten, bei denen $t = 0$ und $t = 1$ in dieser Reihenfolge den Zeitablauf markieren sollen. *V. Bortkiewicz* konnte zeigen (siehe auch die Anmerkung auf S. 162 und *Calot* [1973, S. 440]), daß $I_{0|1}^L (p) - I_{0|1}^P (p) > 0$ immer dann auftritt, wenn Preis- und Mengenänderungen *gegensinnig* verlaufen. Das ist aber gerade der normale Marktprozeß, den man als Anpassung der Verbraucher an geänderte Preise, sei es in der Zeit, sei es beim Vergleich regionaler Unterschiede, erwartet wird.

Abschließend geben wir ein ganz einfaches Modellbeispiel eines Reallohnvergleichs.

Beispiel 4.21. Ein Reallohnvergleich BRD–Schweiz. Es sollen die Stundenverdienste männlicher Arbeiter in einer bestimmten Branche, nämlich Druckerei und Vervielfältigung, in der BRD und in der Schweiz miteinander verglichen werden.

		durchschnittliche Bruttostundenverdienste im Oktober 1974
BRD	: Druck- und Vervielfältigungsindustrie, männliche Arbeiter der Leistungsgruppe 1	11,81 DM
Schweiz	: Druckgewerbe, männliche Facharbeiter	14,94 sfr

Wechselkurs und die beiden Kaufkraftparitäten im Jahresdurchschnitt 1974 sind in nachstehender Tabelle enthalten.

Umrechnungsschlüssel	100 DM = ... sfr	Deutsche Stundenverdienste, umgerechnet in sfr
Wechselkurs	114,90	13,57
Kaufkraftparität, deutscher Warenkorb	132,70	15,67
Kaufkraftparität, schweizer Warenkorb	123,60	14,60

Der Vergleich zwischen den Verdiensten kann etwa so geschehen, daß man die deutschen Bruttoverdienste in sfr umrechnet und mit dem schweizer Verdienst vergleicht, siehe hiezu die dritte Spalte der obigen Tabelle. Welche der drei Vergleichsmöglichkeiten soll man jedoch heranziehen? Zur Lösung dieser Frage wollen wir drei verschiedene Vorgänge betrachten.

1. Der deutsche Arbeiter wechselt seinen Verdienst über den Wechselkurs in sfr um und bekommt 13,57 sfr. Er stellt fest, daß er gegenüber seinem schweizer Kollegen ungünstiger dasteht, insbesondere dann, wenn er in der Schweiz dieselben Waren einkauft wie sein Kollege. Umgekehrt wäre bei einer Umwechslung sfr – DM das Verhältnis für den in der Schweiz tätigen günstiger. Genau diese Überlegung stellen ausländische Arbeitskräfte in der Schweiz an, wenn sie ihre dort verdienten Schweizer Franken in ihre Heimat schicken.

2. Wir definieren nun eine „Deutsche-Warenkorb-Einheit" = DKE als die Menge des deutschen Warenkorbes, die man *in der Schweiz* um einen Schweizer Franken kaufen kann. Nach Definition kann der schweizer Arbeiter um seinen Stundenlohn 14,94 DKE kaufen. Der deutsche Arbeiter kann *in Deutschland* 11,81 × 1,327 = = 15,67 DKE kaufen, also mehr als sein schweizer Kollege. Ist diese Überlegung für

190 Allgemeine Theorie der Maß- und Indexzahlen

ihn relevant? Ja, wenn er sich – in Gedanken – mit seinen deutschen Verbrauchsgewohnheiten in die Schweiz versetzt und dort mit 14,94 sfr Stundenlohn wirtschaftet.
3. Wir definieren eine „Schweizer-Warenkorb-Einheit" = SKE als die Menge des schweizer Warenkorbes, die man *in der Schweiz* um einen Schweizer Franken kaufen kann. Der schweizer Arbeiter kann auch 14,94 SKE für seinen Stundenlohn bekommen. Sein deutscher Kollege kann in *Deutschland* 11,81 × 1,236 = 14,60 SKE kaufen, also weniger als der schweizer Druckereiarbeiter.

Der Fall 1. ist offensichtlich klar von den Fällen 2. und 3. abzutrennen. Will man aber allgemein einen symmetrischen Reallohnvergleich BRD–Schweiz anstellen, so ist man hinsichtlich der beiden letzten Möglichkeiten in einem Dilemma; bei multilateralen Vergleichen wird die Situation noch etwas schwieriger. Lösungsvorschläge zielten bisher in der einen oder anderen Form auf eine „Mittelung" von Warenkörben zur Paritätsberechnung.

Quellen: Statistisches Bundesamt Wiesbaden. Preise, Löhne, Wirtschaftsrechnungen. Reihe 15: Arbeiterverdienste Oktober 1974 und Reihe 12: Verdienste und Löhne im Ausland I, Arbeitnehmerverdienste und Arbeitszeiten; Streiks und Aussperrungen 1974.

Immerhin kann man über die Verwendung von Wechselkursen und Kaufkraftparitäten festhalten: Für Außenhandelsrelationen und Fragen der internationalen Wettbewerbsfähigkeit sind Wechselkurse heranzuziehen; für Fragen ler wirtschaftlichen Lage der Arbeitnehmer Kaufkraftparitäten.

4.5 Aufgaben und Ergänzungen zu Kapitel 4

Aufgabe 4.1. Eine bestimmte Warenart wird in Qualitäten angeboten, die sich im Laufe der Zeit ändern. Preismeldungen für die einzelnen Qualitäten liegen im Zeitraum 1970 bis 1977 nur lückenhaft vor.

Jahr	Preise	in DM/kg						
	1970	1971	1972	1973	1974	1975	1976	1977
Qual. I	10,0	10,2	10,4	10,6	.	.	.	.
Qual. II	.	11,0	11,5	12,0	12,6	14,0	.	.
Qual. III	.	.	.	.	13,0	13,3	13,3	13,0

a) Man berechne eine Reihe von Preismeßziffern für die Warenart auf der Basis 1970 = 100, wobei Verkettungen in den Jahren 1973 und 1975 vorgenommen werden.
b) Man berechne eine Reihe von Preismeßziffern auf derselben Basis wie in a), wobei jedoch zur Verkettung die Jahre 1971 und 1974 herangezogen werden sollen, und vergleiche die Resultate.
c) Es soll eine Reihe von Preismeßziffern für die Jahre 1970 bis 1977 nach der Verkettungsmethode von b), jedoch auf der Basis 1972 = 100, angegeben werden.

Aufgabe 4.2. Die nachstehende Tabelle gibt eine Übersicht über die Entwicklung des Preisindex für die Lebenshaltung in den Niederlanden und der BRD:

Jahr	Niederlande		BRD
1962	100		100
1966	122		113
1967	126		115
1968	130		116
1969	140	100	120
1970		104	116
1971		112	130
1972		120	136

a) In welchem Land sind die Preise seit 1969 stärker gestiegen?
b) Um wieviel Prozent sind die Preise in den Niederlanden von 1962 bis 1972 gestiegen?

Aufgabe 4.3. Für einen Industriezweig liegen folgende Zahlen vor:

	1972	1974	1976	1978
Index der Erzeugerpreise nach Laspeyres (Basis 1972)	100	110	143	158
Umsätze in Mio DM	300	396	756	864

a) Berechnen Sie einen Mengenindex für die Jahre 1974, 1976, 1978 auf der Basis 1972 = 100
b) Berechnen Sie einen Mengenindex für die Jahre 1976, 1978 auf der Basis 1974 = 100

Aufgabe 4.4. Für die beiden Waren A und B sei die Entwicklung der Exportmengen sowie die Entwicklung der Exportpreise in nachstehender Tabelle gegeben:

Ware	Jahr	1968	1969	1970	1971
		Exportmengen in t			
A		500	600	500	700
B		250	350	400	700
		Exportpreise in DM/t			
A		100	100	120	120
B		200	220	240	240

Man berechne die Reihe der Exportindizes auf der Basis 1968 = 100. Der Indexberechnung ist die Methode von Paasche zugrundezulegen. Die Berechnung soll auf ganze Prozentpunkte genau erfolgen.

Aufgabe 4.5. Aus den Daten in nachstehender Tabelle sind zusammengesetzte Preisindizes a) nach Paasche und b) nach Laspeyres für 1970 auf der Basis 1962 = 100 zu gewinnen

Jahr	Ware A		Ware B		Ware C	
	Preis	Umsatz	Preismeßzahl	Umsatz	Mengenmeßzahl	Umsatz
1962	7	20	100	80	100	100
1970	14	20	150	90	130	130

Aufgabe 4.6. Man berechne eine Preisindexreihe nach Laspeyres, bezogen auf die Basis 1974 = 100 für ein Verbrauchsschema, das sich aus den beiden Waren I und II zusammensetzt. Preis- und Mengendaten seien in nachstehender Tabelle gegeben:

Ware	Güteklasse	Menge	Preise in DM/kg			
			1974	1975	1976	1977
I		10 kg	20	24	39	42
II	a	4 kg	25	30	—	—
	b		—	20	24	26

Der notwendige Wechsel der Güteklassen (wegen nichtvorhandener Preismeldungen) ist durch geeignete Verkettung zu berücksichtigen. Die Berechnung soll auf ganze Prozentpunkte genau erfolgen.

Aufgabe 4.7. Ein Großbetrieb möchte die Preisentwicklung der eingesetzten Rohstoffe mit der Preisentwicklung der abgesetzten Produkte für die vergangenen 5 Jahre vergleichen.

Rohstoffe	Umsatz 1968	Preismeßzahlen			
		1969	1970	1971	1972
A	600	1,1	1,3	1,2	1,4
B	400	1,2	1,25	1,4	1,6

Produktgruppe		1968	1969	1970	1971	1972
I	Preis	20	25	32	34	40
	Menge	4	5	6	8	10
II	Preis	40	44	48	50	58
	Menge	3	4	4	5	8

Berechne für a) den Rohstoffeinsatz und
 b) die abgesetzten Produkte den Preisindex

für die einzelnen Jahre unter Verwendung einer geeigneten Indexformel (Basis 1968 = 100).

Aufgabe 4.8. In nachstehender Tabelle ist die Preisentwicklung für einen aus vier Waren bestehenden Warenkorb angegeben, wobei Sortenwechsel in zwei Fällen, nämlich Ware *B* und Ware *D*, in Kauf genommen werden mußte. Man berechne die Preisindizes $I^L_{0|1}(p)$ und $I^L_{0|2}(p)$

Mengen der Basisperiode	Ware		Periode			
			0	1	2	3
			Preise in DM/kg			
2 kg	A		5,0	7,0	9,0	8,0
14 kg	B	Sorte I	4,0	5,5	.	.
		Sorte II	.	7,5	10,5	11,0
15 kg	C		5,2	7,0	8,0	8,0
4 kg	D	Sorte I	5,5	6,5	.	.
		Sorte II	.	10,0	12,0	14,0

Aufgabe 4.9. Für zwei Getreidesorten sei die Entwicklung der Importmengen sowie die Entwicklung der Importpreise in nachstehender Tabelle gegeben:

Sorte	Jahr	1970	1973	1976
	Importe in 1000 t			
Saatweizen		100	100	200
Weizen		400	400	200
	Importpreise in Geldeinheiten/t			
Saatweizen		200	240	288
Weizen		100	110	121

Man berechne die Reihe der Importpreisindizes auf der Basis 1970 = 100
a) nach der Methode von Laspeyres
b) nach der Methode von Paasche.

Aufgabe 4.10. Im Indexschema für den Index der Verbraucherpreise (Basis 1966 = 100) für Österreich sind die Molkereiprodukte Milch, Butter und Käse mit Verbrauchsausgaben enthalten, die sich wie 5,2 : 2,7 : 1,7 verhalten. Dazu gibt es folgende Daten für die Preisentwicklung:

	Durchschnittspreis in ö.S./kg bzw. ö.S./Liter			
	1968	1969	1970	1971
Milch	4,12	4,20	4,20	4,50
Butter	40	40	42	46
Käse	36	36	37	42

a) Auf der Basis 1968 = 100 berechne man eine Preisindexreihe für Molkereiprodukte (Methode von Laspeyres). Dabei werde angenommen, daß das oben angegebene Verbrauchsausgabenverhältnis für das Jahr 1968 zutreffe. Kann man die Indexberechnung ohne explizite Angabe eines Warenkorbes vornehmen?

b) Dieselbe Aufgabe wie unter Punkt a), jedoch mit dem (stark vereinfachten) Verbrauchsausgabenverhältnis 5:2:1.

c) Wie sieht der Warenkorb des Jahresverbrauchs für Molkereiprodukte tatsächlich aus, welcher der Indexberechnung zugrundelag? Wir wissen, daß die Verbrauchsausgaben des durchschnittlichen österreichischen Haushalts für Molkereiausgaben 1968 im Monatsdurchschnitt 150 ö.S. betrugen.

Aufgabe 4.11. Für die Warengruppen A, B und C sind folgende Daten gegeben:

	A	B	C
Umsatz in DM (Mengen 1976 mal Preise 1976)	8000	1350	6800
Preismeßzahl 1976 auf der Basis 1970	1,33	0,75	1,70

a) Aus diesen Angaben soll ein Preisindex auf der Basis 1970 = 100 gewonnen werden.

b) Der Gesamtumsatz der drei Warengruppen betrug 1970 insgesamt 9500 DM. Man berechne einen Mengenindex auf der Basis 1970 = 100.

Aufgabe 4.12. Für 4 Wirtschaftsgüter A, B, C und D sind die Umsätze für 1970 bekannt, ebenso das Verhältnis der 1970 und 1965 abgesetzten Gütermengen

Gut	Umsatz in Mio DM	Mengenmeßzahl q_{70}/q_{65}
A	10,5	1,5
B	8,4	0,6
C	13,2	2,2
D	9,8	1,4

a) Man berechne aus diesen Angaben einen Mengenindex
b) Der Gesamtumsatz der 4 Güter betrug 1965 28 Mio DM. Man berechne einen geeigneten Preisindex.

Aufgabe 4.13. Für einen aus den Waren *A* und *B* bestehenden Warenkorb berechne man Jahrespreisindexreihen nach Laspeyres von 1970 bis 1975 auf der Basis 1970 = 100, wenn folgendes bekannt ist:

— Die Anteile der Verbrauch*sausgaben* für die beiden Waren (berechnet mit dem konstanten Warenkorb von 1970) waren 1973 gleich groß
— Der Preis der Ware *A* blieb gleich, während sich der Preis der Ware *B* von 1971 auf 1972 um 4 % von 1974 auf 1975 um 14 % erhöhte.

5. Mehrdimensionale Merkmale

5.1 Einleitende Bemerkungen

Bereits im Abschnitt 1.3.3 wurde der Begriff des mehrdimensionalen Merkmals eingeführt. Das Studium mehrdimensionaler Merkmale dient vor allem dazu, *Zusammenhänge* bzw. *Abhängigkeiten* zwischen den betrachteten Merkmalen aufzudecken. Dieser Gesichtspunkt gestattet nun drei Hauptrichtungen des Fragens:

a) Ist ein Zusammenhang überhaupt vorhanden?
b) Wie stark ist dieser Zusammenhang?
c) Welche funktionale Form kann dem Zusammenhang zugeschrieben werden?

Die drei Fragerichtungen hängen mit verschiedenen Arbeitsgebieten der Statistik zusammen. Hiezu seien zunächst einige allgemeine Bemerkungen gegeben.

ad a) Diese Frage ist Gegenstand der *schließenden Statistik* und verlangt daher Begriffe, die über den Rahmen der deskriptiven Statistik hinausgehen. Aufgabe der deskriptiven Statistik ist es hier nur, Grenzfälle wie „Unabhängigkeit" und „vollständige Abhängigkeit" zu definieren. Überlegungen hiezu finden sich in den Abschnitten 5.2.3 und 5.3.1. Auf die Bedeutung dieser Fragestellung wird überdies auch bei verschiedenen Beispielen hingewiesen werden.

ad b) Diese Frage ist Gegenstand der *Assoziationsrechnung* und der *Korrelationsrechnung*. Maße für die Stärke des Zusammenhanges nennt man bei qualitativen Merkmalen *Assoziationsmaße*, bei quantitativen und Rangmerkmalen *Korrelationskoeffizienten, Bestimmtheitsmaße* bzw. *Rangkorrelationskoeffizienten*.

ad c) Diese Frage ist nur bei quantitativen Merkmalen anwendbar. Dort ist sie Gegenstand der Regressionsrechnung.

Selbstverständlich sind auch die Fragerichtungen b) und c) im Arbeitsgebiet der schließenden Statistik vertreten. Aber in diesen beiden Problemkreisen zeigt sich die selbständige Bedeutung der deskriptiven Statistik, indem sie die Auffindung und die Diskussion geeigneter Maßzahlen für die mannigfachen in der Praxis vorkommenden Aufgaben leistet.

Bei der Behandlung mehrdimensionaler Verteilungen trifft man auf eine große Vielfalt von Methoden. Diese Tatsache rührt nicht zuletzt von der Möglichkeit her, neben den „reinen" auch „gemischte" Verteilungstypen zu betrachten, bei denen Merkmale verschiedener Art, insbesondere qualitativ-quantitativ, kombiniert werden. Weitere methodische Variationsmöglichkeiten ergeben sich durch die Unterscheidung gruppiertes Datenmaterial — Einzeldaten bei quantitativen und Rangmerkmalen. Nur eine gezielte Auswahl aus der Fülle der Möglichkeiten kann in den folgenden Abschnitten geboten werden.

Schließlich sei noch auf das Problem der *sachlichen Interpretation* von statistisch feststellbaren Zusammenhängen hingewiesen. Insbesondere stellt sich die Frage, ob und wann statistisch ein Zusammenhang als *Kausalbeziehung* gedeutet werden kann. Trotz mancher Versuche, diesen Begriff mit statistischen Mitteln zu fassen, entzieht sich die Idee der Kausalität letztlich jeder rein statistischen Argumentation. Immerhin können aber auch schon elementar-deskriptive Begriffe wie „partielle Korrelation" kritische Beiträge zur Unterscheidung von „echten" und „scheinbaren" Zusammenhängen liefern. Wiederum soll das wissenschaftstheoretische Problem der Kausalität hier nicht abstrakt und allgemein vorweg erörtert, sondern nur an geeigneten Stellen an Hand konkreter Sachverhalte erläutert werden.

5.2 Die Tabellendarstellung bei zweidimensionalen Merkmalen

In diesem Abschnitt betrachten wir nur zweidimensionale Merkmale. In konkreten Tabellenwerken, etwa in Statistischen Jahrbüchern oder im Volks- und Berufszählungswerk versucht man im Interesse einer möglichst umfassenden Information, Grundgesamtheiten oft auch dreifach, manchmal sogar vierfach zu gliedern. Die übersichtliche Darstellung solcher höherdimensionaler Merkmale ist Gegenstand der *praktischen Tabellenkunde*.

Bezüglich der Einordnung der Elemente der Grundgesamtheit in die einzelnen Klassen (Tabellenfelder) gelten die in Abschnitt 2.1 gegebenen Regeln, die nun sinngemäß auf Merkmalskombinationen zu übertragen sind.

5.2.1 Allgemeine Bezeichnungen; Grundbegriffe

Gegeben sei eine Grundgesamtheit G, die Anzahl ihrer Elemente sei N. Wir betrachten zwei Merkmale A und B und die zugehörigen Merkmalsausprägungen. Wir schreiben[1])

---

[1]) Die Indizes r und c sollen auf die Anzahl der Zeilen (rows) und die Anzahl der Spalten (columns) hindeuten und sind somit auf den Gebrauch in rechteckigen Tabellen bzw. Kontingenztafeln abgestimmt.

Tabellendarstellung bei zweidimensionalen Merkmalen

$$\text{Merkmal } A = (A_1, A_2, \ldots, A_i, \ldots, A_r) \tag{5.1}$$

$$\text{Merkmal } B = (B_1, B_2, \ldots, B_j, \ldots, B_c) \tag{5.2}$$

Das Gleichheitszeichen in (5.1) und (5.2) soll bedeuten, daß die Merkmale A, B mit den Klasseneinteilungen identifiziert werden, welche durch die Merkmalsausprägungen bewirkt werden. Die Klasseneinteilungen selbst werden durch die obige Schreibweise mit den runden Klammern bezeichnet.

Die folgende Sequenz von Definitionen soll nun die benötigten Grundbegriffe in Analogie zur Vorgangsweise bei eindimensionalen Merkmalen (siehe Abschnitt 2.1.1) einführen.

Definition 5.1. Die Menge der Elemente, welche zugleich die Merkmalsausprägung A_i und die Merkmalsausprägung B_j haben, bezeichnet man als die *Klasse (i, j)* $(i = 1, \ldots, r; \; j = 1, \ldots, c)$.

Ein Element der Klasse (i, j) zu sein, kann man als *zusammengesetzte Eigenschaft* auffassen, die mit $A_i B_j$ bezeichnet wird. Gemäß Definition 1.3 sprechen wir auch von der Merkmalsausprägung $A_i B_j$.

Definition 5.2. Die Zerlegung der Grundgesamtheit in die Klassen (i, j) bezeichnet man als *Merkmalskombination* oder *zweidimensionales Merkmal* $A \times B$. Man schreibt

$$A \times B = (A_1 B_1, A_2 B_2, \ldots, A_i B_j, \ldots, A_r B_c). \tag{5.3}$$

Definition 5.3[2]).
a) Die Anzahl der Elemente in der Klasse (i, j) nennt man die *absolute Häufigkeit* der Klasse (i, j) und bezeichnet sie mit f_{ij}.
b) Die *relative Häufigkeit* der Klasse (i, j) ist gegeben durch

$$p_{ij} = f_{ij}/N. \tag{5.4}$$

Es gelten folgende, nun durch Doppelsummen ausgedrückte Beziehungen

$$\sum_{i=1}^{r} \sum_{j=1}^{c} f_{ij} = N \tag{5.5} \qquad \sum_{i=1}^{r} \sum_{j=1}^{c} p_{ij} = 1 \tag{5.6}$$

Die Grundgesamtheit G zusammen mit der durch das Merkmal $A \times B$ induzierten Klasseneinteilung bilden eine zweidimensionale Verteilung. Einer Ta-

---

[2]) Im Lehrbuch *Yule/Kendall* [1958], das der Darstellung mehrdimensionaler Merkmale besonderes Augenmerk schenkt, findet man die Bezeichnung $(A_i B_j)$ für die absolute Häufigkeit der Klasse (i, j).

belle zur Darstellung dieser Verteilung gibt man zweckmäßigerweise die folgende Form:

Merkmal A	Merkmal B					Zeilensumme
	B_1	B_2	... B_j	...	B_c	
A_1	f_{11}	f_{12}	... f_{1j}	...	f_{1c}	$f_{1.}$
A_2	f_{21}	f_{22}	... f_{2j}	...	f_{2c}	$f_{2.}$
⋮	⋮	⋮	⋮		⋮	⋮
A_i	f_{i1}	f_{i2}	... f_{ij}	...	f_{ic}	$f_{i.}$
⋮	⋮	⋮	⋮		⋮	⋮
A_r	f_{r1}	f_{r2}	... f_{rj}	...	f_{rc}	$f_{r.}$
Spaltensummen	$f_{.1}$	$f_{.2}$	... $f_{.j}$	...	$f_{.c}$	N

Im zweidimensionalen Schema der f_{ij} sind partielle Summierungen möglich:

Definition 5.4.

a) Die *Zeilensummen* sind gegeben durch

$$f_{i.} = \sum_{j=1}^{c} f_{ij} \qquad (i = 1, \ldots, r) \tag{5.7a}$$

b) Die *Spaltensummen* sind gegeben durch

$$f_{.j} = \sum_{i=1}^{r} f_{ij} \qquad (j = 1, \ldots, c). \tag{5.7b}$$

Es gilt, wie man durch Einsetzen in die Doppelsumme (5.5) erkennt,

$$\sum_{i=1}^{r} f_{i.} = \sum_{j=1}^{c} f_{.j} = N. \tag{5.8}$$

In einer konkret gegebenen Tabelle ist die Verwendung der Formel (5.8) nichts anderes als die „Summenkontrolle" für die richtige Berechnung der Zeilen- und Spaltensummen sowie der Gesamtsumme N bei gegebenen f_{ij}. Die Summen von absoluten (und auch von relativen) Häufigkeiten wurden hier so bezeichnet, daß man den Summationsindex durch einen Punkt ersetzte. In konsequenter Fortsetzung dieser Bezeichnungsweise schreibt man dann auch

$$\sum_{i=1}^{r} f_{i.} = f_{..} \quad \text{und} \quad \sum_{j=1}^{c} f_{.j} = f_{..} \tag{5.9}$$

sowie

$$f_{..} = N \quad \text{und} \quad p_{..} = 1. \tag{5.10}$$

Beispiel 5.1.
a) Zur Grundgesamtheit der Eheschließungen in der BRD 1973 betrachten wir die beiden Merkmale
   - bisheriger Familienstand des Bräutigams
   - bisheriger Familienstand der Braut.

Die Merkmalsausprägungen sind für beide Merkmale gleichlautend, nämlich:

ledig, verwitwet, geschieden.

Man erhält die folgende Tabelle:

Eheschließungen in der BRD 1973

Bräutigam	Braut			Zeilensumme
	ledig	verwitwet	geschieden	
ledig	306 042	2 847	20 587	329 476
verwitwet	6 042	5 786	5 494	17 322
geschieden	22 925	3 077	21 803	47 805
Spaltensumme	335 009	11 710	47 884	394 603

Quelle der Daten: Statistisches Bundesamt Wiesbaden, Fachserie A, Reihe 2: Natürliche Bevölkerungsbewegung 1973, S. 37.

An der zitierten Stelle wird sogar eine dreidimensionale Verteilung dargestellt; die Eheschließungen werden dort noch nach dem Merkmal „regionale Gliederung nach Bundesländern" gegliedert.

b) Dem Psychiater Ernst Kretschmer (1888–1964) gelang es, einen wesentlichen Fortschritt in der *Typenlehre* zu erzielen. Die älteren Versuche zur Typisierung des Menschen, beginnend bereits in der Antike (die vier Temperamente), konnten im Bezug auf die Eigenschaften eines Typs nicht mehr erklären, als was eben in die Beschreibung der einzelnen Typen selbst schon einging. Das ist gerade die charakteristische Eigenschaft eindimensionaler Merkmale. Kretschmer gelang es nun, ein Merkmal – wir nennen es hier „Kretschmer-Typus" – zu konstruieren, bei dem sich ein Zusammenhang mit einer anderen Dimension menschlichen Verhaltens erkennen ließ, kurz gesagt: Der Zusammenhang zwischen Kretschmer-Typ und psychischer Erkrankung. Aufschluß darüber gibt eine von *Westphal* [1931] erhobene zweidimensionale Tabelle für eine Grundgesamtheit von 8 099 Geisteskranken.

Kretschmertypus	Geisteskrankheit			Zeilensumme
	Schizophrenie	manisch-depressives Irresein	Epilepsie	
leptosom	2 632	261	378	3 271
pyknisch	717	879	83	1 679
athletisch	884	91	435	1 410
dysplastisch	550	15	444	1 009
atypisch	450	115	165	730
Spaltensumme	5 233	1 361	1 505	8 099

Quelle der Daten: Fischer-Lexikon Psychologie [1960, S. 310].

Schon mit einfachen Mitteln (siehe Abschnitt 5.2.3) läßt diese Tabelle erkennen, daß ein Zusammenhang zwischen Kretschmer-Typ und Geisteskrankheit besteht. Dieses Ergebnis fand weithin Beachtung. Neuerdings ist jedoch die Vermutung aufgetaucht, daß der Zusammenhang nur ein „scheinbarer" sein könnte: Das Merkmal „Alter" beeinflußt nämlich sowohl den Typus als auch das Auftreten bestimmter Geisteskrankheiten.

5.2.2 Randverteilungen

Ist die durch das zweidimensionale Merkmal $A \times B$ induzierte Verteilung gegeben, so lassen sich an den Rändern der Tabelle — welche die Zeilen- und Spaltensummen enthalten — sofort die beiden Verteilungen ablesen, die sich ergeben, wenn man die beiden Merkmale A und B für sich betrachtet.

Definition 5.5. Als *Randverteilungen* oder *marginale Verteilungen* des Merkmals $A \times B$ bezeichnet man die durch die Merkmale A und B gegebenen Verteilungen.

Die Randverteilungen lassen sich demnach durch die beiden folgenden eindimensionalen Tabellen darstellen:

Merkmal A	Häufigkeit	relative Häufigkeit	Merkmal B	Häufigkeit	relative Häufigkeit
A_1	$f_{1.}$	$p_{1.}$	B_1	$f_{.1}$	$p_{.1}$
⋮	⋮	⋮	⋮	⋮	⋮
A_i	$f_{i.}$	$p_{i.}$	B_j	$f_{.j}$	$p_{.j}$
⋮	⋮	⋮	⋮	⋮	⋮
A_r	$f_{r.}$	$p_{r.}$	B_c	$f_{.c}$	$p_{.c}$
Summe	N	1	Summe	N	1

Die Menge der Elemente, welche die Eigenschaft A_i bzw. B_j haben, nennt man in diesem Zusammenhang auch die *marginale Klasse* $(i,.)$ bzw. $(.,j)$. Die Zeilensummen $f_{i.}$ und $f_{.j}$ nennt man *marginale (absolute) Häufigkeiten*. Die *marginalen relativen Häufigkeiten* sind gegeben durch

$$p_{i.} = f_{i.}/N \qquad \text{und} \qquad p_{.j} = f_{.j}/N. \qquad (5.11)$$

5.2.3 Bedingte Verteilungen: Unabhängigkeit

Neben den Tabellenrändern geben auch die einzelnen Zeilen und Spalten der zweidimensionalen Tabelle Anlaß zur Einführung von neuen Verteilungen. Betrachten wir etwa das Merkmal B. Durch dieses Merkmal wird die Grundgesamtheit in die marginalen Klassen $(.,1), (.,2), \ldots, (.,c)$ zerlegt. Jede dieser Klassen kann man wiederum als Grundgesamtheit auffassen, die nun ihrerseits durch das Merkmal A in r Klassen zerlegt wird. Auf diese Weise kann man jeder marginalen Klasse $(.,j)$ eine Verteilung zuordnen. Wir präzisieren das in der folgenden

> *Definition 5.6.* Es sei die Klasse $(.,j)$ nicht leer, d.h. $f_{.j} \neq 0$. Die Zerlegung der Klasse $(.,j)$ durch das Merkmal A nennt man die *bedingte Verteilung von A, gegeben B_j*.
> Das auf die Klasse $(.,j)$ bezogene Merkmal A bezeichnet man als *bedingtes Merkmal* und schreibt hiefür $A|B_j$.

Analog kann man durch die Vertauschung der Rollen von A und B die bedingte Verteilung von B gegeben A_i und das bedingte Merkmal $B|A_i$ definieren. Die Tabellendarstellungen der bedingten Verteilungen sehen dann so aus:

Verteilung von $A|B_j$

Merkmal	Häufigkeit	bedingte relative Häufigkeit
A_1	f_{1j}	$p_{1|j}$
.	.	.
.	.	.
A_i	f_{ij}	$p_{i|j}$
.	.	.
.	.	.
A_r	f_{rj}	$p_{r|j}$
Summe	$f_{.j}$	1

mit $f_{.j} \neq 0$

Verteilung von $B|A_i$

Merkmal	Häufigkeit	bedingte relative Häufigkeit
B_1	f_{i1}	$p_{1|i}$
.	.	.
.	.	.
B_j	f_{ij}	$p_{j|i}$
.	.	.
.	.	.
B_c	f_{ic}	$p_{c|i}$
Summe	$f_{i.}$	1

mit $f_{i.} \neq 0$

Die absoluten Häufigkeiten bringen hier nichts wesentlich neues; worauf es ankommt, sind die *bedingten relativen Häufigkeiten*. Sie sind gegeben durch

$$p(A_i|B_j) = p_{i|j} = f_{ij}/f_{.j} \quad \text{und} \quad p(B_j|A_i) = p_{j|i} = f_{ij}/f_{i.}\,. \tag{5.12}$$

Beispiel 5.2. Wir gehen von der Tabelle in Beispiel 5.1 b) aus. Die beiden Merkmale waren A: Kretschmer-Typus und B: Geisteskrankheit. Wir betrachten die bedingten Verteilungen $A|B_j$, $j = 1, 2, 3$, das heißt, die Verteilungen der Kretschmer-Typen innerhalb der einzelnen Geisteskrankheiten. Zum Vergleich sei die Randverteilung von A danebengestellt. In absoluten Häufigkeiten würden wir natürlich bloß die schon gegebene Tabelle nocheinmal reproduzieren. Interessante Aufschlüsse wird man jedoch von den relativen Häufigkeiten (hier in Prozenten ausgedrückt) erwarten dürfen.

Von 100 Personen waren	Geisteskrankheit			Alle Geisteskrankheiten
	Schizophrenie	manisch-depressives Irresein	Epilepsie	
leptosom	50,3	19,2	25,1	40,4
pyknisch	13,7	64,6	5,5	20,7
athletisch	16,9	6,7	28,9	17,4
dysplastisch	10,5	1,1	29,5	12,5
atypisch	8,6	8,4	11,0	9,0
Summe	100,0	100,0	100,0	100,0

Die einzelnen bedingten Verteilungen sowie die Randverteilung zeigen deutliche Unterschiede. Man kann also sagen, daß es für die Verteilung des Kretschmer-Typus nicht gleichgültig ist, welche Geisteskrankheit vorliegt. Mit anderen Worten: Die Verteilung des Kretschmer-Typus hängt von der Geisteskrankheit ab.

Anmerkung: Man könnte in Bezug auf die hier angegebene Randverteilung einwenden, daß sie „künstlich" sei, und zwar insofern, als sie offensichtlich durch Vereinigung von drei Teilgesamtheiten entstanden ist. Man kann jedoch zeigen [siehe etwa *Pfanzagl*, 1966, S. 185f.], daß es für die Beurteilung von Abhängigkeiten gleichgültig ist, ob eine zweidimensionale Verteilung durch „Zusammenstellen" von einzelnen Verteilungen oder durch eine „echte" zweifache Aufgliederung eine vorgegebene Grundgesamtheit entstanden ist, wie dies etwa im Falle der Eheschließungen des Beispiels 5.1 a) geschah.

Die Betrachtung von bedingten Verteilungen führt nun in ganz natürlicher Weise zum Begriff der Unabhängigkeit. Wir werden *Unabhängigkeit* annehmen, *wenn alle bedingten Verteilungen gleich sind*. Die anschauliche Herleitung sei nun durch die nachfolgenden formalen Entwicklungen präzisiert.

Zunächst wird die Gleichheit von bedingten Verteilungen erklärt.

Definition 5.7. Die bedingten Verteilungen von $A|B_j$ und $A|B_k$ sind *gleich*, wenn *alle* bedingten relativen *Häufigkeiten* gleich sind:

$$p_{i|j} = p_{i|k} \qquad \text{für} \quad i = 1, \ldots, k. \tag{5.13}$$

Vermöge (5.12) kann (5.13) in folgender Weise umgeformt werden:

$$f_{ij}/f_{.j} = f_{ik}/f_{.k}$$
$$f_{ij} = (f_{.j}/f_{.k}) f_{ik}$$

oder

$$f_{ij} = C_{jk} f_{ik} \quad \text{für} \quad i = 1, \ldots, r \tag{5.14}$$

wobei die Konstante $C_{jk} = f_{.j}/f_{.k}$ von i unabhängig ist. Die Gleichung (5.14) spricht also die Gleichheitseigenschaft von bedingten Verteilungen in den absoluten Häufigkeiten aus: Bedingte Verteilungen sind *gleich*, wenn die *absoluten Häufigkeiten proportional* sind. Nun kann die formale Definition der Unabhängigkeit angegeben werden:

> *Definition 5.8.* Das Merkmal A ist vom Merkmal B *unabhängig*, wenn die bedingten Verteilungen von $A|B_j$ für *alle Spalten* $j = 1, \ldots, c$ *gleich* sind.

Komponentenweise geschrieben bedeutet das:

$$f_{ij}/f_{.j} = f_{ik}/f_{.k}$$

oder

$$f_{ij} f_{.k} = f_{ik} f_{.j} \quad \text{für alle } i, j,$$

Summation über k ergibt (k ist ein Spaltenindex)

$$f_{ij} \sum_{k=1}^{c} f_{.k} = f_{.j} \sum_{k=1}^{c} f_{ik}$$

$$f_{ij} N = f_{.j} f_{i.} \tag{5.15}$$

Wir erhalten somit das wichtige Ergebnis: Ist das Merkmal A vom Merkmal B *unabhängig*, so gelten die Darstellungen

$$\boxed{f_{ij} = \frac{f_{i.} f_{.j}}{N}} \quad (5.16\text{a}) \qquad \boxed{p_{ij} = p_{i.} p_{.j}} \quad (5.16\text{b})$$

Sie können mittels Division durch N bzw. unter Berücksichtigung der Definition von $p_{ij}, p_{i.}$ und $p_{.j}$ aus (5.15) gewonnen werden.

Aus der Darstellung (5.16a) lassen sich leicht weitere Aussagen über unabhängige Merkmale herleiten, die im folgenden Satz zusammengefaßt seien.

Satz 5.1.

a) Ist das Merkmal A vom Merkmal B unabhängig, dann ist auch das Merkmal B vom Merkmal A unabhängig. Die Unabhängigkeit ist eine *symmetrische Beziehung*.
b) Sind die Merkmale A und B unabhängig, so sind ihre bedingten Verteilungen gleich den zugehörigen „parallelen" Randverteilungen.
c) Sind die Merkmale A und B unabhängig, so ist die zweidimensionale Verteilung von $A \times B$ durch die Vorgabe der Randverteilungen von A und B eindeutig bestimmt.

Beispiel 5.3.
a) Fiktive Beispiele von Verteilungstabellen für unabhängige Merkmale A, B lassen sich leicht angeben, wie etwa die folgende Tabelle, in der A und B jeweils zwei Merkmalsausprägungen besitzen mögen:

Merkmal A	Merkmal B		Σ
	B_1	B_2	
A_1	60	15	75
A_2	40	10	50
Σ	100	25	125

In der Praxis sind solche Tabellen mit „exakter" Unabhängigkeit kaum aufzufinden. Betrachten wir etwa ein Beispiel aus der Geburtenstatistik.

b) Im Jahre 1973 wurden in der BRD insgesamt 635 633 Lebendgeburten registriert, die hier nach den beiden Merkmalen

A ... Geschlecht $\qquad B$ ... Legitimität

mit den Merkmalsausprägungen

A_1 ... männlich $\qquad B_1$ ... eheliche Geburt
A_2 ... weiblich $\qquad B_2$ ... uneheliche Geburt

gegliedert seien. Man findet die folgende Tabelle

Lebendgeburten in der BRD 1973

Geschlecht	Legitimität		Zusammen
	ehelich	unehelich	
männlich	305 806	20 375	326 181
weiblich	289 984	19 468	309 452
insgesamt	595 790	39 843	635 633

Quelle der Daten: Statistisches Bundesamt Wiesbaden, Fachserie A, Reihe 2: Natürliche Bevölkerungsbewegung 1973, S. 47.

Tabellendarstellung bei zweidimensionalen Merkmalen

Betrachten wir nun zwei (gekürzte) Tabellen, welche die bedingten Verteilungen (relative Häufigkeiten, ausgedrückt in Prozent) enthalten.

	ehelich	unehelich	zus.
männlich	51,3	51,1	51,3
weiblich	48,7	48,9	48,7
	100,0	100,0	100,0

Tab. I

	ehelich	unehelich	zus.
männlich	93,8	6,2	100,0
weiblich	93,7	6,3	100,0
	93,7	6,3	100,0

Tab. II

Tabelle I zeigt die Anteile der männlichen und weiblichen Säuglinge bei den ehelichen und unehelichen Lebendgeburten, Tabelle II die Anteile der ehelichen und unehelichen Geburten bei den lebendgeborenen Knaben und Mädchen. Beide Tabellen lassen erkennen, daß die Unabhängigkeit von Geschlecht und Legitimität „fast" gegeben ist. Die ganz geringfügigen Abweichungen der bedingten Verteilungen voneinander wird man nun unvermeidlichen „zufälligen" Einflüssen zuschreiben. Die Frage, ob die Abweichungen stark genug sind, um die Hypothese der Unabhängigkeit zu erschüttern, fällt in das Gebiet der schließenden Statistik.

Die vorangehenden Überlegungen gestatteten, den Begriff der Unabhängigkeit von Merkmalen klar und unzweideutig festzulegen. Anders verhält es sich mit dessen Gegenstück, dem Begriff der vollständigen Abhängigkeit. Es zeigt sich, daß es verschiedene Möglichkeiten gibt, diese Idee zu präzisieren und daß überdies mögliche Präzisierungen berücksichtigen müssen, welche Merkmalstypen ins Spiel kommen. Im folgenden Abschnitt 5.3 werden Möglichkeiten für Kontingenztafeln, d.h. für mehrdimensionale Verteilungen qualitativer Merkmale diskutiert.

5.2.4 Aufgaben und Ergänzungen zum Abschnitt 5.2

Aufgabe 5.1. Aus der Geburtenstatistik des Deutschen Reiches 1933 entnimmt man die folgenden (stark gerundeten) Daten für die Grundgesamtheit aller Geburten:

	männlich	weiblich	Σ
ehelich	.	.	.
unehelich	.	47 000	.
Σ	500 000	.	970 000

Man ergänze die fehlenden Tabellenfelder unter der Voraussetzung der Unabhängigkeit der beiden Merkmale Geschlecht und Legitimität.

Aufgabe 5.2. Vorgegeben seien die beiden Randverteilungen aus der Tabelle des Beispiels 5.1 a). Man berechne die Besetzungszahlen der „inneren" Tabelle unter der Voraussetzung der Unabhängigkeit und vergleiche das Resultat mit den tatsächlichen Werten.

Aufgabe 5.3. Wieviele Angaben benötigt man in einer Verteilungstabelle mit r Zeilen und c Spalten mindestens zur Bestimmung der vollständigen Tabelle, wenn die beiden Merkmale unabhängig sind?

Aufgabe 5.4. Man beweise die Aussage des Satzes 5.1 b).

5.3 Qualitative Merkmale: Assoziationsmaße für Kontingenztafeln

Die Tabellen von zweidimensionalen (auch mehrdimensionalen) Verteilungen mit *qualitativen* Merkmalen nennt man *Kontingenztafeln*, insbesondere dann, wenn die Analyse von Abhängigkeiten zwischen den Merkmalen ins Auge gefaßt wird. Eine Tafel mit r Zeilen und c Spalten nennt man kurz $r \times c$-Kontingenztafel. Eine 2×2-Kontingenztafel bezeichnet man auch als *Vierfeldertafel*.

In diesem Abschnitt sollen Maßzahlen diskutiert werden, welche die Stärke des Zusammenhanges in Kontingenztafeln beschreiben. Man nennt sie *Assoziationsmaße*.

5.3.1 Allgemeine Gesichtspunkte für die Konstruktion von Assoziationsmaßen

Es besteht weitgehende Übereinstimmung darüber, daß Assoziationsmaße folgende Eigenschaften besitzen sollen:

a) Bei *Unabhängigkeit* der Merkmale nimmt das Maß den *Wert 0* an.

b) Bei *vollständiger Abhängigkeit* nimmt das Maß den *Betrag 1* an.

Wir müssen also vorerst eine Vorstellung davon gewinnen, was „vollständige Abhängigkeit" bedeuten soll. Ohne Zweifel wird man bei der folgenden Konstellation von vollständiger Abhängigkeit sprechen können:

	B_1	B_2	B_3	Σ
A_1	40			40
A_2		70		70
A_3			10	10
Σ	40	70	10	

In diesem Fall kann man nämlich die Verteilung von B bei Kenntnis der Verteilung von A vollständig angeben und umgekehrt.

Vollständige Abhängigkeit kann hier als symmetrische Beziehung aufgefaßt werden. Diese Konstellation ist aber nur bei quadratischen, also $r \times r$-Kontingenztafeln möglich[3]).

---

[3]) Bei qualitativen Merkmalen können Zeilen und Spalten beliebig permutiert werden, da es hier auf die Reihenfolge der Merkmalsausprägungen nicht ankommt. Vollständige Abhängigkeit in diesem Sinn liegt also schon dann vor, wenn in jeder Zeile und in jeder Spalte genau ein Tabellenfeld besetzt ist. Bei Rang- und quantitativen Merkmalen kommt es jedoch darauf an, daß nur die Diagonalfelder besetzt sind.

Wir können Zeilen zusammenfassen, zum Beispiel:

	40		
		70	
			10

→

	B_1	B_2	B_3	Σ
A'_1	40	70		110
A_3			10	10
Σ	40	70	10	

Bei Kenntnis der Verteilung von B kann man die Verteilung von A noch angeben, aber nicht umgekehrt aus der Kenntnis der Verteilung von A die Verteilung von B. Die Beziehung der vollständigen Abhängigkeit kann hier nicht mehr als symmetrische etabliert werden. Bei rechteckigen Kontingenztafeln wird man — sofern man überhaupt von vollständiger Abhängigkeit sprechen will — einer Konstellation wie in obiger 2 × 3-Tafel vollständige Abhängigkeit zusprechen, genauer: von einer vollständigen Abhängigkeit des Merkmals A vom Merkmal B.

Weiteres Zusammenfassen, nun etwa der 2. und 3. Spalte liefert

40	70	
		10

→

	B_1	B'_3	Σ
A'_1	40	70	110
A_3		10	10
Σ	40	80	

Es gibt anerkannte Assoziationsmaße, die auch bei der letzten Tafel noch den Wert 1 annehmen.

Die obigen Überlegungen lassen es als ratsam erscheinen, darauf zu verzichten, ein für allemal den Begriff der vollständigen Abhängigkeit festzulegen. Vielmehr beurteilen wir Maßzahlen umgekehrt danach, welchen Kontingenztafeln sie den Betrag 1 zuweisen.

Die in der deskriptiven Statistik bisher vorgeschlagenen Konstruktionsprinzipien für Assoziationsmaße kann man nun im wesentlichen in vier Gruppen zusammenfassen.

1. *Prädiktionsmaße.* Sie beruhen auf der Idee, bei Kenntnis der Verteilung eines Merkmals die Verteilung des anderen Merkmals — wenn auch nur partiell und mit Fehlern behaftet — vorauszusagen. Man erhält dann die sogenannten „λ-Maße" welche in *Goodman/Kruskal* [1954] erstmals genauer untersucht wurden.

2. Man vergleicht die tatsächlich vorliegende Tabelle mit einer Tafel, die bei gleicher Randverteilung unter der Annahme der Unabhängigkeit gemäß (5.16a) konstruiert wird. Ausgangspunkt für die Maßzahlen dieser Gruppe ist die *Größe* χ^2 (sprich: Chi-Quadrat), die als „Abstand" zwischen der rea-

len Verteilung und der zugehörigen Verteilung unter der Annahme der Unabhängigkeit gedeutet werden kann.
3. Maße, die aus der Betrachtung von *„konkordanten"* und *„diskordanten" Paaren*, bestehend aus Elementen der Grundgesamtheit, gewonnen werden. Diese Maße sind im Grunde auf Rangmerkmale zugeschnitten; bei Vierfeldertafeln enthalten sie als Spezialfall den Yule-Koeffizienten, der als echtes Assoziationsmaß angesehen werden kann.
4. Das *Kreuzproduktverhältnis* (cross-product-ratio) in einer Vierfeldertafel kann ebenfalls als Konstruktionselement für Assoziationsmaße benutzt werden. Eine Übertragung dieses Konzepts auf allgemeine $r \times c$-Kontingenztafeln ist nicht ganz leicht und bedarf noch der genaueren Abklärung. Siehe hiezu etwa *Weichselberger* [1959].

In den beiden folgenden Abschnitten werden die ersten beiden Prinzipien, die unmittelbar auf allgemeine Kontingenztafeln anwendbar sind, erläutert. Ein dritter Teilabschnitt befaßt sich speziell mit Vierfeldertafeln, die ihre selbständige Bedeutung besitzen. Eine breit angelegte Einführung in den ganzen Fragenkreis vom Standpunkt der deskriptiven Statistik bietet *Benninghaus* [1974].

5.3.2 Maße der prädiktiven Assoziation

Wir beschreiben die Grundidee am Beispiel einer 2×3-Kontingenztafel

	B_1	B_2	B_3	Σ
A_1	400	200	200	800
A_2	100	100	800	1000
Σ	500	300	1000	1800

und stellen zu diesem Zweck ein Gedankenexperiment an. Wir stellen uns dabei vor, daß eine Versuchsperson (kurz: V.P.) die Elemente der Grundgesamtheit nacheinander aus einer Urne zieht und raten (bzw. voraussagen) muß, welche der beiden Merkmalsausprägungen des Merkmals A das Element besitzt. Wir nehmen an, daß die V.P. die Kontingenztafel kennt. Es wird bei keinem der Züge mitgeteilt, ob richtig oder falsch geraten wurde. Unter diesen Umständen bleibt der V.P. nichts anderes übrig, als die Randverteilung von A zur Vorhersage zu benutzen. Es scheint dabei vernünftig, immer die Merkmalsausprägung A_2 zu raten, da zu A_2 die am stärksten besetzte, d.h. die *modale Klasse* der Randverteilung gehört. Dann wird die V.P. in 1000 Fällen richtig raten, und die Anzahl der Fehler wird

$$E_1 = 1800 - 1000 = 800.$$

Qualitative Merkmale

Nun werde das Experiment modifiziert. Der V.P. wird bei jedem Zug mitgeteilt, welche der Merkmalsausprägungen von B, also B_1, B_2 oder B_3, das gezogene Element besitzt. Jetzt kann die V.P. die bedingten Verteilungen $A|B_j$ verwenden und die modale Klasse der jeweiligen *Spalte* als Voraussage nehmen. Die Voraussagefehler in jeder Spalte sind dann

$$E_{21} = 500 - 400 = 100$$
$$E_{22} = 300 - 200 = 100$$
$$E_{23} = 1000 - 800 = 200.$$

Die Gesamtzahl der Fehler wird nun

$$E_2 = E_{21} + E_{22} + E_{23} = 100 + 100 + 200 = 400.$$

Die *Fehlerreduktion*, die sich durch die Kenntnis von B (bzw. durch die Möglichkeit des Einsatzes von bedingten Verteilungen) erzielen ließ, beträgt

$$E_1 - E_2 = 800 - 400 = 400.$$

Als Maß der Abhängigkeit des Merkmals A vom Merkmal B verwenden wir den Quotienten

$$\lambda_a = \frac{E_1 - E_2}{E_1} = \frac{400}{800} = 0{,}5$$

der als *relative Fehlerreduktion* gedeutet werden kann.

Dieses Konstruktionsprinzip kann man leicht auf allgemeine $r \times c$-Kontingenztafeln übertragen. Man geht aus von den beiden Größen

E_1 = die Anzahl der Fehler bei der Vorhersage mittels der modalen Klasse der Randverteilung von A

E_2 = die Anzahl der Fehler bei der Vorhersage mittels der modalen Klasse der bedingten Verteilungen von $A|B_j$.

Dann wird

$$E_1 = N - \max_i f_{i.} \tag{5.17}$$

der Vorhersagefehler in der Spalte j

$$E_{2j} = f_{.j} - \max_i f_{ij}$$

Summierung über die Spalten j ergibt

$$E_2 = \sum_{j=1}^{c} E_{2j} = \sum_{j=1}^{c} f_{.j} - \sum_{j=1}^{c} \max_i f_{ij} = N - \sum_{j=1}^{c} \max_i f_{ij}$$

die *Fehlerreduktion* beträgt

$$E_1 - E_2 = N - \max_i f_{i.} - (N - \sum_{j=1}^{c} \max_i f_{ij}) = \sum_{j=1}^{c} \max_i f_{ij} - \max_i f_{i.} \,. \quad (5.18)$$

Den Quotienten $\lambda_a = (E_1 - E_2)/E_1$, also die *relative Fehlerreduktion* interpretieren wir als Assoziationsmaß für die $r \times c$-Kontingenztafel.

Man beachte, daß das Maß λ_a unsymmetrisch konzipiert ist; es beruht auf der Voraussage der A_i mittels der Kenntnis von B. Vertauscht man die Rolle der beiden Merkmale, betrachtet also die Voraussage der B_j mittels der Kenntnis von A, so erhält man in analoger Weise ein Assoziationsmaß λ_b, das jedoch im allgemeinen von λ_a verschieden ist. Schließlich kann man durch geeignete Kombination von λ_a und λ_b ein symmetrisches Assoziationsmaß gewinnen. Wir fassen die drei Möglichkeiten in folgender Definition zusammen:

Definition 5.9. Das Assoziationsmaß Goodman-Kruskal's Lambda ist in drei Versionen gegeben.

a) *Voraussage der A_i mittels B:*

$$\lambda_a = \frac{\sum_{j=1}^{c} \max_i f_{ij} - \max_i f_{i.}}{N - \max_i f_{i.}} \quad (5.19)$$

b) *Voraussage der B_j mittels A:*

$$\lambda_b = \frac{\sum_{i=1}^{r} \max_j f_{ij} - \max_j f_{.j}}{N - \max_j f_{.j}} \quad (5.20)$$

c) *Symmetrisches Maß*

$$\lambda = \frac{\sum_{j=1}^{c} \max_i f_{ij} + \sum_{i=1}^{r} \max_j f_{ij} - (\max_i f_{i.} + \max_j f_{.j})}{2N - (\max_i f_{i.} + \max_j f_{.j})} \,. \quad (5.21)$$

Das symmetrische Maß erhält man, indem man die Brüche (5.19) und (5.20) nach dem Vorgang $u/v, x/y \to (u+x)/(v+y)$ behandelt.

Die praktische Berechnung von Goodman-Kruskal's-Lambda ist recht einfach.

Beispiel 5.4. Es sollen die drei Versionen von *Goodman-Kruskal's-Lambda* für die 5 × 3-Tafel der Kretschmer-Typen aus Beispiel 5.1 b) berechnet werden.

Wir verwenden zwei schematische Tabellen, in denen einmal die Spaltenmaxima, das andere Mal die Zeilenmaxima herausgehoben werden.

Qualitative Merkmale

Version a)

	B_1	B_2	B_3	Σ
A_1	2632	261	378	3271
A_2	717	879	83	1679
A_3	884	91	435	1410
A_4	550	15	444	1009
A_5	450	115	165	730
Σ	5233	1361	1505	8099

Version b)

	B_1	B_2	B_3	Σ
A_1	2632	261	378	3271
A_2	717	879	83	1679
A_3	884	91	435	1410
A_4	550	15	444	1009
A_5	450	115	165	730
Σ	5233	1361	1505	8099

$\max f_{i1} = 2632$ $\max f_{i.} = 3271$
$\max f_{i2} = 879$
$\max f_{i3} = \underline{444}$

$\Sigma = 3955$

$\max f_{1j} = 2632$ $\max f_{.j} = 5233$
$\max f_{2j} = 879$
$\max f_{3j} = 884$
$\max f_{4j} = 550$
$\max f_{5j} = \underline{450}$

$\Sigma = 5395$

$E_1 - E_2 = 3955 - 3271 = 684$
$E_1 = 8099 - 3271 = 4828$
$\lambda_a = 684 / 4828 = \underline{0{,}142}$

$E_1 - E_2 = 5395 - 5233 = 162$
$E_1 = 8099 - 5233 = 2866$
$\lambda_b = 162 / 2866 = \underline{0{,}057}$

$$\lambda = \frac{684 + 162}{4828 + 2866} = \frac{846}{7694} = 0{,}110$$

Man beachte, daß in der Gleichung $E_1 - E_2 = 3955 - 3271$ (Version a)) $E_1 \neq 3955$, nämlich $E_1 = 4828$ und $E_2 \neq 3271$, nämlich $E_2 = 4144$ gilt. Der Ausdruck $E_1 - E_2$ wird gemäß (5.18) für die Zähler in den Formeln (5.19) und (5.20) geschrieben.

Die Lambda-Maße haben folgende Eigenschaften:

1. λ_a, λ_b und λ nehmen den Wert 0 an, wenn die Merkmale A und B unabhängig sind.
2. λ_a (bzw. λ_b) nimmt den Wert 1 an, wenn A von B (bzw. B von A) vollständig abhängig ist.

Damit sind die beiden in 5.3.1 ausgesprochenen Forderungen an ein Assoziationsmaß erfüllt. Zu den beiden Punkten ist jedoch noch folgendes zu bemerken:

ad 1. Die Unabhängigkeit gemäß Definition 5.8 ist zwar eine hinreichende, jedoch keine notwendige Bedingung für das Verschwinden der Lambda-Maße. Tatsächlich sind diese recht unempfindlich gegen Abweichungen von der Unabhängigkeit. Dies möge das folgende Beispiel zeigen

	B_1	B_2	Σ
A_1	540	600	1140
A_2	60	400	460
Σ	600	1000	1600

Obwohl hier die bedingten Verteilungen von $A|B_1$ und $A|B_2$ deutlich verschieden sind (die A_2-Anteile betragen 10 % bzw. 40 % in den Kategorien B_1 bzw. B_2) ist nicht nur $\lambda_a = 0$, sondern auch $\lambda_b = 0$, $\lambda = 0$. Dies liegt daran, daß alle Spaltenmaxima in derselben Zeile A_1 (und alle Zeilenmaxima in derselben Spalte B_2) liegen.

ad 2. Man sieht, wie die Unsymmetrie der Lambda-Maße die Unsymmetrie des zugehörigen Abhängigkeitsbegriffes nach sich zieht. Nur der Fall $\lambda = 1$ ist äquivalent mit symmetrischer vollständiger Abhängigkeit, bei der jede Zeile und jede Spalte ein nichtleeres Tabellenfeld enthält.

Trotz der insbesondere an Punkt 1 anschließenden Kritik erfreuen sich Lambda-Maße vor allem in den Sozialwissenschaften einer ziemlichen Beliebtheit; siehe etwa *Palumbo* [1977, S. 76f.] und *Benninghaus* [1974]. Als *Vorteile* werden insbesondere ins Treffen geführt

— die relativ einfache Berechnung
— die Konstruktionsvorschrift, bestehend aus einer *Voraussageregel* und einer Fehlerdefinition, läßt eine präzise operationale Deutung des Maßes zu
— die Unsymmetrie ist nicht störend, sondern sogar erwünscht, da in der Realität viele „gerichtete" Abhängigkeiten beobachtet werden.

Die Wahl der Voraussageregel ist der zentrale Punkt bei der Konstruktion eines Prädiktionsmaßes. Es ist nicht schwer, *andere Voraussageregeln* als die Wahl der modalen Klasse anzugeben. Wählt man als Voraussageregel etwa die relativen Häufigkeiten, d.h. prognostiziert man die Eigenschaft A_i mit der relativen Häufigkeit $p_{i.}$ bzw. $p_{i|j}$, so erhält man als Prädikationsmaß *Goodman und Kruskal's* τ_a[4]), dessen Formel hier ohne Beweis angegeben sei

$$\tau_a = \frac{N \sum\limits_{i=1}^{r} \sum\limits_{j=1}^{c} (f_{ij}^2/f_{.j}) - \sum\limits_{i=1}^{r} f_{i.}^2}{N^2 - \Sigma f_{i.}^2} \qquad (5.22a)$$

für absolute Häufigkeiten

$$\tau_a = \frac{\sum\limits_{i=1}^{r} \sum\limits_{j=1}^{c} p_{i|j} p_{ij} - \sum\limits_{i=1}^{r} p_{i.}^2}{1 - \sum\limits_{i=1}^{r} p_{i.}^2} \qquad (5.22b)$$

für relative Häufigkeiten.

5.3.3 Assoziationsmaße, die auf der Größe χ^2 aufbauen

Gegeben sei eine $r \times c$-Kontingenztafel. Unter der zugehörigen *Indifferenztafel* verstehen wir die Kontingenztafel mit gleicher *Randverteilung*, jedoch

---

[4]) Nicht zu verwechseln mit Kendall's τ, einem Rangkorrelationskoeffizienten.

Qualitative Merkmale

mit den Besetzungszahlen der Tabellenfelder, die sich bei *Unabhängigkeit* der Merkmale ergeben würden. Sie sind durch die Formeln (5.16a) bzw. (5.16b) gegeben. Wir nennen sie auch „erwartete" Häufigkeiten (expected frequencies) und schreiben

$$f_{ij}^e = \frac{f_{i.}f_{.j}}{N}.$$

Eine naheliegende Idee zur Messung der Abhängigkeit in einer $r \times c$-Kontingenztafel besteht nun darin, den „Abstand" zwischen der Kontingenztafel und ihrer zugehörigen Indifferenztafel zu messen. Als Ausgangspunkt dienen die Differenzen

$$\Delta_{ij} = f_{ij} - f_{ij}^e = f_{ij} - \frac{f_{i.}f_{.j}}{N}. \tag{5.23}$$

Sind die Merkmale unabhängig, so verschwinden *alle* Δ_{ij}. Die Beziehungen

$$\sum_{i=1}^{r} \Delta_{ij} = 0 \quad \text{für} \quad j = 1, \ldots, c$$
$$\sum_{j=1}^{c} \Delta_{ij} = 0 \quad \text{für} \quad i = 1, \ldots, r \tag{5.24}$$

sind für *alle* Kontingenztafeln gültig. Ein Abstandsmaß kann daher nicht auf dem arithmetischen Mittel der Δ_{ij} aufbauen. Man wählt vielmehr die folgende Konstruktion.

Definition 5.10. Die Größe χ^2 (sprich: Chi-Quadrat) oder die *quadratische Kontingenz* ist gegeben durch

$$\chi^2 = \sum_{i=1}^{r} \sum_{j=1}^{c} \frac{\Delta_{ij}^2}{f_{ij}^e} = \sum_{i=1}^{r} \sum_{j=1}^{c} \frac{(f_{ij} - f_{ij}^e)^2}{f_{ij}^e}. \tag{5.25}$$

Unter Benutzung von (5.23) kann man die Formel (5.25) umformen in

$$\chi^2 = N \left(\sum_{i=1}^{r} \sum_{j=1}^{c} \frac{f_{ij}^2}{f_{i.}f_{.j}} - 1 \right). \tag{5.26}$$

Anmerkung: In Anlehnung an Formel (5.25) benutzt man oft die *abgekürzte* Schreibweise

$$\chi^2 = \Sigma \frac{(f_0 - f_e)^2}{f_e} \tag{5.27}$$

mit der Erklärung

$$f_{ij} \to f_0 \quad \textit{tatsächlich beobachtete (observed)}$$
$$f_{ij}^e \to f_e \quad \textit{erwartete (expected)}$$
Häufigkeit

Die Größe χ^2 tritt, vor allem in der schließenden Statistik, noch in vielen anderen Problemen auf, wobei nach geeigneter Definition der Symbole f_0, f_e immer auf die Form (5.27) zurückgegriffen werden kann.

Die Größe χ^2 bildet den Ausgangspunkt für die Konstruktion einer Reihe von Assoziationsmaßen. Im folgenden Beispiel werden zwei Rechenschemata zur praktischen Berechnung von χ^2 vorgestellt.

Beispiel 5.5. Als Zahlenbeispiel verwenden wir die 2 × 3-Kontingenztafel aus Abschnitt 5.3.2.

			Σ
400	200	200	800
100	100	800	1000
Σ 500	300	1000	1800

a) Üblicherweise geht man von der Formel (5.25) aus und berechnet zunächst die zugehörige Indifferenztabelle

f_e:	222,2	133,3	444,4
	277,8	166,7	555,6

Probe: Die Randverteilung der Indifferenztabelle und der zugehörigen Kontingenztafel stimmen überein.

Sodann verwendet man die folgende Arbeitstabelle

i	j	f_0	f_e	$f_0 - f_e$	$(f_0 - f_e)^2$	$(f_0 - f_e)^2 / f_e$
1	1	400	222,2	177,8	31610	142,3
1	2	200	133,3	66,7	4450	33,4
1	3	200	444,4	− 244,4	59730	134,4
2	1	100	277,8	− 177,8	31610	113,8
2	2	100	166,7	− 66,7	4450	26,7
2	3	800	555,6	244,4	59730	107,5
Σ		1800	1800	0		558,1

Somit wird $\chi^2 = 558,1$.

b) In manchen Fällen ist es einfacher, von der Formel (5.26) auszugehen und der Kontingenztafel eine Tabelle der Größen $f_{ij}^2 / f_{i.} f_{.j}$ zuzuordnen:

$\dfrac{f_{ij}^2}{f_{i.} f_{.j}}$:	0,400	0,167	0,050	$S = 1,310$
	0,020	0,033	0,640	

Qualitative Merkmale

Wir nennen die Summe dieser Tabellenfelder S; dann wird gemäß (5.26) : $\chi^2 = N(S-1)$ und somit numerisch: $\chi^2 = 1800\,(1{,}310 - 1) = 558$.
Obwohl die Berechnung nach Methode b) auf den ersten Blick einfacher scheint, hat man hier sehr genau auf die Anzahl der notwendigen Dezimalstellen in der Hilfstabelle zu achten. Ist nämlich nahezu Unabhängigkeit bei großem N gegeben, so liegt S sehr nahe an 1, das Produkt $N(S-1)$ wird „instabil". Im Falle der Vierfeldertafel von Beispiel 5.3 b) ergibt die Rechnung auf 6 Dezimalen $S = 1{,}000\,002$ und $\chi^2 = 1{,}27$, während der korrekte Wert 0,54 beträgt.

Die Größe χ^2 verschwindet zwar im Falle der Unabhängigkeit, sie ist jedoch nicht direkt als Assoziationsmaß brauchbar. Wie die Formel (5.26) zeigt, hängt χ^2 bei *gleichen relativen Häufigkeiten*, also bei gleicher „Form" der Tabelle, noch linear *von der Gesamtzahl N* der beobachteten Fälle ab. χ^2 gestattet also nicht, Kontingenztafeln mit verschiedener Größe der Grundgesamtheit miteinander zu vergleichen.

χ^2 spielt jedoch in der schließenden Statistik eine Rolle als fundamentale *Testgröße*, die zur Beantwortung der eingangs dieses Kapitels angeführten Frage verwendet wird, nämlich ob *überhaupt* ein – über Zufallsschwankungen hinausgehender – Zusammenhang vorhanden sei.

Im Laufe der Zeit wurden nun verschiedene Abkömmlinge von χ^2 vorgeschlagen, um zu einem *deskriptiv* brauchbaren Assoziationsmaß zu gelangen.

Als erstes kann man in Formel (5.26) den Faktor N weglassen und sodann die Quadratwurzel ziehen. Man erhält dann den Phi-Koeffizienten:

Phi-Koeffizient

$$\phi = \sqrt{\chi^2/N}\,. \tag{5.28}$$

Die Größe ϕ^2 nennt man auch *mittlere quadratische Kontingenz*. Bei vollständiger Abhängigkeit in einer $r \times r$-Kontingenztafel nimmt ϕ den Wert $\sqrt{r-1}$ an. Die Normierungsforderung $\phi = 1$ bei vollständiger Abhängigkeit ist also nur bei Vierfeldertafeln erfüllt.

Eine weitere Korrektur wurde von Tschuprov für $r \times c$-Kontingenztafeln vorgeschlagen

Tschuprov's Kontingenzmaß

$$T = \sqrt{\frac{\chi^2}{N\sqrt{(r-1)(c-1)}}}\,. \tag{5.29}$$

Die Maßzahl T hat – obwohl in der Literatur verwendet – nur noch historisches Interesse. Vorzuziehen ist die von Cramér angegebene Modifikation

Cramér's Kontingenzmaß

$$V = \sqrt{\frac{\chi^2}{N \min(r-1, c-1)}} \ . \tag{5.30}$$

Man kann nämlich – mittels Formel (5.26) – leicht zeigen, daß bei vollständiger Abhängigkeit in $r \times c$-Kontingenztafeln die Größe χ^2/N den Wert $\min(r-1, c-1)$ annimmt. Für quadratische Tabellen ist natürlich $T = V$.

Einen anderen Weg der Normierung zwischen 0 und 1 hat Pearson eingeschlagen. Von ihm stammt

Pearson's Kontingenzkoeffizient

$$C = \sqrt{\frac{\chi^2}{\chi^2 + N}} \ . \tag{5.31}$$

C hat ebenfalls den Nachteil, daß es bei vollständiger Abhängigkeit den Wert 1 nicht erreicht. Vielmehr gilt

$$C_{\max} = \sqrt{\frac{m-1}{m}} \quad \text{mit} \quad m = \min(r-1, c-1).$$

Durch Anbringen einer „Dimensionskorrektur" läßt sich jedoch eine Normierung zwischen 0 und 1 leicht herbeiführen:

$$C_{\text{corr}} = \frac{C}{C_{\max}} = \sqrt{\frac{m}{m-1} \cdot \frac{\chi^2}{\chi^2 + N}} \ . \tag{5.32}$$

Der Vergleich der verschiedenen, von χ^2 stammenden Assoziationsmaße wird noch durchsichtiger, wenn man die in Formel (5.26) vorkommende Größe $S = \Sigma\Sigma f_{ij}^2 / f_{i.} f_{.j}$ benutzt. Man erhält dann die Formeln

$$\phi = \sqrt{S-1} \quad (5.33\text{a}) \qquad T = \sqrt{\frac{S-1}{\sqrt{(r-1)(c-1)}}} \quad (5.33\text{c})$$

$$C = \sqrt{\frac{S-1}{S}} \quad (5.33\text{b}) \qquad V = \sqrt{\frac{S-1}{\min(r-1, c-1)}} \quad (5.33\text{d})$$

Beispiel 5.6. Die Rolle von χ^2 im Vergleich mit den davon abgeleiteten Assoziationsmaßen kann man besonders schön herausarbeiten, wenn man Kontingenztafeln vergleicht, die dasselbe Sachgebiet in räumlicher oder zeitlicher Differenzierung behandeln.

Neben die Eheschließungstafel aus Beispiel 5.1 a) stellen wir analoge Tafeln für Bremen (als Teilgebiet) und Österreich

Qualitative Merkmale

Eheschließungen im Jahr 1973

		Bundesrepublik				Bremen				Österreich			
		Braut				Braut				Braut			
		L	V	G	Σ	L	V	G	Σ	L	V	G	Σ
Bräutigam	L	306042	2847	20587	329476	3128	27	410	3565	38576	311	2548	41435
	V	6042	5786	5494	17322	43	70	82	195	687	362	512	1561
	G	22925	3077	21803	47805	341	58	439	838	3284	311	2839	6434
	Σ	335009	11710	47884	394603	3512	155	931	4598	42547	984	5899	49430

Legende: L ... ledig V ... verwitwet G ... geschieden

Stellt man die bisher entwickelten Maßzahlen in einer kleinen Tabelle zusammen, so ergibt sich folgendes Bild:

	χ^2	$S-1$	ϕ	$T=V$	C	C_{corr}
BRD	135210	0,34264	0,58535	0,41390	0,50517	0,61870
Bremen	1599	0,34774	0,58964	0,41697	0,50795	0,62211
Österreich	12900	0,26097	0,51085	0,36123	0,45493	0,55717

Aus der Betrachtung der Größen χ^2 ist nichts über etwaige unterschiedliche Zusammenhangsstrukturen in den drei Gebieten zu entnehmen. Offensichtlich spiegelt die unterschiedliche Größe der χ^2 praktisch nur die unterschiedlichen Größen der betrachteten Grundgesamtheiten wieder. Alle anderen Maßzahlen zeigen dasselbe Bild: Die Stärke des Zusammenhanges ist in der BRD und im Teilgebiet Bremen praktisch gleich, Österreich davon deutlich abgesetzt, mit etwas schwächerem Zusammenhang. Man sieht, daß beim Vergleich von gleichgroßen Kontingenztafeln alle Maßzahlen ϕ, T, V, C, C_{corr} verwendet werden können.

Uneinheitlicher wird das Bild, wenn man die drei Versionen von Goodman-Kruskal's Lambda für die drei Tabellen zusammenstellt:

	λ_a	λ_b	λ
BRD	0,0638	0	0,0330
Bremen	0,0697	0,1262	0,0986
Österreich	0,0428	0	0,0230

Beispiel 5.7. Im Falle der 5 × 3-Kontingenztafel der Kretschmer-Typen erhält man für χ^2 und seine Abkömmlinge die folgenden Zahlenwerte (siehe Beispiel 5.1b)):

$\chi^2 = 2641,5$ $\phi = 0,57110$ $T = 0,33957$
$V = 0,40383$ $C = 0,49593$ $C_{corr} = 0,60738$

Wir erhalten nun fünf verschiedene Assoziationsmaße, von denen aus den oben angeführten Gründen der Vergleichbarkeit zwischen verschiedenen Kontingenztafeln die Maße V und C_{corr} zu bevorzugen sind.

Man beachte: Die fünf angegebenen Werte ϕ, T, V, C und C_{corr} sind insofern „im wesentlichen gleich", als sie bei fester Zeilen- und Spaltenzahl alle als monotone Funktionen der Maßzahl ϕ dargestellt werden können.

5.3.4 Vierfeldertafeln

Im Falle einer Vierfeldertafel verwendet man eine besondere Symbolik zur Bezeichnung der absoluten Häufigkeiten

	B_1	B_2	Σ
A_1	a	b	$a+b$
A_2	c	d	$c+d$
Σ	$a+c$	$b+d$	N

$N = a + b + c + d.$

Die Berechnung von χ^2 sei hier explizit durchgeführt. Wir bilden zunächst die „beobachteten" Häufigkeiten:

a, b, c, d

und die „erwarteten" Häufigkeiten

$$a_e = \frac{(a+b)(a+c)}{N} \qquad b_e = \frac{(a+b)(b+d)}{N}$$

$$c_e = \frac{(a+c)(c+d)}{N} \qquad d_e = \frac{(b+d)(c+d)}{N}.$$

Die Differenz Δ_{11} (siehe (5.23)) wird

$$\Delta_{11} = a - a_e = a - \frac{(a+b)(a+c)}{a+b+c+d} = \frac{ad - bc}{N}. \tag{5.34}$$

Aus den Relationen (5.24) folgt

$$\Delta_{12} = -\Delta_{11} \qquad \Delta_{21} = -\Delta_{11} \qquad \Delta_{22} = \Delta_{11}.$$

Alle Differenzen können also durch eine einzige Größe $\Delta = (ad - bc)/N$ ausgedrückt werden:

$$a - a_e = d - d_e = \Delta; \quad b - b_e = c - c_e = -\Delta.$$

Weiter erhält man

$$\chi^2 = \Sigma \frac{(f_0 - f_e)^2}{f_e} = \frac{\Delta^2}{a_e} + \frac{\Delta^2}{b_e} + \frac{\Delta^2}{c_e} + \frac{\Delta^2}{d_e}$$

$$= \Delta^2 \left(\frac{N}{(a+b)(a+c)} + \frac{N}{(a+b)(b+d)} + \frac{N}{(a+c)(c+d)} + \right.$$

$$+ \frac{N}{(b+d)(c+d)}\Bigg).$$

Nach einer leichten Umformung des Klammerausdruckes und unter Berücksichtigung von (5.34) erhält man schließlich die Formel

$$\chi^2 = \frac{N(ad-bc)^2}{(a+b)(a+c)(b+d)(c+d)} \qquad (5.35)$$

Für Vierfeldertafeln gilt $\phi = T = V = \sqrt{\chi^2/N}$. Der Phi-Koeffizient wird bei Vierfeldertafeln in der folgenden Form angegeben:

$$\phi = \frac{ad-bc}{\sqrt{(a+b)(a+c)(b+d)(c+d)}} \qquad (5.36)$$

ϕ kann nun auch negative Werte annehmen. Es gilt $-1 \leq \phi \leq 1$. Die Extremwerte werden bei alleiniger Besetzung der Haupt- oder Nebendiagonale angenommen. Schematisch

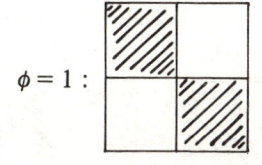

$\phi = 1$: $\phi = -1$:

positiver Zusammenhang   negativer Zusammenhang

Anmerkung: In der Korrelationsrechnung (Rangmerkmale und quantitative Merkmale) zeigt das Vorzeichen von Zusammenhangsmaßen eine *Richtung* an. Dort ist es sinnvoll, von positiven und negativen (bzw. gleichsinnigen und ungleichsinnigen) Zusammenhängen zu sprechen. Bei qualitativen Merkmalen muß man jedoch unterscheiden. Wir wissen zwar, daß bei solchen Merkmalen die Merkmalsausprägungen beliebig vertauscht werden können, da keine „natürliche" Reihenfolge vorhanden sein darf. Bei Vierfeldertafeln etwa kann man aber fragen, ob die Merkmalsausprägungen der zwei Randverteilungen *unabhängig voneinander vertauscht* werden können. Betrachten wir etwa die folgenden Merkmalspaare.

1. Fall:	Geburten		2. Fall:	Eheschließungen	
				Staatsangehörigkeit	
	Geschlecht	*Vitalität*		*des Bräutigams*	*der Braut*
	männlich	lebendgeb.		inländisch	inländisch
	weiblich	totgeb.		ausländisch	ausländisch

Im ersten Fall erhält man durch die (alleinige) Vertauschung der Merkmalsausprägungen männlich-weiblich zwei gleichberechtigte Vierfeldertafeln. Das entspricht der Gleichberechtigung von Haupt- und Nebendiagonale in jeder dieser beiden Tafeln. Im zweiten Fall würde man bei Konstellation α) von einem positiven (gleichsinnigen), bei Konstellation β)

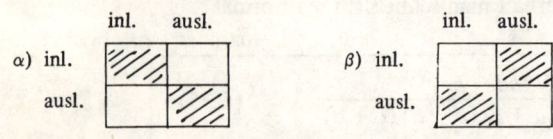

von einem negativen (ungleichsinnigen) Zusammenhang sprechen.

Ein Assoziationsmaß ganz anderer Herkunft ist der *Yule-Koeffizient*[5]) Q. Er ist gegeben durch

$$Q = \frac{ad - bc}{ad + bc} \qquad (5.37)$$

Es gilt $Q = 0$ genau dann, wenn Unabhängigkeit vorliegt. Ebenso hat Q die Normierungseigenschaft $-1 \leq Q \leq 1$. Zwei bemerkenswerte Tatsachen unterscheiden jedoch Q von den χ^2-Abkömmlingen.

— Die Werte $Q = \pm 1$ werden nicht nur bei vollständiger Abhängigkeit im Sinne von Abschnitt 5.3.1 angenommen, sondern schon dann, wenn nur *ein* Tabellenfeld nicht besetzt ist. Schematisch:

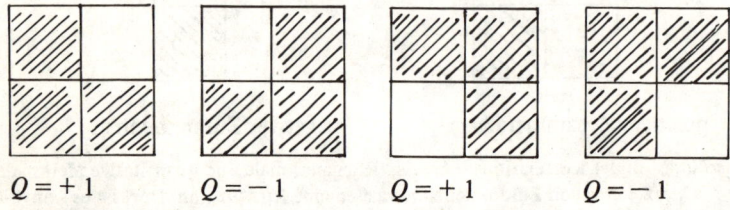

$Q = +1$ $Q = -1$ $Q = +1$ $Q = -1$

— Q ist invariant gegenüber der Multiplikation von Zeilen oder Spalten mit beliebigen, nichtverschwindenden Konstanten. Die Maßzahl ϕ hingegen wird durch solche Veränderungen beeinflußt. Schematisch:

60	30
20	90

$Q = 0{,}800$
$\phi = 0{,}696$

60	3
20	9

$Q = 0{,}800$
$\phi = 0{,}362$

6	3
20	90

$Q = 0{,}800$
$\phi = 0{,}310$

---

[5]) Dieser Koeffizient wurde in *Yule* [1912] ausführlich behandelt und der Buchstabe Q zu Ehren des belgischen Statistikers Quetelet als Bezeichnung gewählt (S. 586).

Qualitative Merkmale

Die Maßzahl ϕ konnte in einen allgemeinen Zusammenhang eingefügt werden, nämlich den Zusammenhang zwischen Kontingenztafel und zugehöriger Indifferenztafel. Ähnliches kann auch für den Yule-Koeffizienten geschehen, allerdings auf der Ebene der *ordinalen* Assoziationsmaße. Man kann zeigen, daß Q als Spezialfall von Goodman-Kruskal's γ aufgefaßt werden kann; γ ist ein Rangkorrelationskoeffizient, der für ordinale Daten entwickelt worden ist, welche die Form von $r \times c$-Kontingenztafeln haben; er ist seinerseits der Gruppe um den Kendall'schen Rangkorrelationskoeffizienten (siehe Abschnitt 5.6.1) zuzuordnen. Die Tatsache der „Richtungsempfindlichkeit" von Q kann übrigens auch in diesem Zusammenhang erklärt werden.

In der Literatur wurden auch sehr einfache Assoziationsmaße für Vierfeldertafeln vorgeschlagen wie das *Kreuzproduktverhältnis*

$$cpr = ad/bc \qquad (5.38)$$

und die *Anteilsdifferenzen*

$$\delta_A = \frac{a}{a+c} - \frac{b}{b+d} = \frac{ad - bc}{(a+c)(b+d)} \qquad (5.39a)$$

$$\delta_B = \frac{a}{a+b} - \frac{c}{c+d} = \frac{ad - bc}{(a+b)(c+d)}. \qquad (5.39b)$$

Für die Maßzahl cpr gilt $0 \leq cpr \leq +\infty$; bei Unabhängigkeit wird $cpr = 1$, bei vollständig negativem Zusammenhang $cpr = 0$, bei vollständig positivem Zusammenhang $cpr = +\infty$. Die Größe cpr erfüllt zwar nicht die Postulate von 5.3.1, steht jedoch mit der Maßzahl Q in streng monotonem Zusammenhang:

$$Q = \frac{cpr - 1}{cpr + 1}. \qquad (5.40)$$

Über die Bedeutung von cpr siehe *Weichselberger* [1959, S. 221f.]. Die Anteilsdifferenzen hingegen erfüllen jedes für sich die Postulate für Assoziationsmaße. Sie sind mit dem χ^2-Abkömmlingen über die Relation

$$\delta_A \delta_B = \phi^2 \qquad (5.41)$$

verwandt.

Beispiel 5.8. Wir betrachten eine „klassische" Vierfeldertafel, welche in den Untersuchungen von *Yule* [1912] am Beginn steht. Gegenstand der Untersuchung ist die Wirkung der Pockenimpfung; die Grundgesamtheit bilden 4703 Pockenfälle, die bei einer Epidemie in Sheffield 1887–1888 auftraten.

	Genesungen	Todesfälle	Σ
geimpft	3 951	200	4 151
nicht geimpft	278	274	552
Σ	4 229	474	4 703

Man erhält folgende Zahlenwerte für die verschiedenen Assoziationsmaße:

ϕ = 0,4792 $\quad Q$ = 0,9055

cpr = 19,47 $\quad \delta_A$ = 0,5123, δ_B = 0,4482 .

Die beiden „richtungsempfindlichen" Maßzahlen ϕ und Q sind positiv, was hier auch sachlich als positiver Zusammenhang zwischen Impfung und Genesung gedeutet werden kann.

5.3.5 Aufgaben und Ergänzungen zu Abschnitt 5.3

Aufgabe 5.5. In einer Stichprobe von 400 Personen sollte untersucht werden, wie Schulbildung und tolerante Haltung zusammenhängen. Insgesamt zeigten 230 Personen eine tolerante Haltung, davon hatten 140 höhere Schulbildung. Insgesamt waren in der Stichprobe 220 Personen mit höherer Schulbildung vorhanden.
Man entwerfe eine 2 × 2-Kontingenztafel für diese Daten und berechne χ^2 sowie die Assoziationsmaße ϕ und Q.

Aufgabe 5.6. In zwei verschiedenen Bundesländern wurde der Zusammenhang zwischen Autobesitz und akademischem Grad für erwachsene männliche Personen über 30 in einer Stichprobe untersucht und dabei folgende Übersicht zusammengestellt:

		Bundesland 1 akademischer Grad		Bundesland 2 akademischer Grad	
		ja	nein	ja	nein
Autobesitz	ja	40	250	70	400
	nein	50	290	30	400

In welchem Gebiet ist der Zusammenhang zwischen Autobesitz und akademischem Grad stärker? Ist es sinnvoll, von einem positiven Zusammenhang zu sprechen? Halten Sie die Größe χ^2, die Lambda-Maße geeignet für den geforderten Vergleich?

Aufgabe 5.7. Eine Mikrozensus-Erhebung in der Bundesrepublik Deutschland im Mai 1975 brachte u.a. folgende Ergebnisse für die in Einpersonenhaushalten lebende Bevölkerung

Qualitative Merkmale

Personen in 1000

	ledig	verheiratet	verwitwet	geschieden
männlich	884	262	472	252
weiblich	1241	96	2965	381

Quelle der Daten: Statistisches Bundesamt Wiesbaden Fachserie 1, Reihe 3, 1977: Haushalte und Familien, S. 49.

Man ergänze die Kontingenztafel durch die Randverteilungen und berechne:

a) Die Lambda-Maße λ_a, λ_b und λ
b) χ^2
c) ϕ, T, V, C und C_{corr}

Aufgabe 5.8. Eine Befragung von Studenten einer Universität nach der Einschätzung des Lebens in ihrem Studienort und der Zufriedenheit mit dem bisherigen Studienverlauf brachte folgende Ergebnisse:

Zufriedenheit mit Studienfortgang	Leben im Studienort		
	langweilig	erträglich	reizvoll
nein	18	19	7
unentschieden	4	45	14
ja	12	58	27

Quelle der Daten: *Steiner* [1971]

a) Berechne die Lambda-Maße λ_a, λ_b und λ
b) Berechne die Kontingenzmaße ϕ, V, C und C_{corr}.
c) Die Kontingenztafel wird nun „kondensiert", indem die beiden Klassen „nein" und „unentschieden" sowie die Klassen „langweilig" und „erträglich" zusammengefaßt werden. Für die nun entstandene 2 × 2-Kontingenztafel berechne die unter a) und b) angegebenen Kontingenzmaße und vergleiche mit den Ergebnissen bei der 3 × 3-Tafel.

Aufgabe 5.9. Man vervollständige den Beweis der Formel (5.35), welche die Gestalt von χ^2 bei Vierfeldertafeln angibt.

Aufgabe 5.10. Man führe die Ableitung der Formel (5.26) für χ^2 aus der Definitionsformel (5.25) durch.

Aufgabe 5.11. Man gebe eine explizite Formel für Vierfeldertafeln an, in der Goodman-Kruskal's-Lambda-Maße durch die Besetzungszahlen a, b, c, d ausgedrückt werden.

Aufgabe 5.12. Man berechne Goodman-Kruskal's Prädiktionsmaß τ_a (siehe Formel 5.22a) für Vierfeldertafeln.

Aufgabe 5.13. Invarianzeigenschaften des Yule-Koeffizienten Q. Multipliziert man die Besetzungszahlen einer Vierfeldertafel mit den entsprechenden Besetzungszahlen einer Tafel, in der Unabhängigkeit vorliegt, so bleibt Q ungeändert.

Aufgabe 5.14. Yule's Kolligationskoeffizient. In der Originalarbeit *Yule* [1912, S. 592] wird neben Q auch das Assoziationsmaß[6])

$$Q^* = \frac{\sqrt{ad} - \sqrt{bd}}{\sqrt{ad} + \sqrt{bc}}$$

vorgeschlagen. Man zeige

a) Auch Q^* ist ein echtes Assoziationsmaß
b) Q^* bringt insofern nichts wesentlich Neues, als Q^* eine monotone Funktion von Q ist.
c) Es gilt für die Absolutbeträge der beiden Maße: $|Q| \geq |Q^*|$

Simpson's Paradoxon. Bei drei- und mehrdimensionalen Kontingenztafeln ist eine Übersicht über die verschiedenen möglichen Abhängigkeits- und Unabhängigkeitsbeziehungen schon nicht mehr so leicht zu gewinnen. Oft treten Effekte auf, die man intuitiv zunächst nicht ohne weiteres erwartet. Ein Beispiel bietet Simpson's Paradoxon, das auch im Zusammenhang mit den Grundlagen der Wahrscheinlichkeitsrechnung [siehe *Blyth*, 1972] diskutiert wurde. Die Formulierung der nachstehenden Aufgabe folgt *Kendall* [1977].

Aufgabe 5.15. Bei einem medizinischen Experiment wird in zwei Gebieten A_1, A_2 der Zusammenhang zwischen Behandlung und Heilung untersucht. Die dreidimensionale Tafel wird durch das Nebeneinanderstellen der bedingten Verteilungen in den beiden Gebieten dargestellt.

	Gebiet A_1		Gebiet A_2	
	behandelt	nicht behandelt	behandelt	nicht behandelt
geheilt	10	100	100	50
nicht geheilt	100	730	50	20

Man überzeuge sich durch die Berechnung der Maßzahlen Q und ϕ von folgender Tatsache: In beiden Gebieten ist der Zusammenhang zwischen Heilung und Behandlung negativ, jedoch in der Randverteilung „Beide Gebiete zusammen" positiv.

---

[6]) Die Originalbezeichnung von Yule war ω.

5.4 Quantitative Merkmale: Korrelations- und Regressionsrechnung

Wie bei eindimensionalen quantitativen Merkmalen werden zunächst die zu besprechenden Maßzahlen und Verfahren an Hand von Einzeldaten besprochen. Schon bei eindimensionalen Merkmalen mußte man feststellen, daß gewisse Begriffe und Maßzahlen – z.B. der Modalwert – nur für gruppierte Daten unmittelbar anschaulich definierbar waren. Dies trifft für mehrdimensionale quantitative Merkmale in verstärktem Maße zu. Der Begriff der *bedingten Verteilung* kann in der *deskriptiven Statistik* nur für gruppierte Daten konzipiert werden, also auch die daraus folgende Ableitung eines Begriffs der Unabhängigkeit. Große Bedeutung erlangen deshalb Bildungen, die zur Unabhängigkeit analoge, wenn auch durchaus nicht immer gleichartige Begriffe liefern.

Mit Ausnahme des letzten Teilabschnitts 5.4.5 liegen im gesamten Abschnitt 5.4 *Einzeldaten* in der Form von *Zahlenpaaren* der Betrachtung zugrunde:

$$(x_1, y_1), (x_2, y_2), \ldots, (x_n, y_n).$$

Jedes Zahlenpaar gehört zu einem Element der Grundgesamtheit; die beiden Komponenten in den Zahlenpaaren sind die Werte zweier *statistischer Variablen X, Y*. Die Zahlenpaare können geometrisch in einer (x, y)-*Zahlenebene* dargestellt werden. Ein solches Diagramm nennt man *Streudiagramm (scatter diagram)*. Der Punkt M mit den Koordinaten $(\bar{x}, \bar{y})$ ist der *Mittelpunkt* (physikalisch der Schwerpunkt) der Punkte des Streudiagramms.

Beispiel 5.9. In den Wiener Gemeindekindergärten werden regelmäßig Größe und Gewicht der Kinder kontrolliert. Für 7 Mädchen in der 1. Stufe eines Vorstadtkindergartens wurden im Herbst 1972 folgende Meßwerte erhoben und in einer Tabelle zusammengefaßt:

	i	x_i	y_i
Eva	1	94	14,4
Anne	2	101	18,5
Ute	3	106	16,5
Karin	4	96	15,8
Doris	5	96	13,8
Uschi	6	91	13,8
Berta	7	107	17,3
Σ		691	110,1

Die beiden statistischen Variablen sind:

X = Größe, gemessen in cm
Y = Gewicht, gemessen in kg

$\bar{x} = \frac{1}{7} \cdot 691 = \underline{98,71}$

$\bar{y} = \frac{1}{7} \cdot 110,1 = \underline{15,73}$

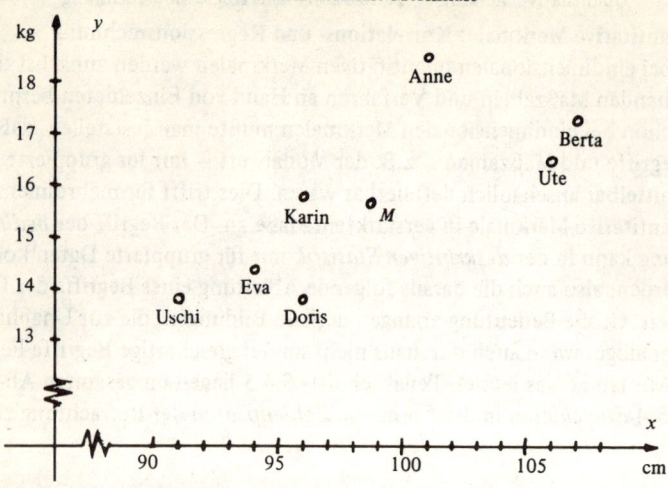

Abb. 29: Streudiagramm Größe-Gewicht

Wir fragen nach dem Zusammenhang zweier an einer Grundgesamtheit beobachteten statistischen Variablen und unterscheiden dabei in der deskriptiven Statistik die beiden Problemkreise:

1. Korrelation : *Stärke* des Zusammenhanges
2. Regression : *Form* des Zusammenhanges.

5.4.1 Der Korrelationskoeffizient

a) *Konstruktion eines Zusammenhangsmaßes*

Die Konstruktionsidee sei an Hand eines Zahlenbeispiels erläutert.

Beispiel 5.10. Ein Verband von Handelsfirmen ermittelt für 10 der ihm angeschlossenen Firmen den durchschnittlichen Kalkulationsaufschlag (in Prozent des Einkaufspreises) und den jährlichen Lagerumschlag.

i	x_i	y_i	i	x_i	y_i
1	8,5	18	6	6,0	31
2	7,8	20	7	5,6	33
3	7,5	20	8	4,6	37
4	6,2	25	9	4,0	43
5	6,5	29	10	3,3	44
			Σ	60,0	300

X = Lagerumschlag
Y = Kalkulationsaufschlag in Prozent
$\bar{x} = 6,0$
$\bar{y} = 30,0$

Nach *Schneider* [1965, S. 122]

Quantitative Merkmale: Korrelations- und Regressionsrechnung 227

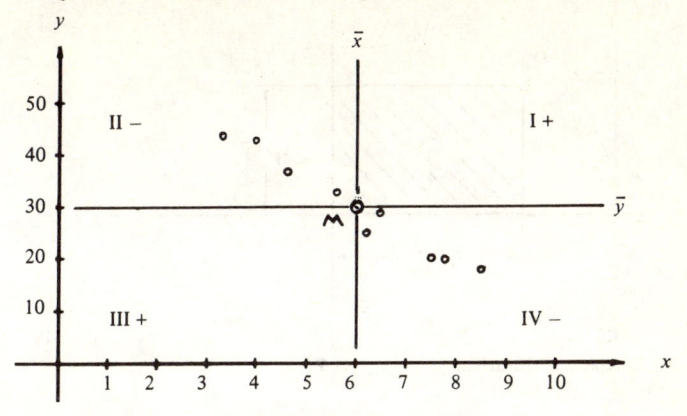

Abb. 30: Streudiagramm Lagerumschlag-Kalkulationsaufschlag

Das Streudiagramm in Abb. 30 zeigt offensichtlich einen Zusammenhang, und zwar einen *negativen* Zusammenhang. Das heißt, mit wachsenden x-Werten fallen, von gewissen Schwankungen abgesehen, die zugehörigen y-Werte.

Man könnte nun zunächst daran denken, durch einen Rückgriff auf Kontingenztafeln ein Zusammenhangsmaß etwa in folgender Weise zu gewinnen. Man zieht durch den Punkt M achsenparallele Geraden, welche die Ebene in die vier Quadranten I, II, III und IV teilen (siehe Abb. 30). Zählt man die Punkte in den einzelnen Quadranten[7]), so gelangt man zu einer Vierfeldertafel

	$y_i > \bar{y}$	$y_i < \bar{y}$	Σ
$x_i > \bar{x}$	$\frac{1}{2}$	5	$5\frac{1}{2}$
$x_i < \bar{x}$	$4\frac{1}{2}$	0	$4\frac{1}{2}$
Σ	5	5	

Für die „richtungsanzeigenden" Kontingenzmaße ϕ und Q erhält man $\phi = -0{,}905$ und $Q = -1$. Diese Werte liegen nahe bzw. ganz bei -1 und zeigen somit den im Streudiagramm unmittelbar ersichtlichen negativen Zusammenhang an. Durch den Rückgriff auf ein Verfahren, das für qualitative Merkmale zugeschnitten ist, geht jedoch ein großer Teil der Information verloren, die naturgemäß in den quantitativen Daten steckt.

Um die in den quantitativen Daten steckende Information besser auszunutzen, bilden wir die Produkte $\pi_i = (x_i - \bar{x})(y_i - \bar{y})$, die als mit Vorzeichen versehene Rechtecksflächen gedeutet werden können. Durch die Produktbil-

---
[7]) Punkte, die auf Begrenzungslinien der Quadranten liegen, werden „halbiert".

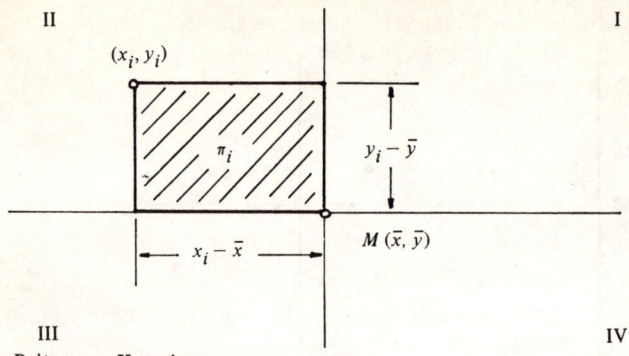

Abb. 31: Beitrag zur Kovarianz

dung wird die Lage des Punktes genauer als durch bloßes Abzählen charakterisiert, die „Entfernungen" der Komponenten von $\bar{x}$ und $\bar{y}$ werden berücksichtigt. Darüber hinaus liefern die Vorzeichen der π_i Hinweise, ob der Zusammenhang positiv oder negativ sei. Es ist nämlich

$\text{sign}\,\pi_i = +1$ in den Quadranten I und III
$\text{sign}\,\pi_i = -1$ in den Quadranten II und IV

Liegen nun die Punkte (x_i, y_i) hauptsächlich

	so hat man	
in den Quadranten I und III		positiven Zusammenhang = steigendes y bei steigendem x
in den Quadranten II und IV		negativen Zusammenhang = fallendes y bei steigendem x
gleichmäßig verteilt in den Quadranten		keinen Zusammenhang

Als Zusammenhangsmaß bietet sich zunächst das arithmetische Mittel der Rechtecksflächen an.

Definition 5.11. Gegeben seien die Zahlenpaare (x_i, y_i); $i = 1, \ldots, n$. Die *Kovarianz* cov (X, Y) wird definiert durch

$$\text{cov}(X, Y) = \frac{1}{n} \sum_{i=1}^{n} (x_i - \bar{x})(y_i - \bar{y}), \tag{5.42}$$

Die Kovarianz hängt jedoch noch von den Maßeinheiten ab, mit denen die Merkmalsausprägungen der statistischen Variablen X und Y gemessen werden.

Quantitative Merkmale: Korrelations- und Regressionsrechnung 229

Um zu einer maßstabunabhängigen Maßzahl zu kommen, liegt es nahe, als Maßeinheiten die Standardabweichungen σ_x und σ_y zu nehmen; als „Flächeneinheit" erhält man dann

$$\sigma_x \sigma_y = \frac{1}{n} \sqrt{\sum_{i=1}^{n} (x_i - \bar{x})^2 \cdot \sum_{y=1}^{n} (y_i - \bar{y})^2}.$$

Drückt man nun die Kovarianz in dieser „natürlichen" Maßeinheit aus, so erhält man den Korrelationskoeffizienten.

Definition 5.12. Gegeben seien die Zahlenpaare (x_i, y_i); $i = 1, \ldots, n$. Der Korrelationskoeffizient r_{xy} wird definiert durch

$$r_{xy} = \frac{\text{cov}(X, Y)}{\sigma_x \sigma_y} \tag{5.43}$$

oder

$$r_{xy} = \frac{\sum_{i=1}^{n} (x_i - \bar{x})(y_i - \bar{y})}{\sqrt{\sum_{i=1}^{n} (x_i - \bar{x})^2 \cdot \sum_{i=1}^{n} (y_i - \bar{y})^2}}. \tag{5.44}$$

Andere *Schreibweisen* werden durch folgende Abkürzungen gewonnen:

α) $\quad x'_i = x_i - \bar{x}$
$\quad\quad y'_i = y_i - \bar{y}$ $\quad$ führt zu $\quad r_{xy} = \dfrac{\Sigma x'_i y'_i}{\sqrt{\Sigma x'^2_i \cdot \Sigma y'^2_i}}$ $\tag{5.45}$

β) $\quad S_{xx} = \sum_{i=1}^{n} (x_i - \bar{x})^2$

$\quad\quad S_{xy} = \sum_{i=1}^{n} (x_i - \bar{x})(y_i - \bar{y})$ $\quad$ führt zu $\quad r_{xy} = \dfrac{S_{xy}}{\sqrt{S_{xx} \cdot S_{yy}}}$ $\tag{5.46}$

$\quad\quad S_{yy} = \sum_{i=1}^{n} (y_i - \bar{y})^2$.

Will man das Rechnen mit den Abweichungen $x_i - \bar{x}$ und $y_i - \bar{y}$ vermeiden, so kann man durch Umformungen, wie sie schon bei der Berechnung der Varianz verwendet wurden, direkt mit den x_i und y_i arbeiten:

$$\sum_{i=1}^{n} (x_i - \bar{x})^2 = \sum_{i=1}^{n} x_i^2 - n\bar{x}^2; \quad \sum_{i=1}^{n} (y_i - \bar{y})^2 = \sum_{i=1}^{n} y_i^2 - n\bar{y}^2$$

finden wir schon in Formel (3.71). Neu ist

$$\sum_{i=1}^{n}(x_i-\bar{x})(y_i-\bar{y}) = \sum_{i=1}^{n} x_i y_i - \bar{x}\sum_{i=1}^{n} y_i - \bar{y}\sum_{i=1}^{n} x_i + n\bar{x}\bar{y}$$

$$= \sum_{i=1}^{n} x_i y_i - n\bar{x}\bar{y}. \tag{5.47}$$

Die Formel für den Korrelationskoeffizienten wird dann

$$r_{xy} = \frac{\sum_{i=1}^{n} x_i y_i - n\bar{x}\bar{y}}{\sqrt{(\sum_{i=1}^{n} x_i^2 - n\bar{x}^2)(\sum_{i=1}^{n} y_i^2 - n\bar{y}^2)}}. \tag{5.48}$$

Multipliziert man in (5.48) Zähler und Nenner mit n, so erhält man eine „mittelwertfreie" Darstellung:

$$r_{xy} = \frac{n\Sigma x_i y_i - \Sigma x_i \Sigma y_i}{\sqrt{[n\Sigma x_i^2 - (\Sigma x_i)^2][n\Sigma y_i^2 - (\Sigma y_i)^2]}}. \tag{5.49}$$

Ein *Rechenschema* für die Berechnung des Korrelationskoeffizienten sei an Hand der Daten des Beispiels 5.10 vorgeführt:

i	x_i	y_i	$x_i-\bar{x}$	$y_i-\bar{y}$	$(x_i-\bar{x})^2$	$(x_i-\bar{x})(y_i-\bar{y})$	$(y_i-\bar{y})^2$	x_i^2	$x_i y_i$	y_i^2
1	8,5	18	2,5	−12	6,25	−30,0	144	72,25	153,0	324
2	7,8	20	1,8	−10	3,24	−18,0	100	60,84	156,0	400
3	7,5	20	1,5	−10	2,25	−15,0	100	56,25	150,0	400
4	6,2	25	0,2	− 5	0,04	− 1,0	25	38,44	155,0	625
5	6,5	29	0,5	− 1	0,25	− 0,5	1	42,25	188,5	841
6	6,0	31	0,0	1	0,00	0,0	1	36,00	186,0	961
7	5,6	33	−0,4	3	0,16	− 1,2	9	31,36	184,8	1089
8	4,6	37	−1,4	7	1,96	− 9,8	49	21,16	170,2	1369
9	4,0	43	−2,0	13	4,00	−26,0	169	16,00	172,0	1849
10	3,3	44	−2,7	14	7,29	−37,8	196	10,89	145,2	1936
	60	300	0	0	25,44	−139,3	794	385,44	1660,7	9794

$\bar{x} = 6,0 \qquad \bar{y} = 30$

Aus dem Tableau können direkt die Daten für die verschiedenen Berechnungsverfahren des Korrelationskoeffizienten übernommen werden.

$$\bar{x} = \frac{60}{10} = 6,0 \qquad\qquad \bar{y} = \frac{300}{10} = 30,0.$$

Berechnung nach Formel (5.44)

$$r_{xy} = \frac{-139{,}3}{\sqrt{25{,}44 \cdot 794}} = \frac{-139{,}3}{142{,}1} = \underline{-0{,}980}.$$

Berechnung nach Formel (5.49)

$$r_{xy} = \frac{10 \cdot 1660{,}7 - 60 \cdot 300}{\sqrt{(10 \cdot 385{,}44 - 60^2)(10 \cdot 9794 - 300^2)}} = \frac{-1393}{\sqrt{254{,}4 \cdot 7940}} =$$

$$= \underline{-0{,}980}.$$

b) *Eigenschaften des Korrelationskoeffizienten; Interpretation dieser Maßzahl*

Aus den Formeln für den Korrelationskoeffizienten lassen sich leicht Eigenschaften ableiten, welche diese Maßzahl als Maß für die Stärke des Zusammenhanges charakterisieren.

aa) r ist ein *normiertes Zusammenhangsmaß*:

$$-1 \leqslant r \leqslant +1. \tag{5.50}$$

Durch das Vorzeichen von r kann man „positive" und „negative" Zusammenhänge unterscheiden.

bb) Falls ein *linearer* Zusammenhang zwischen den Merkmalsausprägungen x_i und y_i besteht, das heißt, falls es Zahlen a und $b \neq 0$ gibt, so daß die Beziehung

$$y_i = a + bx_i \tag{5.51}$$

für alle $i = 1, \ldots, n$ gilt, wird

$r = +1$ für $b > 0$

$r = -1$ für $b < 0$.

Die Beziehung (5.51) kann man also auch so ausdrücken:
Alle Punkte (x_i, y_i) des Streudiagramms liegen auf der Geraden $y = a + bx$. Der Korrelationskoeffizient kann also gewissermaßen als Maßzahl des „linearen Zusammenhanges" aufgefaßt werden.

Anmerkung: Für $b = 0$ verschwinden in den Formeln für r_{xy} Zähler und Nenner, man erhält dann keinen bestimmten Zahlenwert für r_{xy}. Es ist jedoch $\text{cov}(X, Y) = 0$.

cc) Das Verschwinden des Korrelationskoeffizienten bedeutet im allgemeinen nicht die Unabhängigkeit der Merkmale X und Y. Zwei wichtige Fälle, in denen r verschwindet, ohne daß man von Unabhängigkeit sprechen kann, zeigen die beiden nachstehenden Abbildungen 32a und 32b:

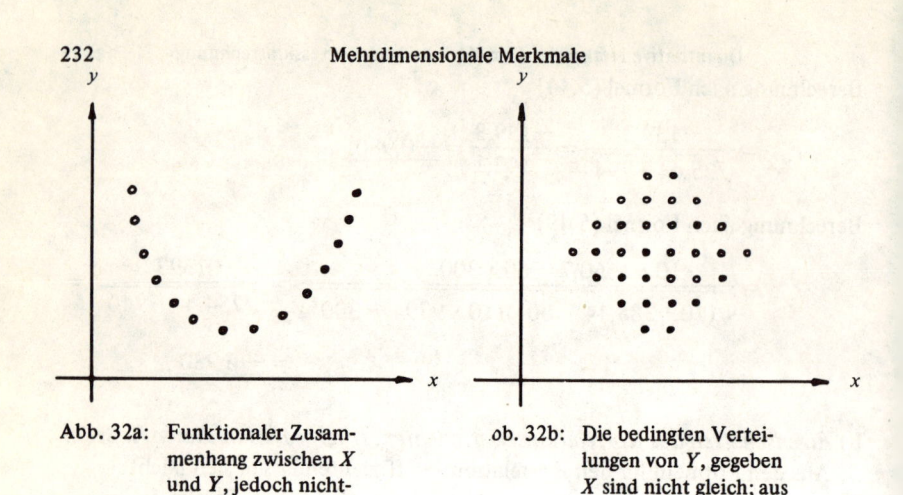

232 Mehrdimensionale Merkmale

Abb. 32a: Funktionaler Zusammenhang zwischen X und Y, jedoch nichtlinear

Abb. 32b: Die bedingten Verteilungen von Y, gegeben X sind nicht gleich; aus Symmetriegründen ist $r_{xy} = 0$

Vier typische Formen von Streudiagrammen seien in folgender Abbildung gegenübergestellt.

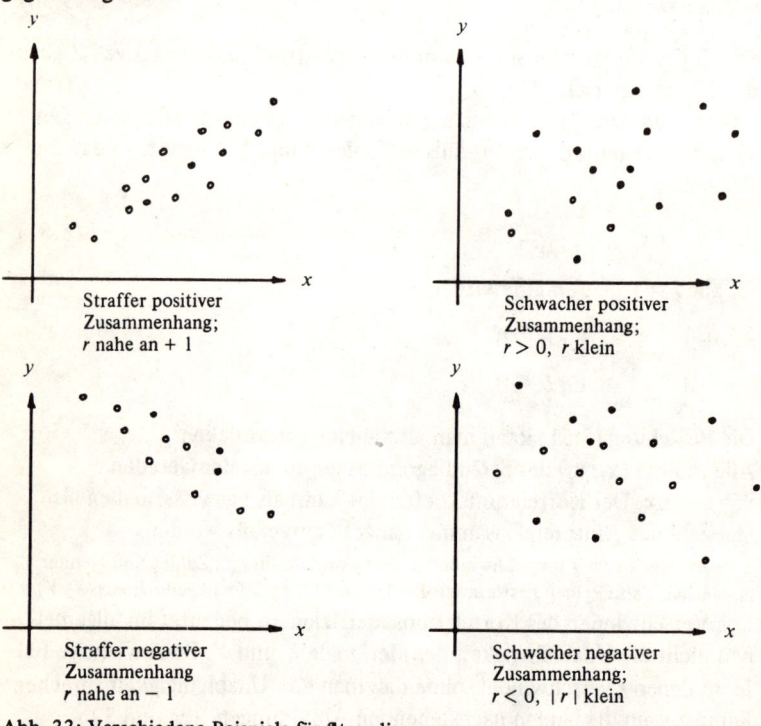

Straffer positiver Zusammenhang; r nahe an $+1$

Schwacher positiver Zusammenhang; $r > 0$, r klein

Straffer negativer Zusammenhang r nahe an -1

Schwacher negativer Zusammenhang; $r < 0$, $|r|$ klein

Abb. 33: Verschiedene Beispiele für Streudiagramme

Insbesondere sieht man, daß im Falle $|r|$ nahe an 1 die Punkte des Streudiagramms eng um eine Gerade liegen.

Merke: $r = 0$ ist nicht hinreichend für die Unabhängigkeit zweier statistischer Variablen X und Y.
Wohl aber folgt aus der Unabhängigkeit von X und Y die Gleichung $r = 0$.

5.4.2 Die Regressionsgerade

Der Zusammenhang zwischen zwei statistischen Variablen X und Y soll nun genauer untersucht werden. Wir versuchen nun, neben der Stärke des Zusammenhanges auch über dessen *Form* etwas auszusagen. Dabei wird jedoch zunächst, wie schon beim Korrelationskoeffizienten, die Idee der *Linearität* im Vordergrund stehen.

a) *Die Methode der kleinsten Quadrate*

Wir gehen von einem Streudiagramm aus und fragen nach der Geraden, die sich der Punktwolke am besten anpaßt. Der Begriff „möglichst gute Anpassung" ist natürlich noch zu präzisieren. Dazu betrachten wir zunächst eine beliebige Gerade $y = a + bx$. Jedem Punkt P_i mit den Koordinaten (x_i, y_i) wird ein „geschätzter Punkt" $\hat{P}_i$ mit den Koordinaten $(x_i, \hat{y}_i)$ zugeordnet, wobei

$$\hat{y}_i = a + bx_i$$

sei. Die geschätzten Punkte $\hat{P}_i$ liegen also auf der Geraden $y = a + bx$ und haben dabei dieselben x-Koordinaten wie die Punkte P_i (siehe dazu Abb. 34).

Nun bilden wir die Differenzen

$$e_i = y_i - \hat{y}_i = y_i - a - bx_i. \tag{5.52}$$

Die e_i sind also die *Abweichungen der geschätzten Werte von den beobachteten Werten*. Wir definieren nun die Gerade der „besten Anpassung" in folgender Weise:

Definition 5.13. Die *Regressionsgerade von Y bezüglich X* ist diejenige Gerade $y = a + bx$, für welche die Quadratsumme der Abweichungen e_i zu einem Minimum wird:

$$Q(a, b) = \sum_{i=1}^{n} e_i^2 = \sum_{i=1}^{n} (y_i - a - bx_i)^2 \ldots \text{Min} ! \tag{5.53}$$

Man beachte, daß dieser Ansatz unsymmetrisch ist; die Unsymmetrie kommt auch in der Bezeichnung der Regressionsgeraden zum Ausdruck. Die hier ge-

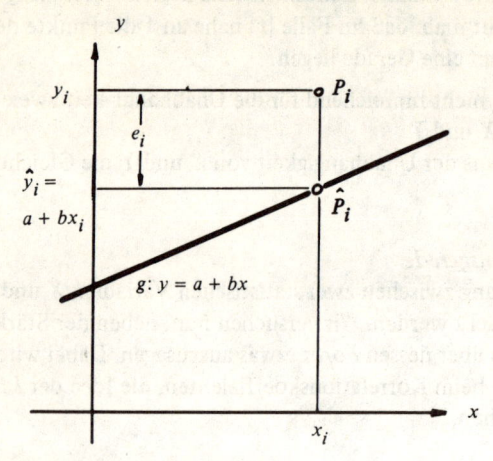

Abb. 34: Zur Regression von Y bezüglich X

gebene Konstruktion beruht auf der Idee, die Variable X als die unabhängige, Y als die abhängige Variable aufzufassen. Weitere Überlegungen zu dieser Frage siehe beim nachfolgenden Punkt b).

Zur Lösung des Minimierungsproblems in den beiden Variablen a, b – die Größen x_i, y_i spielen hier die Rolle von Konstanten – hat man zu berücksichtigen, daß nach den Regeln der Differentialrechnung eine notwendige Bedingung für die Existenz eines Extremwerts das Verschwinden der beiden partiellen Ableitungen nach a und b ist:

$$\frac{\partial Q(a, b)}{\partial a} = 0 \quad \text{und} \quad \frac{\partial Q(a, b)}{\partial b} = 0. \tag{5.54}$$

Ausführung der partiellen Differentation ergibt:

$$\frac{\partial Q(a, b)}{\partial a} = 2 \sum_{i=1}^{n} (y_i - a - bx_i)(-1)$$

$$\frac{\partial Q(a, b)}{\partial b} = 2 \sum_{i=1}^{n} (y_i - a - bx_i)(-x_i).$$

Einsetzen in (5.54) liefert

$$\sum_{i=1}^{n} (y_i - a - bx_i) = 0$$

$$\sum_{i=1}^{n} (x_i y_i - a x_i - b x_i^2) = 0.$$

Ausführung der Summation und Umordnung führen schließlich auf das folgende Gleichungssystem für a und b, das man die *Normalgleichungen* des Regressionsproblems nennt:

$$an + b \sum_{i=1}^{n} x_i = \sum_{i=1}^{n} y_i \tag{5.55a}$$

$$a \sum_{i=1}^{n} x_i + b \sum_{i=1}^{n} x_i^2 = \sum_{i=1}^{n} x_i y_i. \tag{5.55b}$$

Aus (5.55a) folgt mittels Division durch n die Beziehung

$$\bar{y} = a + b\bar{x} \tag{5.56}$$

welche besagt, daß der Mittelpunkt M mit den Koordinaten $(\bar{x}, \bar{y})$ auf der Regressionsgeraden liegt.

Die Lösung der Normalgleichungen sei zunächst in der Form

$$b = \frac{n \sum x_i y_i - \sum x_i \cdot \sum y_i}{n \sum x_i^2 - (\sum x_i)^2} \tag{5.57a}$$

$$a = \bar{y} - b\bar{x} \tag{5.57b}$$

angegeben. Man berechnet demnach zunächst b und sodann a über die Beziehung (5.56). Der Koeffizient b heißt auch *Regressionskoeffizient von Y bezüglich X*.

Weitere Formeln für den Regressionskoeffizienten sind

$$b = \frac{\sum_{i=1}^{n} (x_i - \bar{x})(y_i - \bar{y})}{\sum_{i=1}^{n} (x_i - \bar{x})^2} \tag{5.58a}$$

$$b = \frac{S_{xy}}{S_{xx}} \qquad \text{siehe Bezeichnung (5.46)} \tag{5.58b}$$

$$b = \frac{\sum\limits_{i=1}^{n} x'_i y'_i}{\sum\limits_{i=1}^{n} x'^2_i} \qquad \text{siehe Bezeichnung (5.45).} \tag{5.58c}$$

$$b = r_{xy} \frac{\sigma_y}{\sigma_x} \tag{5.58d}$$

Verwendet man die wohl einfachste Version (5.58b) für den Regressionskoeffizienten, so kann man eine *symmetrische* Schreibweise für die Regressionsgerade von Y bezüglich X finden:

$$y - \bar{y} = \frac{S_{xy}}{S_{xx}} (x - \bar{x}) \tag{5.59}$$

aus der direkt abzulesen ist, daß die Regressionsgerade durch den Punkt $(\bar{x}, \bar{y})$ geht und die Steigung S_{xy}/S_{xx} besitzt.

Beispiel 5.11. Man berechne die Regressionsgerade des Körpergewichts Y bezüglich der Größe X für die Daten des Beispiels 5.9. Zur Berechnung von b verwenden wir die „mittelwertsfreie" Version (5.57a). Die Tabelle in Beispiel 5.9 wird dann in folgender Weise ergänzt:

i	x_i	y_i	x_i^2	$x_i y_i$	y_i^2
1	94	14,4	8836	1353,6	207,36
2	101	18,5	10201	1868,5	342,25
3	106	16,5	11236	1749,0	272,25
4	96	15,8	9216	1516,8	249,64
5	96	13,8	9216	1324,8	190,44
6	91	13,8	8281	1255,8	190,44
7	107	17,3	11449	1851,1	299,29
Σ	691	110,1	68435	10919,6	1751,67

Aus Beispiel 5.9 wird übernommen:

$n = 7$
$\bar{x} = 98,71$
$\bar{y} = 15,73$

$$b = \frac{7 \cdot 10919,6 - 691 \cdot 110,1}{7 \cdot 68435 - 691^2} = \frac{358,1}{1564} = \underline{0,229}$$

$a = 15,73 - 98,71 \cdot 0,229 = -6,873$

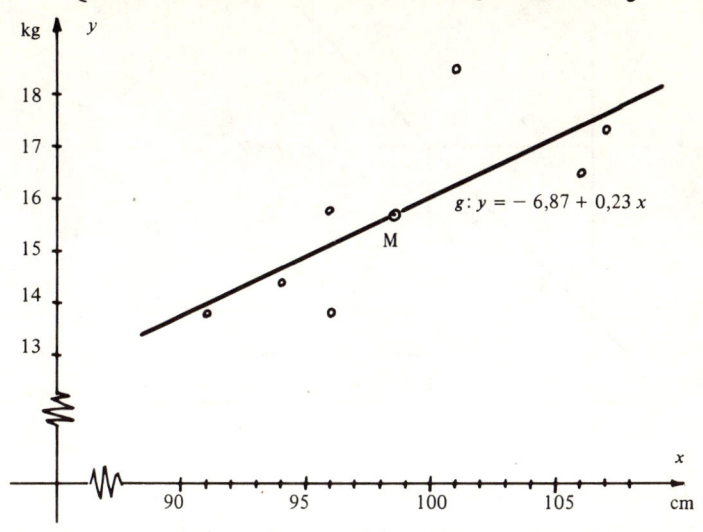

Quantitative Merkmale: Korrelations- und Regressionsrechnung   237

$g: y = -6{,}87 + 0{,}23\,x$

Abb. 35: Regressionsgerade Gewicht–Körpergröße

Die Regressionsgerade wird somit

$$y = -6{,}873 + 0{,}229\,x\,.$$

Es seien hier noch einige Überlegungen angestellt, inwiefern es Sinn hat, das Konzept der Regressionsgeraden, also einer *linearen* Beziehung, auf den Zusammenhang zwischen Körpergröße und Gewicht anzuwenden. Genaugenommen würde man zwischen Körpergröße (einer eindimensionalen Größe) und dem Gewicht (einer volumabhängigen Größe) eine Beziehung dritten Grades vermuten. Für einen relativ kleinen Teilabschnitt der möglichen Variationsbreite des Körpergewichts, wie sie in diesem Beispiel vorliegt, ist jedoch eine lineare Approximation zulässig. Eine Extrapolation zu sehr kleinen Gewichten kann jedoch zu Widersprüchen führen. Bei $x \sim 30$ schneidet die Regressionsgerade die x-Achse, was bedeuten soll, daß unterhalb einer Körpergröße von 30 cm mit negativen Gewichten zu rechnen ist, was offenbar unsinnig ist. Neben der tatsächlichen Nichtlinearität spielt hier allerdings auch noch der Gesichtspunkt der Zufallsschwankung in den Daten eine Rolle, welcher die Begriffswelt der deskriptiven Statistik jedoch übersteigt.

b) *Die beiden Regressionsgeraden*

Die in Punkt a) durchgeführte Konstruktion war insofern unsymmetrisch, als die Abweichungen e_i parallel zur y-Achse gemessen wurden. Natürlich kann man auch daran denken, die Abweichungen zwischen Punkten und Regressionsgerade parallel zur x-Achse zu messen und das Minimierungsproblem mit diesem Annäherungskriterium zu lösen.

Dieses Verfahren führt dann zu einer *Regressionsgeraden von X bezüglich Y*. Um zu den neuen Formeln zu gelangen, müssen wir das Minimierungsproblem nicht nocheinmal lösen; es genügt, in den Formeln (5.57) bis (5.59) die Sym-

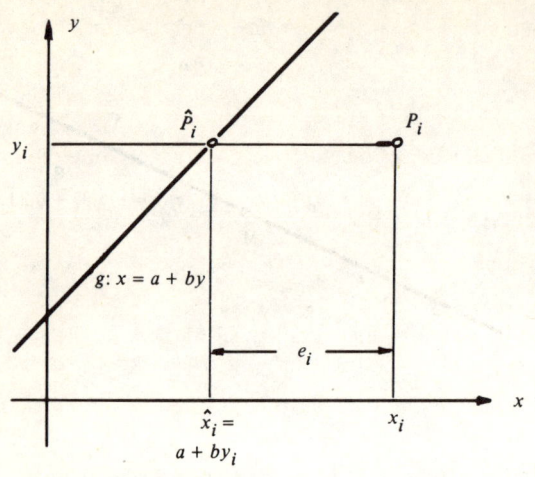

Abb. 36: Zur Regression von X bezüglich Y

bole x und y miteinander zu vertauschen. Wir stellen die Ergebnisse für die beiden Regressionsgeraden nebeneinander

Regressionsgerade von Y bezüglich X

$$y = a_{yx} + b_{yx}x$$

$$b_{yx} = \frac{S_{xy}}{S_{xx}} = r_{xy}\frac{\sigma_y}{\sigma_x} \tag{5.60a}$$

$$a_{yx} = \bar{y} - \frac{S_{xy}}{S_{xx}}\bar{x}$$

Regressionsgerade von X bezüglich Y

$$x = a_{xy} + b_{xy}y$$

$$b_{xy} = \frac{S_{xy}}{S_{yy}} = r_{xy} \cdot \frac{\sigma_x}{\sigma_y} \tag{5.60b}$$

$$a_{xy} = \bar{x} - \frac{S_{xy}}{S_{yy}}\bar{y}.$$

Um die beiden Geraden zu unterscheiden, wurden die Regressionskoeffizienten mit Indizes versehen, welche jeweils die Rolle der „unabhängigen" und der „abhängigen" Variablen anzeigen.

Quantitative Merkmale: Korrelations- und Regressionsrechnung 239

Wir stellen nun einige Tatsachen über die beiden Regressionsgeraden in folgendem Satz zusammen:

Satz 5.2.
a) Die beiden Regressionsgeraden schneiden sich im Mittelpunkt M mit den Koordinaten $(\bar{x}, \bar{y})$.
b) Das Produkt der beiden Regressionskoeffizienten ist

$$b_{yx} \cdot b_{xy} = r_{xy}^2 \,. \tag{5.61}$$

c) Die beiden Regressionsgeraden fallen genau dann zusammen, wenn $r_{xy}^2 = 1$ gilt.
d) Für $r_{xy}^2 \to 0$ nähern sich die beiden Regressionsgeraden einer Grenzlage, in der sie aufeinander senkrecht stehen und parallel zu den Koordinatenachsen sind[7a]).

Rein formal ist es immer möglich, zu jedem Streudiagramm die beiden Regressionsgeraden zu bestimmen. Tatsächlich steckt jedoch in der Unsymmetrie der Konstruktion eine Abhängigkeitsvorstellung, die in der Praxis nicht unberücksichtigt bleiben darf und die eine der beiden Geraden auszeichnet. Betrachten wir etwa die bisher verwendeten Zahlenbeispiele
– Zusammenhang zwischen Größe X und Gewicht Y
– Zusammenhang zwischen Lagerumschlag X und Kalkulationsaufschlag Y,
so ergibt in beiden Fällen die Regression von Y bezüglich X einen klaren Sinn. Die Umkehrung: Regression der Größe X bezüglich des Gewichts Y erscheint de facto künstlich, da man der Vorstellung zuneigt, daß zwar die Größe das Körpergewicht „verursacht", jedoch nicht umgekehrt das Gewicht die Größe. Ähnlich kann man den Zusammenhang der Variablen Lagerumschlag und Kalkulationsaufschlag diskutieren.
Wir geben jedoch im folgenden ein Beispiel, in welchem die beiden Regressionsgeraden durchaus gleichberechtigt erscheinen.

Beispiel 5.12. Bei einer Stichprobe von 10 erwachsenen Männern wird die Armspannweite X und die Länge des Vorderarms Y (beide gemessen in Zoll) bestimmt. Man berechne den Korrelationskoeffizienten und die beiden Regressionsgeraden.
Die Daten befinden sich in den Spalten x_i und y_i des nachstehenden Rechenschemas, das hier auf die Abweichungen vom Mittelwert gemäß Formel (5.58a) ausgerichtet ist.

[7a]) Diese Behauptung gilt nur „im allgemeinen"; es gibt extreme Datenkonstellationen, wo sie nicht zutreffend ist. Diese Datenkonstellationen widersprechen jedoch dem Linearitätskonzept für den Korrelationskoeffizienten. Wieder muß betont werden, daß eine *exakte* Diskussion der Anwendungsmöglichkeit des Korrelationskoeffizienten den Rahmen der deskriptiven Statistik übersteigt.

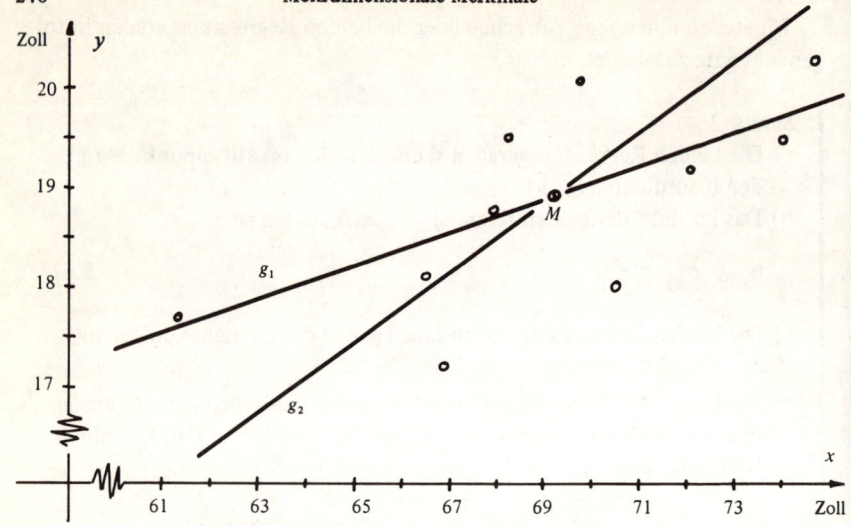

Abb. 37: Die beiden Regressionsgeraden für Armspannweite und Vorderarm

Quelle der Daten: Siehe Beispiel 3.5.

i	x_i	y_i	$x_i - \bar{x}$	$y_i - \bar{y}$	$(x_i - \bar{x})^2$	$(x_i - \bar{x})(y_i - \bar{y})$	$(y_i - \bar{y})^2$
1	66,5	18,1	−2,68	−0,74	7,18	1,98	0,55
2	70,5	18,0	1,32	−0,84	1,74	−1,11	0,71
3	68,2	19,5	−0,98	0,66	0,96	−0,65	0,44
4	74,7	20,3	5,52	1,46	30,47	8,06	2,13
5	69,7	20,1	0,52	1,26	0,27	0,66	1,59
6	66,9	17,2	−2,28	−1,64	5,20	3,74	2,69
7	74,0	19,5	4,82	0,66	23,23	3,18	0,44
8	67,9	18,8	−1,28	−0,04	1,64	0,05	0,00
9	72,1	19,2	2,92	0,36	8,53	1,05	0,13
10	61,3	17,7	−7,88	−1,14	62,09	8,98	1,30
Σ	691,8	188,4	0,00	0,00	141,32	25,95	9,96

$$\bar{x} = 69{,}18 \qquad \bar{y} = 18{,}84$$

$$r = \frac{S_{xy}}{\sqrt{S_{xx} \cdot S_{yy}}} = \frac{25{,}95}{37{,}52} = \underline{0{,}691}$$

Regression von Y bezüglich X

$$y = a_{yx} + b_{yx} x$$

$$b_{yx} = \frac{S_{xy}}{S_{xx}} = \frac{25{,}95}{141{,}32} = \underline{0{,}184}$$

Regression von X bezüglich Y

$$x = a_{xy} + b_{xy} y$$

$$b_{xy} = \frac{S_{xy}}{S_{yy}} = \frac{25{,}95}{9{,}96} = \underline{2{,}604}$$

$$a_{yx} = \bar{y} - \frac{S_{xy}}{S_{xx}} \bar{x} = \underline{6{,}137} \qquad a_{xy} = \bar{x} - \frac{S_{xy}}{S_{yy}} \bar{y} = \underline{20{,}117}$$

Ergebnisse:

$g_1 : y = \underline{6{,}137 + 0{,}184x} \qquad g_2 : x = \underline{20{,}117 + 2{,}604y}$

Die Ergebnisse werden oft so interpretiert:
- ändert sich die Armspannweite um 1 Zoll, so ändert sich die Länge des Vorderarms im Durchschnitt um 0,18 Zoll (Regression von Y bezüglich X)
- ändert sich die Länge des Vorderarms um 1 Zoll, so ändert sich die Armspannweite im Durchschnitt um 2,60 Zoll.

Für die Zeichnung sowie den unmittelbaren Vergleich der beiden Regressionsgeraden ist es vorteilhaft, sie in *vergleichbarer Darstellung* anzugeben; das heißt, beide Geradengleichungen in der Form $y = \alpha + \beta x$ auszudrücken. Man erhält dann:

$g_1 : y = 6{,}137 + 0{,}184x \qquad g_2 : y = -7{,}725 + 0{,}384x$

c) *Weitere Methoden der Anpassung von Geraden*

Neben den in den Punkten a) und b) beschriebenen klassischen Methoden sind natürlich noch weitere Möglichkeiten vorstellbar, Geraden bester Anpassung zu gewinnen.

Dabei kann man etwa wie bei der Methode der kleinsten Quadrate von den Abweichungen der Form $e_i = y_i - a - bx_i$ ausgehen, jedoch andere Funktionen der e_i zu minimieren suchen, etwa die Summe ihrer Absolutbeträge

$$\sum_{i=1}^{n} |y_i - a - bx_i| \ldots \text{Min!} \tag{5.62}$$

Alle diese Versuche führen jedoch auf wesentlich umfangreichere Rechnungen als die Methode der kleinsten Quadrate; das Problem (5.62) etwa ist mittels linearer Programmierung lösbar. Andererseits ist die Methode der kleinsten Quadrate gegen „Ausreißer" ziemlich empfindlich, da die Quadratfunktion große Abweichungen stark gewichtet. Daher hat man neuerdings auf der Suche nach „robusten" Anpassungsmethoden (siehe hiezu auch die Aufgaben 3.17 – 3.19) auf langsamer wachsende Funktionen der Abweichungen zurückgegriffen.

Anstelle der Abweichungen e_i kann man die senkrechten Abstände d_i (siehe Abb. 38) der Punkte P_i von einer Geraden betrachten. Üblicherweise minimiert man $\sum_{i=1}^{n} d_i^2$ und nennt die erhaltene Gerade g_0, die Gerade der *orthogonalen Regression*. Man kann zeigen, daß die Steigung der Geraden g_0 immer zwischen den Steigungen der beiden (gewöhnlichen) Regressionsgeraden liegt.

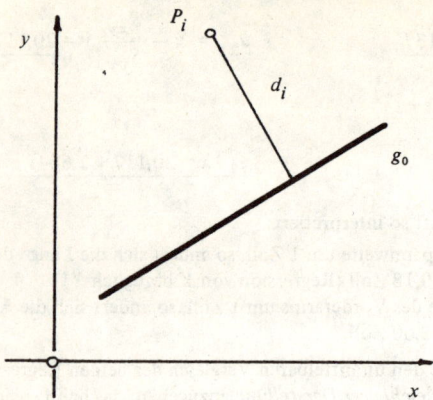

Abb. 38: Zur orthogonalen Regression

Im Gegensatz zur gewöhnlichen Regression liefert die orthogonale Regression ein in den beiden Variablen X und Y symmetrisches Ergebnis. Die Idee der orthogonalen Regression wird im Rahmen der sogenannten multivariaten Verfahren weiterentwickelt und führt dort zur *Hauptkomponentenmethode* [siehe hiezu etwa *Marinell*, 1977].

d) *Zeitreihen; Trendgeraden*

Bereits in Kapitel 4 wurden Zeitreihen untersucht; sie bildeten dort den Gegenstand der Meßzahl- und Indexrechnung. Nun betrachten wir das in einer Zeitreihe niedergelegte Datenmaterial als zweidimensionales Merkmal. Dabei spielt die Zeit die Rolle der unabhängigen Variablen; die im Zeitablauf sich verändernde Größe wird zur zweiten, der abhängigen Variablen Y, ernannt. Die graphische Darstellung der Zeitreihe kann durchaus als das zugehörige „Streudiagramm" interpretiert werden.

Beispiel 5.13. Die nachstehende kleine Tabelle zeigt die Entwicklung der im Fernverkehr mit Lastwagen beförderten Gütermenge in den Jahren 1971 bis 1975; daran anschließend in Abb. 39 die graphische Darstellung dieser Entwicklung.

Güterfernverkehr in Lastwagen in der BRD

Jahr	1971	1972	1973	1974	1975
Gütermenge in Mio. t	174	193	217	225	230

Man kann nun nach der im Punkt a) erläuterten Methode eine Regressionsgerade bestimmen. Im Falle einer Zeitreihe nennt man sie *Trendgerade*. Die Steigung der Trendgeraden kann gewissermaßen als der durchschnittliche lineare Anstieg der Größe Y pro Zeiteinheit gedeutet werden.
Bei der praktischen Berechnung kann man ausnutzen, daß die Zeitpunkte (bzw. -perioden) im allgemeinen in gleichem Abstand aufeinanderfolgen.

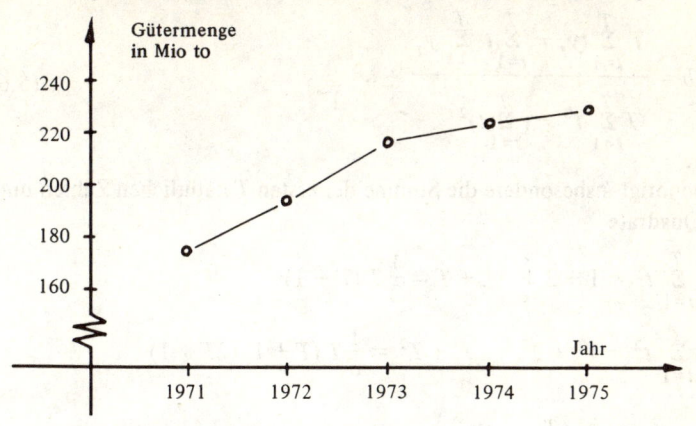

Quantitative Merkmale: Korrelations- und Regressionsrechnung

[Diagramm: Gütermenge in Mio to, Jahre 1971–1975, Werte ca. 175, 195, 217, 223, 228]

Abb. 39: Entwicklung des Güterfernverkehrs in der BRD
Quelle der Daten: Statistisches Jahrbuch 1977 für die Bundesrepublik Deutschland, S. 33

Dann ist es zweckmäßig, die Zeitangaben zu verschlüsseln, etwa in folgender Weise: Sei T die Anzahl der Zeitpunkte, dann werden $t = 1$, $t = 2, \ldots, t = T$ die Merkmalsausprägungen der Variablen „Zeit". Dementsprechend werden die zugehörigen Werte der Variablen Y mit y_t, $t = 1, 2, \ldots, T$ bezeichnet. Die Gleichung der Trendgeraden schreiben wir in der Form $y = a + bt$; die Koeffizienten werden durch Spezialisierung der allgemeinen Formeln für Regressionskoeffizienten gewonnen. Man erhält:

$$a = \frac{2(2T+1)}{T(T-1)} \sum_{t=1}^{T} y_t - \frac{6}{T(T-1)} \sum_{t=1}^{T} t y_t \qquad (5.63)$$

$$b = \frac{12}{T(T^2-1)} \sum_{t=1}^{T} t y_t - \frac{6}{T(T-1)} \sum_{t=1}^{T} y_t. \qquad (5.64)$$

Wir führen die Berechnung von b vor; a erhält man dann über die Beziehung $a = \bar{y} - b\bar{t}$. Am besten geht man von der Version (5.57a) aus:

$$b = \frac{n \sum_{i=1}^{n} x_i y_i - \sum_{i=1}^{n} x_i \sum_{i=1}^{n} y_i}{n \sum_{i=1}^{n} x_i^2 - (\sum_{i=1}^{n} x_i)^2}.$$

Spezialisierung für die unabhängige Variable und Umbenennung des Summationsindex führen zunächst zu

$$b = \frac{T \sum_{t=1}^{T} ty_t - \sum_{t=1}^{T} t \sum_{t=1}^{T} y_t}{T \sum_{t=1}^{T} t^2 - (\sum_{t=1}^{T} t)^2} \ .$$ (5.65)

Man benötigt insbesondere die Summe der ersten T natürlichen Zahlen und ihrer Quadrate

$$\sum_{t=1}^{T} t = 1 + 2 + \ldots + T = \frac{1}{2} T(T+1)$$

$$\sum_{t=1}^{T} t^2 = 1^2 + 2^2 + \ldots + T^2 = \frac{1}{6} T(T+1)(2T+1)$$

sowie

$$\bar{t} = \frac{1}{T} \sum_{t=1}^{T} t = \frac{1}{2}(T+1).$$

Der Beweis der beiden Formeln kann etwa durch vollständige Induktion nach T geführt werden. Nach einigen elementaren Umformungen erhält man schließlich die Formel (5.64). Ein Rechenschema für die Berechnung der Regressionsgeraden kann sich mit den drei Spalten t, y_t, ty_t begnügen.

Die Trendgerade kann zur *Extrapolation* der Zeitreihe über den Zeitpunkt T hinaus benutzt werden, indem man für $T + 1, T + 2, \ldots$ die *geschätzten Werte*

$$y_{T+1} = a + b(T+1)$$

$$y_{T+2} = a + b(T+2)$$ (5.66)

$\ldots$

berechnet.

Der Gebrauch von (5.66) kann auch als *Prognosemethode* für zukünftige Werte der Variablen Y verwendet werden; Voraussetzung ist allerdings, daß die Annahme eines fortdauernden linearen Trends einigermaßen plausibel ist.

Beispiel 5.14. Man bestimme eine Trendgerade für die Daten des Beispiels 5.13 und prognostiziere sodann die transportierte Gütermenge für die Jahre 1976 und 1977.

Wir benutzen dazu folgendes Rechenschema:

t	y_t	ty_t
1	174	174
2	193	386
3	217	651
4	225	900
5	230	1150
Σ	1039	3261

$T = 5$

Quantitative Merkmale: Korrelations- und Regressionsrechnung

Direktes Einsetzen in die Formeln (5.63) und (5.64) liefert sodann:

$$a = \frac{2 \cdot 11}{5 \cdot 4} \cdot 1039 - \frac{6}{5 \cdot 4} \cdot 3261 = \underline{164{,}6}$$

$$b = \frac{12}{5 \cdot 24} \cdot 3261 - \frac{6}{5 \cdot 4} \cdot 1039 = \underline{14{,}4} \,.$$

Die Gleichung der Trendgeraden wird

$$y = 164{,}6 + 14{,}4\,t \tag{5.67}$$

Eine Extrapolation für die Jahre 1976 und 1977 hat die Verschlüsselung der Zeit zu berücksichtigen, wenn man (5.67) benutzen will:

1976: $t = 6$ 1977: $t = 7$

$y_6 = 164{,}6 + 14{,}4 \cdot 6 = 251{,}0$

$y_7 = 164{,}6 + 14{,}4 \cdot 7 = 265{,}4$

Die prognostizierten Gütermengen für 1976 und 1977 sind also (gerundet) 251 Mio t und 265 Mio t. Aus der o.a. Quelle kann man noch den *tatsächlichen* Wert für 1976 entnehmen; er beträgt 262 Mio t. Der Prognose*fehler* ist also 251 Mio t − 262 Mio t = − 11 Mio t oder rund 4 % des tatsächlichen Wertes.

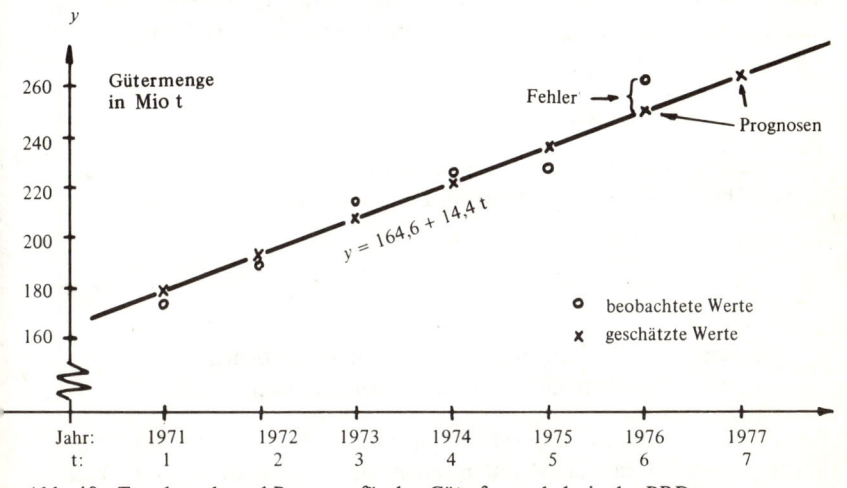

Abb. 40: Trendgerade und Prognose für den Güterfernverkehr in der BRD

Neben der hier gewählten Verschlüsselung der Zeitvariablen sind noch andere Methoden denkbar, die unter Umständen noch etwas mehr Rechenarbeit sparen. Für eine ungerade Anzahl der Zeitpunkte kann man eine Reihe symmetrisch um $t = 0$ wählen, im Fall $T = 5$ etwa die Reihe $t = -2, -1, 0, 1, 2$. Dadurch wird die Größe $\Sigma t y_t$ i.a. wesentlich kleiner and $\bar{t}$ verschwindet.

Die Verwendung von Trendgeraden und die Prognose mittels des linearen Trends werden in der schließenden Statistik durch eine Modellvorstellung gerechtfertigt, nach der die Entwicklung der Größe Y einem linearen *Gesetz* $y = \alpha + \beta t$ gehorcht; die tatsächlich beobachteten Größen werden durch die Gleichung

$$y_t = \alpha + \beta t + \epsilon_t$$

erklärt, wobei die ϵ_t als *Störungen* interpretiert werden, welche die „wahre" Entwicklung überlagern. Die Berechnung der Trendgeraden wird dann als „Schätzung" der unbekannten Koeffizienten α und β gedeutet.

5.4.3 Die Streuungszerlegung. Bestimmtheitsmaße

a) Herleitung der Zerlegungsformel

Der Begriff „Streuungszerlegung" wurde bereits in Abschnitt 3.2.5, Punkt c) eingeführt. Dort wurde der Aufbau einer Grundgesamtheit aus k Teilgesamtheiten betrachtet und untersucht, wie sich die Gesamtstreuung einer Variablen X aus zwei Komponenten zusammensetzt. Die eine Komponente konnte als Streuung innerhalb der Teilgesamtheiten interpretiert werden, die andere rührte von den unterschiedlichen Mittelwerten in den einzelnen Teilgesamtheiten her. Dabei ging man im wesentlichen von einer Zerlegung der Differenz $x_{ij} - \bar{x}$ aus:

$$x_{ij} - \bar{x} = (x_{ij} - \bar{x}_i) + (\bar{x}_i - \bar{x}) \tag{5.68}$$

und gelangte durch Quadrieren und Summation (unter Zuhilfenahme des Steinerschen Verschiebungssatzes) zur Zerlegungsformel

$$\sigma^2 \quad = \quad \sum_{i=1}^{k} \frac{n_i}{n} \sigma_i^2 \quad + \quad \sum_{i=1}^{k} \frac{n_i}{n} (\bar{x}_i - \bar{x})^2. \tag{3.70}$$

Gesamtvarianz   Varianz innerhalb der Gruppen   Varianz zwischen den Gruppen

Diese Idee kann nun auf die Regressionsrechnung übertragen werden. Nun konzentrieren wir uns auf die Untersuchung der abhängigen Variablen Y und ihrer Streuung. Dazu wird die Abweichung $y_i - \bar{y}$ ähnlich wie $x_{ij} - \bar{x}$ in (5.68) zerlegt; an die Stelle der Gruppenmittelwerte $\bar{x}_i$ treten die geschätzten Werte $\hat{y}_i = a + bx_i$ (siehe hiezu auch Abb. 41):

$$y_i - \bar{y} = (y_i - \hat{y}_i) + (\hat{y}_i - \bar{y}) \tag{5.69}$$

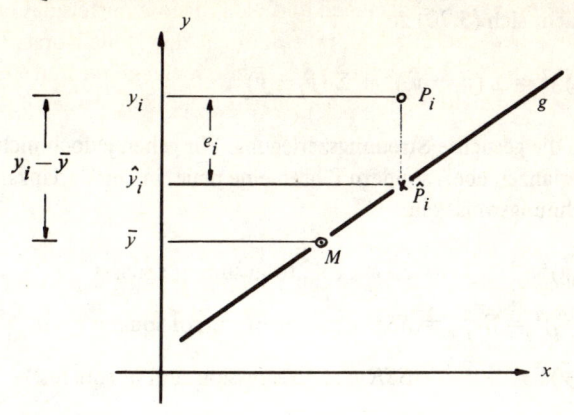

Abb. 41: Zerlegen der Abweichung $y_i - \bar{y}$

Quadrieren von (5.69) und anschließende Summation über alle Elemente der Grundgesamtheit liefert

$$\sum_{i=1}^{n} (y_i - \bar{y})^2 = \sum_{i=1}^{n} (y_i - \hat{y}_i)^2 + 2 \sum_{i=1}^{n} (y_i - \hat{y}_i)(\hat{y}_i - \bar{y}) + \sum_{i=1}^{n} (\hat{y}_i - \bar{y})^2. \tag{5.70}$$

Bei der weiteren Auswertung der Formel (5.70) beachten wir, daß die Koeffizienten a, b den Normalgleichungen

$$na \quad + b\Sigma x_i = \Sigma y_i \tag{5.55a}$$

$$a\Sigma x_i + b\Sigma x_i^2 = \Sigma x_i y_i \tag{5.55b}$$

genügen[8]).

Zunächst bemerken wir, daß der mittlere Ausdruck auf der rechten Seite von (5.70) verschwindet:

$$\Sigma (y_i - \hat{y}_i)(\hat{y}_i - \bar{y}) = \Sigma (y_i - a - bx_i)(a + bx_i - \bar{y})$$

$$= \Sigma [(a - \bar{y}) + bx_i](y_i - a - bx_i)$$

$$= \underbrace{(a - \bar{y}) \Sigma (y_i - a - bx_i)}_{= 0 \text{ wegen } (5.55a)} + \underbrace{b\Sigma x_i (y_i - a - bx_i)}_{= 0 \text{ wegen } (5.55b)} \quad = 0$$

---

[8]) Zwecks einfacher Schreibweise wird in den folgenden Ableitungen auf die explizite Angabe des Summationsbereichs $i = 1, \ldots, n$ verzichtet.

Damit vereinfacht sich (5.70) zu

$$\Sigma (y_i - \bar{y})^2 = \Sigma (y_i - \hat{y}_i)^2 + \Sigma (\hat{y}_i - \bar{y})^2. \tag{5.71}$$

Dies ist bereits die gesuchte Streuungszerlegung. Wir gehen jedoch nicht sofort zu den Varianzen über, sondern führen eine neue, in der Varianzanalyse übliche Bezeichnungsweise ein:

$\Sigma (y_i - \bar{y})^2 \qquad = SST \ \ldots$ „total sum of squares"

$\Sigma (y_i - \hat{y}_i)^2 = \Sigma e_i^2 \ = SSE \ \ldots$ „error sum of squares"

$\Sigma (\hat{y}_i - \bar{y})^2 \qquad = SSR \ \ldots$ „regression sum of squares"

Die Gleichung (5.71) kann dann in der Form

$$\boxed{SST = SSE + SSR} \tag{5.72}$$

geschrieben werden.

b) *Das Bestimmtheitsmaß*

Die Größe $1/n \cdot SSR$ kann nun als Varianz der geschätzten Werte $\hat{y}_i$ gedeutet werden. Es ist nämlich

$$\hat{y}_i = a + bx_i$$

$$\Sigma \hat{y}_i = na + b\Sigma x_i = \Sigma y_i \qquad \text{(nach 5.55a)}$$

$$\frac{1}{n} \Sigma \hat{y}_i = \frac{1}{n} \Sigma y_i = \bar{y}.$$

Das heißt: Das arithmetische Mittel der geschätzten Werte $\hat{y}_i$ ist gleich dem arithmetischen Mittel der ursprünglichen Werte y_i. Somit wird

$$\frac{1}{n} SSR = \frac{1}{n} \Sigma (\hat{y}_i - \bar{y})^2 = \frac{1}{n} \Sigma (\hat{y}_i - \bar{\hat{y}})^2 = \sigma_{\hat{y}}^2. \tag{5.73}$$

Ebenso ist

$$\frac{1}{n} SST = \frac{1}{n} \Sigma (y_i - \bar{y})^2 = \sigma_y^2.$$

Die Beziehung zwischen σ_y^2 und $\sigma_{\hat{y}}^2$ läßt sich auch graphisch verdeutlichen.

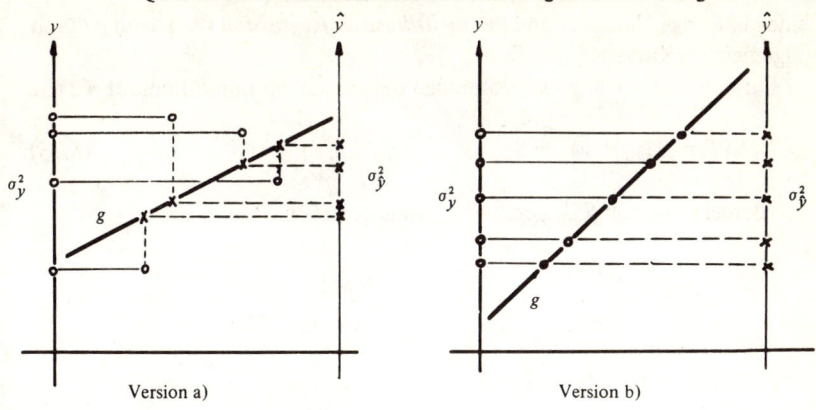

Abb. 42: Streuungszerlegung durch die Regressionsgerade

Die Betrachtung von Version b) lehrt: Liegt ein strenger linearer Zusammenhang vor, so ist $\sigma_y^2 = \sigma_{\hat{y}}^2$, da ja $y_i = \hat{y}_i$ für alle $i = 1, \ldots, n$ gilt. Aus Version a) ist ersichtlich, daß $\sigma_{\hat{y}}^2 \leq \sigma_y^2$ gilt; die Varianz der geschätzten Werte ist kleiner als die Varianz der beobachteten Werte. Dies geht auch unmittelbar aus Gleichung (5.72) hervor, da $\Sigma e_i^2 = SSE \geq 0$.

Wir können diese beiden Feststellungen in folgender Weise interpretieren. Im Falle eines *strengen linearen Zusammenhangs* wird die *gesamte* Varianz der Beobachtungswerte durch die Varianz der auf der Regressionsgeraden liegenden, geschätzten Werte *erklärt*; im *allgemeinen Fall* wird durch die Varianz der geschätzten Werte nur *ein Teil* der gesamten Varianz *erklärt*. Anschaulich kann man das auch so ausdrücken: Der lineare Zusammenhang ist umso stärker, je besser es gelingt, durch eine Gerade die Varianz der Beobachtungswerte „auszuschöpfen". Es liegt daher nahe, den *Anteil* der durch die Regressionsgerade erklärten Varianz an der Gesamtvarianz ebenfalls als Maßzahl für den linearen Zusammenhang zu interpretieren. Wir sprechen dann von einem Bestimmtheitsmaß und definieren:

Definition 5.13. Das *Bestimmtheitsmaß B* ist gegeben durch

$$B = \frac{SSR}{SST}. \tag{5.74}$$

Unter einem Bestimmtheitsmaß verstehen wir ganz allgemein eine Maßzahl die angibt, wie gut die Veränderung einer abhängigen Variablen durch eine postulierte Gesetzmäßigkeit erklärt werden kann. Definition 5.13 ist nicht nur auf den Fall der linearen Regression anwendbar, sondern der Varianzquotient *SSR/SST* spielt auch in anderen Zusammenhängen eine Rolle, etwa beim Problem der *multiplen Regression* (mehrere unabhängige Variable erklären eine abhängige Variable) und der *nichtlinearen Regression* (Anpassung durch allgemeinere Kurven).

Für den Fall der Regressionsgeraden berechnen wir nun B konkret. Es gilt:

$$SST = \Sigma \, (y_i - \bar{y})^2 = S_{yy} \, . \tag{5.75}$$

Die Berechnung von *SSR* geschieht folgendermaßen

$$\begin{aligned}\hat{y}_i &= a + bx_i \\ \bar{y} &= a + b\bar{x} \\ \hline \hat{y}_i - \bar{y} &= b \, (x_i - \bar{x})\end{aligned} \qquad \text{wegen (5.55a).}$$

Weiter: $SSR = \Sigma \, (\hat{y}_i - \bar{y})^2 = b^2 \, \Sigma \, (x_i - \bar{x})^2 = (S_{xy}^2/S_{xx}^2) \cdot S_{xx}$ (wegen (5.58b)) $= S_{xy}^2/S_{xx}$. Daraus folgt

$$B = SSR/SST = S_{xy}^2/S_{xx} S_{yy}$$

oder

$$\boxed{B = r_{xy}^2} \tag{5.76}$$

So sind wir, auf ganz andere Weise als in Abschnitt 5.4.1, wieder beim Korrelationskoeffizienten gelandet. Während die dortige Ableitung über die mit Vorzeichen versehenen Rechteckflächen ganz auf den Fall des zweidimensionalen Streudiagramms zugeschnitten war, bietet der Weg über die Streuungszerlegung die Möglichkeit der Verallgemeinerung des Korrelationskoeffizienten. Bemerkenswert ist allerdings, daß durch das Quadrieren von r in (5.76) die Fähigkeit verlorenging, zwischen positiven und negativen Zusammenhängen zu unterscheiden. Dies ist zu erwarten, weil diese Unterscheidung ganz an die zweidimensionale Ebene mit ihren vier Quadranten gebunden ist; im Falle der multiplen und der nichtlinearen Regression ist die Definition von „positivem" oder „negativem" Zusammenhang nicht ohne weiteres möglich.

c) *Die Beziehung zwischen einer qualitativen und einer quantitativen Variablen*

Die Idee der Streuungszerlegung kann direkt auf die Gewinnung eines Zusammenhangsmaßes zwischen einem qualitativen Merkmal A und einem quantitativen Merkmal (einer Variablen) Y angewandt werden. Die Daten des neuen Problems seien allgemein im folgenden Schema gegeben

Merkmals-ausprägung (Gruppe)	Werte der Variablen Y
A_1	$y_{11}, y_{12}, \ldots, y_{1n_1}$
$\vdots$	$\ldots$
A_i	$y_{i1}, y_{i2}, \ldots, y_{in_i}$
$\vdots$	$\ldots$
A_k	$y_{k1}, y_{k2}, \ldots, y_{kn_k}$

(5.77)

Es ist dies dasselbe Schema wie in (3.80) aus Abschnitt 3.2.5; jetzt aber tritt die Auffassung als zweidimensionale Verteilung, gebildet aus den beiden Merkmalen A und Y in den Vordergrund. Dabei wird Y als abhängige, A als unabhängige Variable gedeutet.

Um die Analogie zur Regressionsrechnung herauszuarbeiten, stellen wir nocheinmal die bisher verwendeten Zerlegungsformeln in einer kleinen Übersicht zusammen.

gesamte Varianz[9]) der abhängigen Variablen	=	durch die unabhängige Variable *erklärte* Varianz[9])	+	durch die unabhängige Variable nicht erklärte Varianz[9])
$\sum\limits_{i=1}^{k} \sum\limits_{j=1}^{n_i} (y_{ij} - \bar{y})^2$	=	$\sum\limits_{i=1}^{k} n_i (\bar{y}_i - \bar{y})^2$	+	$\sum\limits_{i=1}^{k} \sum\limits_{j=1}^{n_i} (y_{ij} - \bar{y}_i)^2$
SST	=	SSR	+	SSE

Das Konstruktionsprinzip für ein Bestimmtheitsmaß lautet nun ganz allgemein

$$\text{Bestimmtheitsmaß} = \frac{\text{erklärte Varianz der abhängigen Variablen}}{\text{gesamte Varianz der abhängigen Variablen}}$$

(5.78)

In der Regressionsrechnung führte (5.78) auf das Bestimmtheitsmaß $B = r^2$. Auf die erste Zeile des obigen Schemas angewandt, erhalten wir als Bestimmtheitsmaß den *Pearson*schen Eta-Koeffizienten.

---

[9]) Der Faktor $1/n$, welcher den Ausdruck „Varianz" erst rechtfertigen würde, ist der Einfachheit halber weggelassen worden.

Definition 5.14. Eine zweidimensionale Verteilung, bestehend aus einem qualitativen Merkmal A und der abhängigen (quantitativen) Variablen Y, wie in Schema (5.77) beschrieben, sei vorgegeben. Der *Pearsonsche Eta-Koeffizient* $\eta_{y;A}$ ist gegeben durch

$$\eta_{y;A}^2 = \frac{\sum\limits_{i=1}^{k} n_i (\bar{y}_i - \bar{y})^2}{\sum\limits_{i=1}^{k} \sum\limits_{j=1}^{n_i} (y_{ij} - \bar{y})^2} \tag{5.79}$$

$\eta_{y;A}$ wird stets als die positive Quadratwurzel von (5.79) genommen.

Für die praktische Auswertung der Streuungszerlegung und die Berechnung von η^2 werden Zähler und Nenner von (5.79) in derselben Weise umgeformt wie schon die Varianz in den Formeln (3.69) und (3.70). Dabei geben wir hier die in der Varianzanalyse üblichen Bezeichnungen an und schreiben jetzt:

$T_i \quad := \sum\limits_{j=1}^{n_i} y_{ij} \quad \ldots$ Summe in der i-ten Gruppe

$G \quad := \sum\limits_{i=1}^{k} T_i \quad \ldots$ Gesamtsumme

$\Sigma y_i^2 \quad := \sum\limits_{j=1}^{n_i} y_{ij}^2 \quad \ldots$ Quadratsumme in der i-ten Gruppe

$\Sigma\Sigma y_i^2 \quad := \sum\limits_{i=1}^{k} \sum\limits_{j=1}^{n_i} y_{ij} \quad \ldots$ gesamte Quadratsumme

Dann erhält man unter Berücksichtigung von $n = \sum\limits_{i=1}^{k} n_i$ die Formeln

$$\sum_{i=1}^{k} \sum_{j=1}^{n_i} (y_{ij} - \bar{y})^2 = \sum_{i=1}^{k} \sum_{j=1}^{n_i} y_{ij} - n\bar{y}^2 = \Sigma\Sigma y_i^2 - \frac{G^2}{n} \tag{5.80}$$

$$\sum_{i=1}^{k} n_i (\bar{y}_i - \bar{y})^2 = \sum_{i=1}^{k} n_i \bar{y}_i^2 - n\bar{y}^2 = \sum_{i=1}^{k} \frac{T_i^2}{n_i} - \frac{G^2}{n}. \tag{5.81}$$

Im Spezialfall $n_1 = n_2 = \ldots = n_k = n/k$ bekommt man

$$\sum_{i=1}^{k} n_i (\bar{y}_i - \bar{y})^2 = \frac{k}{n} \sum_{i=1}^{k} T_i^2 - \frac{G^2}{n}. \tag{5.82}$$

Mit den abkürzenden Bezeichnungen lautet dann der Eta-Koeffizient für gleichgroße Gruppen

$$\eta^2 = \frac{k\Sigma T_i^2 - G^2}{n\Sigma\Sigma y_i^2 - G^2}. \tag{5.83}$$

Beispiel 5.15. Die 24 Hörer eines Statistikkurses werden in drei gleichgroßen Übungsgruppen von drei verschiedenen Tutoren betreut. Wie die nachstehende Tabelle zeigt, gibt es offenbar einen Zusammenhang zwischen Übungsgruppe bzw. Tutor[10]) und dem Ergebnis der gemeinsamen Abschlußprüfung, das in einer Punktewertung, reichend von 0 bis maximal 100 Punkten ausgedrückt wird. Es ist der Eta-Koeffizient von *Pearson* zu berechnen. Wir geben im Anschluß an die Daten gleich das Rechenschema für den hier vorliegenden einfachen Fall der gleichgroßen Gruppen.

Tutor I	Tutor II	Tutor III
Ergebnis der Abschlußprüfung		
33	42	58
48	38	70
22	28	82
41	82	70
80	65	60
40	45	90
27	23	98
89	47	92

Merkmal A : Tutor
Merkmal Y : Prüfungsergebnis

$k = 3$
$n = 24$

$T_1 = 380 \quad T_2 = 370 \quad T_3 = 620 \quad\quad G = 1\,370$

$T_1^2 = 144400 \quad T_2^2 = 136900 \quad T_3^2 = 384400 \quad \Sigma T_i^2 = 665\,700$

$\Sigma y_1^2 = 22208 \quad \Sigma y_2^2 = 19704 \quad \Sigma y_3^2 = 49656 \quad \Sigma\Sigma y_i^2 = 91\,568$

$$\eta^2_{y;A} = \frac{k\Sigma T_i^2 - G^2}{n\Sigma\Sigma y_i^2 - G^2} = \frac{3 \cdot 665700 - 1370^2}{24 \cdot 91568 - 1370^2} = 0{,}375$$

$\eta_{y;A} = 0{,}612.$

Im Spezialfall $k = 2$, also beim Vergleich zweier Gruppen wurde der Eta-Koeffizient mit einem besonderen Namen bedacht und mit einer speziellen Version der Formel (5.79) versehen.

---

[10]) Ob tatsächlich der Tutor die Unterschiede verursacht, oder ob der Effekt der Gruppe zuzurechnen ist, oder ob beide Einflüsse zugleich wirken, hängt davon ab, nach welchem Mechanismus die Gruppen gebildet werden. Bei „zufälliger" Aufteilung, etwa nach dem Alphabet, wird man den Effekt den Tutoren zuschreiben können. Solche Fragen gehören in das Arbeitsgebiet der statistischen *Versuchsplanung*.

Definition 5.15. Gegeben seien die zwei Reihen

$$y_{11}, y_{12}, \ldots, y_{1n_1}$$

$$y_{21}, y_{22}, \ldots, y_{2n_2}$$

mit $n_1 + n_2 = n$, $p_1 = n_1/n$, $p_2 = n_2/n$ und σ_y^2 als Gesamtvarianz der vereinigten Reihen.
Der *Punkt-biseriale Korrelationskoeffizient* r_{pb} ist gegeben durch

$$r_{pb} = \frac{\bar{y}_1 - \bar{y}_2}{n\sigma_y}\sqrt{n_1 n_2} = \frac{\bar{y}_1 - \bar{y}_2}{\sigma_y}\sqrt{p_1 p_2} \ . \tag{5.84}$$

Anmerkungen:
a) Der Korrelationskoeffizient r_{pb} ist also, ähnlich wie der gewöhnliche Korrelationskoeffizient – jedoch im Gegensatz zum Eta-Koeffizienten – ein vorzeichenbehaftetes und damit richtungsanzeigendes Zusammenhangsmaß.
b) r_{pb} kann tatsächlich auch nach dem allgemeinen Rechenschema für η^2 berechnet werden. Die Formel (5.84) ist nur dann nützlich, wenn man σ_y schon kennt, bzw. wenn das Datenmaterial so organisiert ist, daß σ_y^2 leicht berechnet werden kann. Berechnet man r_{pb} über die allgemeinen Formeln für das Bestimmtheitsmaß η^2, so hat man nur auf die korrekte Bestimmung des Vorzeichens von r_{pb} zu achten; dies geschieht durch Betrachtung des Vorzeichens von $\bar{y}_1 - \bar{y}_2$.
c) Man kann zeigen, daß r_{pb} als gewöhnlicher Korrelationskoeffizient gedeutet werden kann. Dabei tritt an die Stelle des Merkmals A eine Variable X mit den beiden Merkmalsausprägungen $x_1 = 0$ und $x_2 = 1$. Siehe hiezu auch Aufgabe 5.31.
d) Der Eta-Koeffizient kann auch, wie die Lambda-Maße, als Prädiktionsmaß des Zusammenhangs gedeutet werden. Näheres hiezu siehe bei Aufgabe 5.32.

5.4.4 Aufgaben und Ergänzungen zu Abschnitt 5.4

Aufgabe 5.16. In einem Wiener Gemeindekindergarten (siehe auch Beispiel 5.9) wurden Größe und Körpergewicht von elf Knaben ermittelt.

Nr.	Größe cm	Gewicht kg
1	95	13,6
2	99	15,8
3	103	18,5
4	94	14,5
5	100	15,9
6	101	17,3
7	102	17,0
8	94	14,2

Nr.	Größe cm	Gewicht kg
9	94	15,2
10	103	16,1
11	99	18,3

a) Zeichne ein Streudiagramm zu diesen Daten; welche Variable ist als unabhängige, welche als abhängige anzusehen?
b) Berechne den Korrelationskoeffizienten.
c) Bestimme eine Regressionsgerade zur Regression des Gewichts in Bezug auf die Größe.

Aufgabe 5.17. Bei fünf zufällig ausgewählten Haushalten werden die nachstehenden Daten über das Einkommen und die Ersparnisse einer bestimmten Periode erhoben:

Haushalt	Einkommen in DM	Sparen
A	8 000	600
B	11 000	1 400
C	9 000	1 000
D	6 000	700
E	6 000	300

a) Man schätze die Abhängigkeit des Sparens vom Einkommen durch die Berechnung einer geeigneten Regressionsgeraden.
b) Man schätze auf Grund des erhaltenen Ergebnisses die Ersparnisse eines Haushalts mit 12 000 DM Einkommen.

Aufgabe 5.18. Die folgende Tabelle gibt Auskunft über die Werte der Variablen

X = Ausgaben für Zigaretten

Y = Ausgaben für Getränke

in zehn Haushalten:

Haushalt Nr.	1	2	3	4	5	6	7	8	9	10
	durchschnittliche Ausgaben pro Woche in DM									
Zigaretten	10,0	18,1	19,2	26,9	12,7	17,2	6,4	7,6	11,1	9,9
Getränke	15,6	21,3	27,2	31,9	17,1	13,5	14,7	18,1	21,7	20,3

a) Berechne den Korrelationskoeffizienten r_{xy}
b) Bestimme die beiden Regressionsgeraden.

Aufgabe 5.19. Für $n = 50$ Elemente einer Grundgesamtheit werden die Werte zweier Variablen X und Y gemessen und die folgenden Zwischenergebnisse bekanntgegeben:

$$\Sigma x_i = 400 \qquad \Sigma y_i = 510$$

$$\Sigma x_i^2 = 3600 \qquad \Sigma y_i^2 = 5686 \qquad \Sigma x_i y_i = 4040.$$

a) Man berechne den Korrelationskoeffizienten r_{xy}
b) Man bestimme die Regressionsgerade von X bezüglich Y.

Aufgabe 5.20. Anläßlich eines Bonner Gastvortrages vertrat *Kaldor* die Meinung, die Schnelligkeit des Wirtschaftswachstums hinge vom Anteil der Erwerbspersonen in der Landwirtschaft an der Gesamtzahl der Erwerbspersonen ab. Die in der Landwirtschaft tätige Bevölkerung sei als Reservoir für andere Industriezweige anzusehen.

Land	x_i	y_i
Belgien	10	2,5
BRD	20	5,1
Frankreich	29	3,7
Italien	36	5,5
Niederlande	15	2,9
Dänemark	21	3,7
Finnland	42	2,9
Norwegen	13	2,8
Österreich	29	5,1
Portugal	46	4,5
Schweiz	16	2,9
Australien	13	1,6
Japan	43	9,1
Kanada	17	1,3
USA	11	1,2

Quelle der Daten: Ferschl, Methodenlehre der Statistik I, 2. Teil, Bonn 1970 (Skriptum).

Um diese Behauptung zu überprüfen, betrachten wir für fünfzehn Länder die beiden folgenden Variablen

$X =$ Anteil der in der Landwirtschaft tätigen Erwerbspersonen im Jahre 1954

$Y =$ durchschnittliche Zuwachsrate des Bruttonationalprodukts pro Kopf in den Jahren 1954–1962.

Beide Größen werden in Prozent angegeben.

Man berechne den Korrelationskoeffizienten und die Regressionsgerade von Y bezüglich X.

Aufgabe 5.21. Beim Anlaufen der Wintersaison werden in einer Sportartikelgroßhandlung im Laufe der ersten fünf Wochen folgende Verkaufszahlen für Skier ermittelt:

Woche Nr.	verkaufte Paar Ski
1	100
2	130
3	120
4	150
5	200

a) Man bestimme eine Trendgerade für die Verkaufszahlen der Skier
b) Man schätze die Verkaufszahlen in der 7. Woche unter der Voraussetzung, daß der lineare Trend in den folgenden Wochen fortbesteht.

Aufgabe 5.22. Ein Geschäft hat für einen bestimmten Artikel eine Werbekampagne gestartet und registriert nach dem Beginn der Kampagne folgende Verkaufszahlen:

Woche	verkaufte Stücke
5. 9.–11. 9.	200
12. 9.–18. 9.	230
19. 9.–25. 9.	220
26. 9.– 2.10.	250
3.10.– 9.10.	300

Das Geschäft möchte zwecks weiterer Einkaufsplanung eine Schätzung des Gesamtbedarfs in den folgenden drei Wochen vornehmen und legt dabei die Annahme eines linearen Trends für die durch die Werbekampagne induzierten Verkaufszahlen zugrunde. Wie groß ist der so geschätzte Gesamtbedarf?

Aufgabe 5.23. Der Anteil des Einkommens aus unselbständiger Arbeit am Volkseinkommen der Bundesrepublik Deutschland wird für die Jahre 1969 bis 1973 durch die folgende Tabelle gegeben.

Jahr	1969	1970	1971	1972	1973
Anteil in Prozent	65,2	66,7	68,3	68,7	69,8

Mittels der Modellvorstellung eines linearen Trends schätze man den Anteil der Löhne und Gehälter für das Jahr 1974.
a) indem man alle fünf gegebenen Jahre der Schätzung zugrunde legt,
b) indem man nur die letzten drei gegebenen Jahre verwendet
und vergleiche die Resultate[11]).
Statistikklausur Wien, WS 1974/75.

Aufgabe 5.24. Körpergröße und Gewichtungsmessungen in einem Wiener Gemeindekindergarten.

In Beispiel 5.9 und in Aufgabe 5.16 wurden für die Mädchen und Knaben der ersten Kindergartenstufe Größen- und Gewichtsmeßergebnisse angegeben. Nun sollen die Verteilungen der Körpergröße für Knaben und Mädchen einerseits und die Verteilungen der Körpergewichte für Knaben und Mädchen andererseits miteinander verglichen werden. Zu diesem Zweck berechne man die Punkt-biserialen Korrelationskoeffizienten in Bezug auf die Merkmale
a) Geschlecht und Körpergröße
b) Geschlecht und Körpergewicht.

Aufgabe 5.25. Der unterschiedliche Stil des Fußballspiels in den höchsten Spielklassen der verschiedenen europäischen Länder äußert sich nicht zuletzt in der Anzahl der Tore, die während eines Spiels geschossen werden. Für vier ausgewählte Länder aus West-, Süd-, Mittel- und Osteuropa wurden Daten aus der Herbstsaison 1977 gesammelt, die in folgender Tabelle zusammengestellt seien.

Gesamtzahl der Tore pro Spiel	Schottland	Spanien	Schweiz	Polen
	Anzahl der Spiele			
0	3	5	3	10
1	6	11	11	11
2	10	11	12	12
3	16	11	16	10
4	9	4	7	1
5	5	6	9	4
6	1	2	5	–
7	–	2	1	–
8	–	–	1	–
9	–	–	1	–

---

[11])Der tatsächliche Wert für 1974 betrug 71,4 Prozent.

Insbesondere zeigt diese Übersicht eine verschieden starke Betonung von Verteidigungs- und Angriffsspiel.
Man berechne den Eta-Koeffizienten zu der gegebenen Tabelle; er kann hier als Maßzahl der Verschiedenheit der „Verteidigungsintensität" in den angeführten Fußballigen aufgefaßt werden.

Aufgabe 5.26. Der Korrelationskoeffizient ist invariant gegenüber linearen Transformationen der Variablen. Seien X, Y zwei statistische Variable. U, V entstehen aus X und Y durch die Lineartransformation

$$U = \alpha + \beta X$$
$$V = \gamma + \delta Y. \quad \text{mit } \beta \cdot \delta > 0 \tag{5.85}$$

Dann bleibt der Korrelationskoeffizient invariant, das heißt, es gilt

$$r_{uv} = r_{xy}.$$

Beachte: r ist nicht invariant gegenüber jeder linearen Transformation der (x, y)-Ebene, sondern nur gegenüber Transformationen des Typs (5.85). Diese können als allgemeine Maßstabänderung in der Datenebene aufgefaßt werden.

Aufgabe 5.27. Deutung des Phi-Koeffizienten als Korrelationskoeffizient. In einer Grundgesamtheit mit N Elementen seien zwei Variable definiert, die jeweils nur zwei Werte annehmen können, nämlich

X: x_1, x_2 mit $x_1 < x_2$
Y: y_1, y_2 mit $y_1 < y_2$.

In der (x, y)-Ebene finden wir also nur vier Punkte, die von den Elementen der Grundgesamtheit gemäß folgender Tabelle besetzt seien:

Punkt	(x_1, y_1)	(x_2, y_1)	(x_1, y_2)	(x_2, y_2)	Σ
Häufigkeit	a	c	b	d	N

Dann gilt:
$$r_{xy} = \phi \tag{5.86}$$

wobei ϕ gemäß Formel (5.36) gegeben ist.

Hinweis: Wegen des Ergebnisses von Aufgabe 5.26 genügt es, die Variablen X und Y als 0,1-Variable anzunehmen.

Aufgabe 5.28. Über die geometrischen Eigenschaften der beiden Regressionsgeraden in einem (x, y)-Koordinatensystem können u.a. die folgenden Aussagen gemacht werden, deren Beweis anzugeben ist:

a) Die Steigung der Regressionsgeraden von X bezüglich Y ist dem Betrage nach größer als die Steigung der Regressionsgeraden von Y bezüglich X.

b) Der Winkel α zwischen den beiden Regressionsgeraden wird bei gleichem Streuungsverhältnis $q^2 = \sigma_y^2/\sigma_x^2$ umso größer, je schwächer der Zusammenhang zwischen den beiden Variablen X und Y ist. Es gilt

$$tg\,\alpha = \frac{1-r^2}{r} \cdot \frac{q}{1+q^2} \qquad (5.87).$$

Aufgabe 5.29. Man führe die Ableitung der Formeln (5.63) und (5.64) für die Koeffizienten der Trendgeraden aus den allgemeinen Formeln für die Regressionsgerade im einzelnen durch.

Aufgabe 5.30. Es ist die Ableitung der Formel (5.84) für den Punkt-biserialen Korrelationskoeffizienten aus der allgemeinen Formel (5.79) für den Eta-Koeffizienten anzugeben.

Aufgabe 5.31. Auch der Punkt-biseriale Korrelationskoeffizient kann als Spezialfall des gewöhnlichen Korrelationskoeffizienten aufgefaßt werden. Den beiden in Definition 5.15 angegebenen Reihen, die den Werten einer Variablen Y entsprechen, sei eine Variable X mit den Merkmalsausprägungen x_1 und x_2 zugeordnet; wir nehmen an, daß $x_1 < x_2$. Es entsteht eine zweidimensionale Verteilung, deren Streudiagramm aus den $n_1 + n_2 = n$ Punkten

$$(x_1, y_{1i}) \qquad i = 1, \ldots, n_1$$
$$(x_2, y_{2j}) \qquad j = 1, \ldots, n_2$$

besteht. Man zeige: Es gilt

$$r_{pb} = r_{xy}. \qquad (5.88)$$

Aufgabe 5.32. Das Quadrat des Eta-Koeffizienten kann als *Prädiktionsmaß* gedeutet werden. Als *Voraussageregel* für die abhängige Variable Y nehme man: „Wähle das arithmetische Mittel der Beobachtungen". Als *Fehlerdefinition* werde das Quadrat der Abweichung von Prognose und tatsächlich beobachtetem Wert von Y verwendet. Bezeichnet man mit E_1 und E_2 die Fehlersumme, welche man ohne bzw. mit Kenntnis der Ausprägungen des unabhängigen Merkmals A zustande bringt, so gilt:

$$\eta_{y;A}^2 = \frac{E_1 - E_2}{E_1} \qquad (5.89)$$

Quantitative Merkmale: Korrelations- und Regressionsrechnung

Die Theil'schen Ungleichheitsmaße

Zur Überprüfung der Güte von Prognosen, insbesondere bei der Voraussage von Änderungen wichtiger volkswirtschaftlicher Globalgrößen könnte man daran denken, den Korrelationskoeffizienten der beiden Variablen

X = prognostizierte Änderung

Y = tatsächliche Änderung

als Gütemaß für die Prognosemethode zu nehmen. *Theil* hat jedoch dargelegt, daß r_{xy} hiefür kein geeignetes Maß darstellt. Er hat vielmehr *Ungleichheitsmaße* vorgeschlagen, welche die Idealforderung

Prognose x_i = beobachteter Wert y_i

und nicht bloß die lineare Beziehung $y_i = a + bx_i$ als Ziel der Prognose berücksichtigen; nämlich

$$U_1 = \frac{\sqrt{\sum_{i=1}^{n}(x_i - y_i)^2}}{\sqrt{\sum_{i=1}^{n} x_i^2} + \sqrt{\sum_{i=1}^{n} y_i^2}} \tag{5.90}$$

und

$$U_2 = \sqrt{\frac{\sum_{i=1}^{n}(x_i - y_i)^2}{\sum_{i=1}^{n} y_i^2}}. \tag{5.91}$$

Eine Diskussion des Maßes U_1 findet man in *Theil* [1961, S. 32ff.]. Später hat dieser Autor aus theoretischen Gründen dem Maß U_2 den Vorzug gegeben, obwohl nur U_1, nicht aber U_2 die angenehme Normierungseigenschaft $0 \leq U \leq 1$ aufweist [siehe hiezu etwa *Theil*, 1966, S. 28].

Aufgabe 5.33. In der nachstehenden Tabelle finden wir ein praktisches Beispiel für den Zusammenhang von prognostizierter und tatsächlicher Änderung einer zentralen Wirtschaftsgröße

a) Man zeichne Streudiagramme für den Zusammenhang zwischen Prognose und tatsächlicher Änderung bei laufenden und bei konstanten Preisen.

Prognose der jährlichen Änderung des Bruttonationalprodukts der USA in den Jahren 1961 bis 1971

Jahr	Änderung in Prozent			
	BNP zu laufenden Preisen		BNP zu konstanten Preisen	
	Prognose	tats. Wert	Prognose	tats. Wert
1961/62	9,4	6,7	8,0	5,3
1962/63	4,4	5,4	3,5	3,8
1963/64	6,5	6,6	5,0	4,7
1964/65	6,1	7,5	4,0	5,4
1965/66	6,9	8,6	5,0	5,4
1966/67	6,4	5,6	4,0	2,5
1967/68	7,8	9,0	4,3	5,0
1968/69	7,0	7,7	3,5	2,8
1969/70	5,7	4,9	1,3	−0,4
1970/71	9,0	7,5	4,5	2,7

Quelle der Daten: *Moore* [1972, S. 52f.].

b) Berechne die Korrelationskoeffizienten.
c) Man bestimme jeweils die beiden Regressionsgeraden. Eine eindeutige Festlegung, welche der beiden Variablen, nämlich Prognose X und tatsächlicher Wert Y als abhängig bzw. unabhängig anzusehen sei, ist nicht ohne weiteres möglich.
d) Man berechne die *Theil*schen Ungleichheitsmaße U_1, U_2 für die Prognose bei laufenden und bei konstanten Preisen.

5.5 Quantitative Merkmale: Multiple Regression und Korrelation. Partielle Korrelation

Die Behandlung mehrdimensionaler quantitativer Merkmale sei in vier Teilabschnitte gegliedert. Zunächst wollen wir am Spezialfall eines dreidimensionalen Merkmals die Gewinnung von Regressionsebenen in direkter Rechnung vorführen. Höherdimensionale Probleme können zwar prinzipiell in derselben Weise angepackt werden; zur übersichtlichen Darstellung allgemeiner Formeln benötigt man jedoch den elementaren Matrizenkalkül. Der *multiple Korrelationskoeffizient* bildet das mehrdimensionale Analogon zum gewöhnlichen Korrelationskoeffizienten; er wird jeweils — im dreidimensionalen Spezialfall und im allgemeinen Fall — im Anschluß an die Berechnung der Regressionsebene mit der Methode der Streuungszerlegung aus dem Bestimmtheitsmaß

Quantitative Merkmale: Multiple Regression und Korrelation

gewonnen. Auf den Begriff der *partiellen Korrelation* gründet sich sodann die Möglichkeit, das Phänomen der *Scheinkorrelation* zu diskutieren. Im vierten Teilabschnitt wird das Problem der *nichtlinearen Regression* kurz erläutert. Obwohl die nichtlineare Regression schon im zweidimensionalen Fall — etwa bei der Betrachtung exponentieller Trendkurven — eine Rolle spielt, ist doch eine Reihe von wichtigen Aufgaben, wie die Bestimmung eines polynomischen Trends, am besten mit den Methoden der multiplen Regression angreifbar.

5.5.1 Regressionsebenen

Die in diesem Teilabschnitt zu behandelnden Ideen werden an Hand des folgenden Beispiels erläutert:

Beispiel 5.16. An Hand einer Stichprobe von $n = 33$ Haushalten soll untersucht werden, wie die Ausgaben für Nahrungsmittel von der Haushaltsgröße, gemessen durch die Anzahl der im Haushalt lebenden Personen, und dem Einkommen abhängen.

Haushalt Nr.	Größe	Einkommen in DM	Ausgaben für Nahrungsmittel in DM
1	2	620	143
2	3	620	208
3	3	870	227
4	5	650	305
5	4	580	412
6	7	920	282
7	2	880	242
8	4	790	300
9	2	830	242
10	5	620	444
11	3	630	134
12	6	620	198
13	4	600	294
14	4	750	271
15	2	900	222
16	5	750	377
17	3	690	226
18	4	830	360
19	2	850	206
20	4	730	277
21	2	660	259
22	5	580	233
23	3	770	398
24	4	690	168
25	7	650	378
26	3	770	348
27	3	690	287

Haushalt Nr.	Größe	Einkommen in DM	Ausgaben für Nahrungsmittel in DM
28	6	950	630
29	2	770	195
30	2	690	216
31	6	690	182
32	4	670	201
33	2	630	207

Quelle der Daten: *Cochran* [1963, S. 32]; leicht modifiziert.

Die in Beispiel 5.16 vorgelegte Aufgabe kann nun in folgender Weise analysiert werden. Die 33 Haushalte betrachten wir als Grundgesamtheit $G = \{a_1, a_2, \ldots, a_{33}\}$. Ihr wird ein dreidimensionales Merkmal zugeordnet, das wir als Tripel (X_1, X_2, Y) von drei statistischen Variablen schreiben, nämlich mit

X_1 = Haushaltsgröße
X_2 = Einkommen
Y = Ausgaben für Nahrungsmittel.

In unserer Aufgabe sind die drei Variablen nicht gleichberechtigt, sondern die Variable Y ist — wie schon durch die Bezeichnung angedeutet — insofern ausgezeichnet, als deren Abhängigkeit von zwei anderen Variablen X_1, X_2 untersucht werden soll. Man nennt auch

die abhängige Variable Y : den *Regressand*
die unabhängigen Variablen X_1, X_2 : die *Regressoren*

Die statistischen Daten können nun als Punktmenge im dreidimensionalen Raum dargestellt werden. Jedem Haushalt a_i wird als Zahlentripel zugeordnet

$$a_i \to (x_{i1}, x_{i2}, y_i) \qquad i = 1, 2, \ldots, n$$

wobei die Komponenten die Merkmalsausprägungen der statistischen Variablen Y, X_1, X_2 sind. Auf diese Weise wird also jedem Haushalt a_i ein Punkt P_i mit den Koordinaten (x_{i1}, x_{i2}, y_i) zugeordnet.

Wir suchen nun eine Ebene ϵ, welche sich den Punkten P_i möglichst gut anpaßt; die Ebenengleichung schreiben wir in der Form

$$\epsilon : y = b_0 + b_1 x_1 + b_2 x_2$$

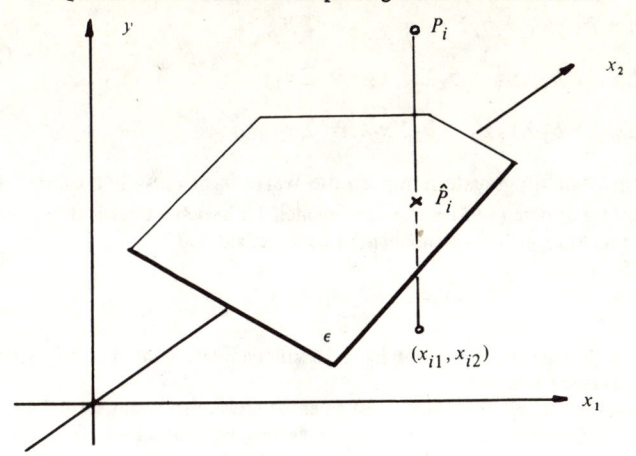

Abb. 43: Zur Konstruktion der Regressionsebene

Wie schon bei der Bestimmung der Regressionsgeraden ordnen wir jedem Punkt P_i einen „geschätzten Punkt" $\hat{P}_i$ mit den Koordinaten $(x_{i1}, x_{i2}, \hat{y}_i)$ zu, wobei

$$\hat{y}_i = b_0 + b_1 x_{i1} + b_2 x_{i2}. \quad (5.92)$$

Wieder bilden wir die Abweichungen

$$e_i = y_i - \hat{y}_i = y_i - b_0 - b_1 x_{i1} - b_2 x_{i2}$$

und bestimmen eine Regressionsebene nach der Methode der *kleinsten Quadrate*.

> **Definition 5.16.** Die *Regressionsebene von Y bezüglich* X_1, X_2 ist diejenige Ebene $y = b_0 + b_1 x_1 + b_2 x_2$, für welche die Quadratsumme der Abweichungen e_i zu einem Minimum wird
>
> $$Q(b_0, b_1, b_2) = \sum_{i=1}^{n} e_i^2 = \sum_{i=1}^{n} (y_i - b_0 - b_1 x_{i1} - b_2 x_{i2})^2 \ldots \text{Min!} \quad (5.93)$$

Die Koeffizienten der Regressionsebene werden wiederum durch partielle Differentation und Nullsetzen der Ableitungen von $Q(b_0, b_1, b_2)$ bestimmt

$$\partial Q / \partial b_0 = 0 \quad \partial Q / \partial b_1 = 0 \quad \partial Q / \partial b_2 = 0. \quad (5.94)$$

Aus (5.94) erhält man — durch Rechnungen, welche ganz ähnlich den in 5.4.2 a) durchgeführten verlaufen — schließlich die *Normalgleichungen* des Regressionsproblems

$$b_0 n + b_1 \Sigma x_1 + b_2 \Sigma x_2 = \Sigma y$$
$$b_0 \Sigma x_1 + b_1 \Sigma x_1^2 + b_2 \Sigma x_1 x_2 = \Sigma x_1 y \qquad (5.95)$$
$$b_0 \Sigma x_2 + b_1 \Sigma x_1 x_2 + b_2 \Sigma x_2^2 = \Sigma x_2 y \, .$$

Aus diesem Gleichungssystem müssen die Werte b_0, b_1, b_2 berechnet werden.
Anmerkung: Im System (5.95) wurde aus Gründen der besseren Übersicht der Summationsindex i nicht explizit angeschrieben. Es bedeutet also z.B.

$$\Sigma y_i = \sum_{i=1}^{n} y_i \qquad \Sigma x_1 x_2 = \sum_{i=1}^{n} x_{i1} x_{i2} \, .$$

Beispiel 5.17. Für die Daten des Beispiels 5.16 soll die Regressionsebene von Y bezüglich X_1, X_2 bestimmt werden.

Wie bei der multiplen Regression meist zu erwarten ist, verursacht sowohl die Bestimmung der Koeffizienten des Normalgleichungssystems, besonders aber die Bestimmung seiner Lösung einen erheblichen Rechenaufwand. Wir geben die Koeffizienten von (5.95) in der folgenden Zusammenstellung an:

$n = 33$ $\Sigma x_1 = 123$ $\Sigma x_2 = {}^-23\,940$ $\Sigma y = 9\,072$

$\Sigma x_1^2 = 533$ $\Sigma x_2^2 = 17\,725\,400$ $\Sigma y^2 = 2\,822\,400$

$\Sigma x_1 y = 35\,955$ $\Sigma x_2 y = 6\,667\,800$ $\Sigma x_1 x_2 = 86\,410$.

Die Lösungen der Normalgleichungen sind dann

$$b_0 = -410{,}21 \qquad b_1 = 53{,}973 \qquad b_2 = 0{,}66709 .$$

Gibt man alle Koeffizienten auf drei geltende Stellen an, so erhält man als Gleichung der Regressionsebene schließlich

$$y = -410 + 54{,}0 x_1 + 0{,}667 x_2 \, . \qquad (5.96)$$

Dieses Ergebnis kann man in folgender Weise interpretieren: Je Haushaltsmitglied steigen die Nahrungsmittelausgaben um 54,0 DM. Steigt das Einkommen um 1 DM, so steigen die Nahrungsmittelausgaben im Durchschnitt um 0,67 DM.

Die folgende Tatsache hat man bei Anwendung der Regressionsrechnung besonders zu beachten: Die Koeffizienten b_1 und b_2, die man jeweils durch die Bestimmung einer *Regressionsgeraden* von Y bezüglich X_1 bzw. von Y bezüglich X_2 erhält, stimmen im allgemeinen *nicht* überein mit den Koeffizienten b_1, b_2, die man bei der Bestimmung der Regressions*ebene* von Y bezüglich X_1 und X_2 erhält. Dies mag die folgende Fortsetzung des vorangehenden Beispiels zeigen:

Beispiel 5.18. Mit den Daten des Beispiels 5.16 werden die beiden Regressionsgeraden

$y = b_0 + b_1 x_1$ ... Regression von Y bezüglich X_1

$y = b_0 + b_2 x_2$ ... Regression von Y bezüglich X_2

Quantitative Merkmale: Multiple Regression und Korrelation

bestimmt. Man erhält:

$$y = 168 + 28{,}7 x_1 \tag{5.97}$$

und

$$y = 100 + 0{,}242 x_2. \tag{5.98}$$

Aus (5.97) könnte man also entnehmen, daß der durchschnittliche Zuwachs der Ausgaben für Nahrungsmittel pro Haushaltsmitglied 28,7 DM beträgt. Berücksichtigt man aber gleichzeitig das Haushaltseinkommen, so ergibt gemäß (5.96) der fast doppelt so hohe Zuwachs von 54,0 DM pro Haushaltsmitglied. Dieses Beispiel zeigt, daß das Weglassen relevanter Faktoren unter Umständen eine grobe Verfälschung der „wahren" Regressionskoeffizienten hervorrufen kann. Man muß also auch dann, wenn man nur an einem einzigen Regressionskoeffizienten, sagen wir b_1 interessiert sind, den multiplen Regressionsansatz benutzen. Nur dann, wenn die Regressoren selbst untereinander völlig unkorreliert wären, könnte man sich auf sukzessive Berechnung von Regressionsgeraden, wie sie in (5.97) und (5.98) versucht wurde, beschränken.

In Abschnitt 5.4.3 wurden das Bestimmtheitsmaß, gewonnen durch die Betrachtung einer Streuungszerlegung, und der Korrelationskoeffizient in Zusammenhang gebracht. Mit anderen Worten: Ein Maß für die Stärke des Zusammenhangs wird aus einer Streuungszerlegung gewonnen. Dieser Vorgang kann nun auch auf den Fall einer Regressionsebene übertragen werden. Sei wieder $1/n\, SST = 1/n\, \Sigma\, (y_i - \bar{y})^2$ die Gesamtstreuung der abhängigen Variablen Y und $1/n\, SSR = 1/n\, \Sigma\, (\hat{y}_i - \bar{y})^2$ die Streuung der *geschätzten* Werte von Y, bzw. die *durch die Regressionsebene erklärte* Streuung von Y. Dann wird $B = SSR/SST$ zum Bestimmtheitsmaß der Regression von Y bezüglich X_1 und X_2 erklärt und wir erhalten:

Definition 5.17. Der multiple Korrelationskoeffizient der Regression von Y bezüglich X_1, X_2 ist gegeben durch

$$r_{y \cdot 1 2} = \underset{+}{\sqrt{B}} = \underset{+}{\sqrt{SSR/SST}}. \tag{5.99}$$

Da der Begriff „positiver" bzw. „negativer Zusammenhang" nicht mehr anschaulich untermauert werden kann, ist in (5.99) immer die *positive* Wurzel zu nehmen.

Es wäre durchaus möglich, für B eine Formel anzugeben, die ähnlich wie im zweidimensionalen Fall direkt auf die Daten (x_{i1}, x_{i2}, y_i) Bezug nimmt. Es ist jedoch einfacher, B durch die Regressionskoeffizienten b_0, b_1, b_2 auszudrücken. In der abkürzenden symbolischen Summenschreibweise lautet die Formel

$$B = \frac{b_0 \Sigma y + b_1 \Sigma x_1 y + b_2 \Sigma x_2 y - n\bar{y}^2}{\Sigma y^2 - n\bar{y}^2}. \tag{5.100}$$

Ein Beweis wird im folgenden Teilabschnitt mittels der Matrizenrechnung erbracht.

Beispiel 5.19. Es soll das Bestimmtheitsmaß für den Zusammenhang der Ausgaben für Nahrungsmittel mit der Haushaltsgröße und dem Haushaltseinkommen berechnet werden. Dazu können die in Beispiel 5.17 bereitgestellten Summen und die berechneten Regressionskoeffizienten übernommen werden:

$$b_0 = -410,21 \quad b_1 = 53,973 \quad b_2 = 0,66709$$
$$\Sigma y = 9\,072 \quad \Sigma x_1 y = 35\,955 \quad \Sigma x_2 y = 6\,667\,800$$
$$\Sigma y^2 = 2\,822\,400\,.$$

Daraus erhalten wir nach Formel (5.100)

$$\underline{B = 0,527}.$$

Zum Vergleich bestimmen wir auch die Bestimmtheitsmaße für die einfachen Regressionen von Y bezüglich X_1 und Y bezüglich X_2. Auch diese Größen können durch Formeln vom Typ (5.100) bestimmt werden; es ist jedoch zu beachten, daß auch die Regressionskoeffizienten aus den beiden einfachen Regressionen – wir finden sie in Beispiel 5.18 – übernommen werden.

Regression von Y bezüglich X_1: $b_0 = 167,85 \quad b_1 = 28,723$

$$B = \frac{b_0 \Sigma y + b_1 \Sigma x_1 y - n\bar{y}^2}{\Sigma y^2 - n\bar{y}^2} = \underline{0,187}$$

Regression von Y bezüglich X_2: $b_0 = 99,681 \quad b_2 = 0,24154$

$$B = \frac{b_0 \Sigma y + b_2 \Sigma x_2 y - n\bar{y}^2}{\Sigma y^2 - n\bar{y}^2} = \underline{0,0636}\,.$$

Die Ergebnisse seien in nachstehender Tabelle zusammengefaßt

Regressand	Regressoren	B	$\sqrt{B}$
Y	X_1, X_2	0,527	0,726
Y	X_1	0,187	0,433
Y	X_2	0,064	0,252

Wir sehen: Das Bestimmtheitsmaß der multiplen Regression ist größer als *beide* Bestimmtheitsmaße der einfachen Regressionen. Durch die gleichzeitige Einbeziehung der beiden Variablen Haushaltsgröße X_1 und Einkommen X_2 wird die Streuung der Y-Werte stärker ausgeschöpft. Jede neu hinzukommende Variable trägt zur Verbesserung der „Erklärung" der abhängigen Variablen bei. Ob diese Verbesserungen jedoch *wesentlich* sind, kann nur mit den Mitteln der schließenden Statistik entschieden werden.

5.5.2 Multiple Regression und Korrelation. Darstellung im Matrizenkalkül

Nun betrachten wir ein $s+1$-dimensionales quantitatives Merkmal Z ($s \geq 1$), das als $s+1$-tupel von statistischen Variablen aufgefaßt sei:

$$Z = (X_1, X_2, \ldots, X_s, Y).$$

Y sei dabei als abhängige Variable (Regressand), die Variablen $X_1, X_2, \ldots, X_s$ als unabhängige Variablen (Regressoren) aufgefaßt. Jedem Element a_i der Grundgesamtheit $\mathbf{G} = \{a_1, a_2, \ldots, a_n\}$ entspricht nun ein $s+1$-tupel von Beobachtungsdaten

$$a_i \to (x_{i1}, x_{i2}, \ldots, x_{is}, y_i) \qquad i = 1, 2, \ldots, n.$$

Wir suchen nun eine s-dimensionale Regressionshyperebene

$$y = b_0 + b_1 x_1 + \ldots + b_s x_s \tag{5.101}$$

zur Beschreibung der Abhängigkeit des Regressanden Y von den Regressoren $X_1, X_2, \ldots, X_s$. Die „geschätzten" Werte $\hat{y}_i$ sind nun durch

$$\hat{y}_i = b_0 + b_1 x_{i1} + b_2 x_{i2} + \ldots + b_s x_{is} \qquad i = 1, 2, \ldots, n \tag{5.102}$$

gegeben, die Abweichungen e_i durch $e_i = y_i - \hat{y}_i$. Das Kriterium für die beste Anpassung soll wieder durch die Methode der kleinsten Quadrate gegeben sein.

Definition 5.18. Die Regressionshyperebene von Y bezüglich $X_1, X_2, \ldots, X_s$ ist diejenige Ebene $y = b_0 + b_1 x_1 + b_2 x_2 + \ldots + b_s x_s$, für welche die Quadratsumme der Abweichungen e_i zu einem Minimum wird:

$$Q(b_0, b_1, b_2, \ldots, b_s) = \sum_{i=1}^{n} e_i^2 = \sum_{i=1}^{n} (y_i - \hat{y}_i)^2 \ldots \text{Min!} \tag{5.103}$$

Zur Auswertung der Definition 5.18 fassen wir nun die Beobachtungsdaten in der Vektoren- und Matrizenschreibweise zusammen. Es sei

$$\mathbf{y} = \begin{pmatrix} y_1 \\ y_2 \\ \vdots \\ y_n \end{pmatrix} \quad \mathbf{X} = \begin{pmatrix} 1 & x_{11} & \ldots & x_{1s} \\ 1 & x_{21} & \ldots & x_{2s} \\ \vdots & \vdots & & \vdots \\ 1 & x_{n1} & \ldots & x_{ns} \end{pmatrix} \quad \mathbf{b} = \begin{pmatrix} b_0 \\ b_1 \\ \vdots \\ b_s \end{pmatrix} \quad \mathbf{e} = \begin{pmatrix} e_1 \\ e_2 \\ \vdots \\ e_n \end{pmatrix}$$

Die Matrix **X** nennen wir die *Datenmatrix* (der abhängigen Variablen). Ihr Rang sei $s + 1$[12]. Dabei entsprechen die Elemente der Grundgesamtheit den *Zeilen*, die Variablen $X_1, X_2, \ldots, X_s$ den *Spalten* der Datenmatrix. Die erste Spalte von **X** gehört zum konstanten Glied der Gleichung (5.101). Es war $e_i = y_i - \hat{y}_i$ oder $y_i = \hat{y}_i + e_i$, $i = 1, \ldots, n$.
Ausführlich geschrieben:

$$
\begin{aligned}
y_1 &= b_0 + b_1 x_{11} + b_2 x_{12} + \ldots + b_s x_{1s} + e_1 \\
y_2 &= b_0 + b_1 x_{21} + b_2 x_{22} + \ldots + b_s x_{2s} + e_2 \\
&\cdots \\
y_n &= b_0 + b_1 x_{n1} + b_2 x_{n2} + \ldots + b_s x_{ns} + e_n.
\end{aligned}
\tag{5.104}
$$

In Matrizenschreibweise lautet nun das System (5.104):

$$\mathbf{y} = \mathbf{Xb} + \mathbf{e}. \tag{5.105}$$

Weiter ist die Quadratsumme

$$\sum_{i=1}^{n} e_i^2 = \mathbf{e}'\mathbf{e} \tag{5.106}$$

und daher nach (5.103) und (5.105)

$$
\begin{aligned}
Q(b_0, b_1, b_2, \ldots, b_n) &= \mathbf{e}'\mathbf{e} = (\mathbf{y} - \mathbf{Xb})'(\mathbf{y} - \mathbf{Xb}) \\
&= \mathbf{y}'\mathbf{y} - \mathbf{b}'\mathbf{X}'\mathbf{y} - \mathbf{y}'\mathbf{Xb} + \mathbf{b}'\mathbf{X}'\mathbf{Xb} \\
&= \mathbf{y}'\mathbf{y} - 2\mathbf{y}'\mathbf{Xb} + \mathbf{b}'\mathbf{X}'\mathbf{Xb}.
\end{aligned}
\tag{5.107}
$$

Der Ausdruck (5.107) wird nun nach dem Vektor **b** bzw. nach $b_0, b_1, \ldots b_s$ partiell differenziert, wobei man sich des Differentationskalküls der Matrizenrechnung bedienen kann; siehe hiezu etwa *Schneeweiß* [1974, S. 340]. Man erhält für die $s + 1$ unbekannten Parameter $b_0, b_1, \ldots, b_s$ ein Gleichungssystem mit $s + 1$ Gleichungen, die Normalgleichungen. Diese können in folgender Matrizengleichung zusammengefaßt werden

---

Normalgleichungen der multiplen Regression

$$\mathbf{X}'\mathbf{Xb} = \mathbf{X}'\mathbf{y} \tag{5.108}$$

---

[12] Für die hier benutzten elementaren Begriffe der Matrizenrechnung siehe etwa *Beckmann-Künzi* [1973].

Den Vektor der Regressionskoeffizienten gewinnt man nun aus (5.108)

$$\mathbf{b} = (\mathbf{X}'\mathbf{X})^{-1}\,\mathbf{X}'\mathbf{y}. \tag{5.109}$$

In der Praxis wird man die numerische Bestimmung von **b** meist direkt aus (5.108) mittels geeigneter Lösungsverfahren für lineare Gleichungssysteme bestimmen; die Matrizeninversion $(\mathbf{X}'\mathbf{X})^{-1}$ — welche wegen der Rangvoraussetzung über **X** möglich ist — dient nur der eleganteren allgemeinen Darstellung von **b**.

Zur Berechnung des Bestimmtheitsmaßes benötigen wir die Größe

$$SSR = \sum_{i=1}^{n} \hat{y}_i^2 - n\bar{\hat{y}}^2 = \sum_{i=1}^{n} \hat{y}_i^2 - n\bar{y}^2.$$

Zunächst ist zu zeigen, daß $\sum_{i=1}^{n} \hat{y}_i = \sum_{i=1}^{n} y_i$ und somit auch $\bar{\hat{y}} = \bar{y}$ gilt.

Formel (5.102) lautet in Matrizenschreibweise

$$\hat{\mathbf{y}} = \mathbf{X}\mathbf{b}. \tag{5.110}$$

Daraus folgt

$$\mathbf{X}'\hat{\mathbf{y}} = \mathbf{X}'\mathbf{X}\mathbf{b}$$
$$= \mathbf{X}'\mathbf{y} \qquad \text{wegen (5.108)}$$

oder:

$$\mathbf{X}'(\hat{\mathbf{y}} - \mathbf{y}) = 0\;.$$

Die erste Komponente dieser Vektorgleichung liefert die Beziehung

$$\sum_{i=1}^{n} \hat{y}_i = \sum_{i=1}^{n} y_i.$$

Als nächstes wird $\sum_{i=1}^{n} \hat{y}_i^2 = \hat{\mathbf{y}}'\hat{\mathbf{y}}$ berechnet. Es gilt

$$\hat{\mathbf{y}}'\hat{\mathbf{y}} = \mathbf{b}'\mathbf{X}'\mathbf{X}\mathbf{b} \qquad \text{wegen (5.110)}$$
$$= \mathbf{b}'\mathbf{X}'\mathbf{y} \qquad \text{wegen (5.108).}$$

Somit erhalten wir:

$$SSR = \mathbf{b}'\mathbf{X}'\mathbf{y} - n\bar{y}^2. \tag{5.111}$$

Geht man von der Matrizenschreibweise wieder zur Schreibweise in Komponenten über, so erhält man für das Bestimmtheitsmaß $B = SSR/SST$ die Formel

$$B = \frac{b_0 \Sigma y + b_1 \Sigma x_1 y + \ldots + b_s \Sigma x_s y - n\bar{y}^2}{\Sigma y^2 - n\bar{y}^2} \qquad (5.112)$$

Sie ist die gesuchte Verallgemeinerung der Formel für drei Variable. Abschließend gelangen wir zur

Definition 5.18. Der multiple Korrelationskoeffizient der Regression von Y bezüglich $X_1, X_2, \ldots, X_s$ ist

$$r_{y \cdot 12 \ldots s} = \sqrt[+]{B} \qquad (5.113)$$

wobei B durch Formel (5.112) gegeben wird.

5.5.3 Partielle Korrelation; Scheinkorrelation

Das Bestimmtheitsmaß bzw. der multiple Korrelationskoeffizient diskutiert die Stärke des Zusammenhangs zwischen Variablen, indem die Anpassung einer Regressionsebene betrachtet wird. Dabei spielte eine der Variablen, nämlich der Regressand Y eine ausgezeichnete Rolle. Nun gehen wir zu einer mehr symmetrischen Betrachtungsweise über. Gegeben sei ein s-dimensionales quantitatives Merkmal durch ein s-tupel $(X_1, X_2, \ldots, X_s)$ von statistischen Variablen. Keine der Variablen wird von vornherein als die abhängige ausgezeichnet, vielmehr steht das ganze Geflecht möglicher Abhängigkeiten zwischen den Variablen zur Debatte.

Als Einführung in den Begriff der partiellen Korrelation betrachten wir das folgende

Beispiel 5.20[13]). Bei Schulkindern im Alter von 6 bis 10 Jahren wurde eine Untersuchung über den Zusammenhang von manueller Geschicklichkeit und Körpergewicht angestellt. Der Korrelationskoeffizient dieser beiden Variablen hatte den Wert $r = 0{,}45$. Diese positive Korrelation widerspricht jedoch der Erfahrung, die — wenn überhaupt — eher einen negativen Zusammenhang erwarten ließe. Dieses Paradoxon läßt sich jedoch leicht aufklären. Die positive Korrelation ist offenbar darauf zurückzuführen, daß beide Merkmale ihrerseits mit dem *Alter* der Kinder positiv korreliert sind. Man kann daher von einer durch das Alter *verursachten Korrelation* zwischen manueller Geschicklichkeit und Körpergewicht sprechen.
Diese Verhältnisse können etwa durch das folgende Schema verdeutlicht werden:

---

[13]) Dieses Beispiel findet man bei *Pfanzagl* [1966]; die Fragestellung stammt von *Mittenecker* [1960].

```
           positive Korrelation    Gewicht
                                     ↑
                                     |
Alter                                |       durch das Alter bewirkte
                                     |       positive Korrelation
                                     |
           positive Korrelation    ↓
                                   Geschicklichkeit
```

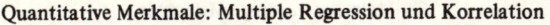

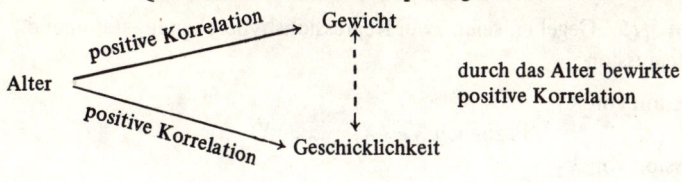

Um den Einfluß des Alters bei der Untersuchung des Zusammenhangs zwischen Geschicklichkeit und Körpergewicht auszuschalten, könnte man so vorgehen: Man teilt die Kinder in Gruppen annähernd gleichen Alters und berechnet die Korrelation zwischen Geschicklichkeit und Körpergewicht innerhalb von Gruppen konstanten Alters. Eine so bestimmte Korrelation nennt man partielle Korrelation.

Die in obigem Beispiel vorgeschlagene Messung einer partiellen Korrelation stößt jedoch auf Schwierigkeiten, wenn man locker besetzte Streudiagramme vorfindet; auf jeden Fall dann, wenn mehrere Variablen an einer nicht allzugroßen Zahl von Individuen betrachtet werden. Man schlägt daher einen anderen Weg ein. Es sei also der Zusammenhang zweier Variablen, etwa

X_1 = Körpergewicht
X_2 = Geschicklichkeit

unter Ausschaltung bzw. „Konstanthalten" einer dritten Variablen

X_3 = Alter

zu untersuchen. Dazu betrachten wir zunächst die beiden Regressionen von X_1 bezüglich X_3 sowie X_2 bezüglich X_3 und registrieren für jedes Kind a_i der Grundgesamtheit die Abweichungen (Residuen) e_i, die man bei beiden Regressionen erhält. Man betrachte etwa *negative* Residuen bei der Regression der Geschicklichkeit bezüglich des Alters. Es wird sich herausstellen, daß sie häufig von Kindern mit zu großem Gewicht stammen, das heißt von Kindern, bei denen die Residuen der Regression des Körpergewichts bezüglich des Alters *positiv* sind. Bildet man also den Korrelationskoeffizienten der Residuen, so wird er voraussichtlich *negativ*, das heißt, er wird voraussichtlich die „wahre" Beziehung zwischen Körpergewicht und Geschicklichkeit widerspiegeln. Die hier beschriebene Idee wird nun in folgender Weise formuliert.

Sei ein s-dimensionales Merkmal $(X_1, X_2, \ldots, X_s)$, $s \geq 3$, gegeben. Zwei Variable, deren Zusammenhang untersucht werden soll, seien etwa X_1 und X_2. Aus der Menge der $s-2$ verbleibenden Variablen werden p Variable ausgewählt, deren Einfluß auf die Korrelation von X_1 und X_2 ausgeschaltet werden soll. Wir bezeichnen

die Nummern der zu korrelierenden Variablen mit 1, 2
die Nummern der konstantgehaltenen Variablen mit $j_1, j_2, \ldots, j_p$.

Definition 5.19. Gegeben seien zwei Regressionshyperebenen, stammend aus der Regression

Regression von X_1
 bezüglich $X_{j_1}, X_{j_2}, \ldots, X_{j_p}$.
Regression von X_2

Der Korrelationskoeffizient der Residuen in beiden Regressionen heißt der *partielle Korrelationskoeffizient von X_1, X_2 bei konstantem* $X_{j_1}, X_{j_2}, \ldots, X_{j_p}$ und wird mit

$$r_{12|j_1 j_2 \ldots j_p}$$

bezeichnet. Werden p Variable konstant gehalten, so spricht man von einem *partiellen Korrelationskoeffizienten der Ordnung p*.

Führt man die Anweisungen der obigen Definition konkret durch, so zeigt die Rechnung, daß man partielle Korrelationskoeffizienten sukzessive aus partiellen Korrelationskoeffizienten niedrigerer Ordnung aufbauen kann. Die folgenden Formeln für die Ordnungen $p = 1$ und $p = 2$ seien ohne Beweis angeführt. Aus ihnen läßt sich die allgemeine Konstruktionsvorschrift ablesen.

$$r_{12|3} = \frac{r_{12} - r_{13} r_{23}}{\sqrt{1 - r_{13}^2} \cdot \sqrt{1 - r_{23}^2}} \tag{5.114}$$

$$r_{12|34} = \frac{r_{12|3} - r_{14|3} \cdot r_{24|3}}{\sqrt{1 - r_{14|3}^2} \cdot \sqrt{1 - r_{24|3}^2}} \tag{5.115a}$$

oder:

$$r_{12|34} = \frac{r_{12|4} - r_{13|4} \cdot r_{23|4}}{\sqrt{1 - r_{13|4}^2} \cdot \sqrt{1 - r_{23|4}^2}}. \tag{5.115b}$$

Beispiel 5.21. Die in Beispiel 5.20 zitierte Untersuchung ergab für die drei Variablen X_1 = Körpergewicht, X_2 = Geschicklichkeit und X_3 = Alter die folgenden gewöhnlichen Korrelationskoeffizienten

$r_{12} = 0{,}45 \qquad r_{13} = 0{,}60 \qquad r_{23} = 0{,}85.$

Der partielle Korrelationskoeffizient zwischen Geschicklichkeit und Körpergewicht bei konstantem Alter wird gemäß (5.114)

$$r_{12|3} = \frac{0{,}45 - 0{,}60 \cdot 0{,}85}{\sqrt{1 - 0{,}60^2} \cdot \sqrt{1 - 0{,}85^2}} = \underline{-0{,}14}$$

Der partielle Korrelationskoeffizient ergibt tatsächlich die vermutete negative Korrelation zwischen Körpergewicht und Geschicklichkeit.

Die in Beispiel 5.20 beobachtete positive Korrelation zwischen Körpergewicht und Geschicklichkeit wird auch als *Scheinkorrelation* bezeichnet. Man ist nämlich aus sachlichen Überlegungen, die *vor* der Korrelationsberechnung liegen, nicht bereit, diese als Widerspiegelung ursächlicher Zusammenhänge anzuerkennen. Vielmehr sieht man die Korrelationen Alter-Gewicht und Alter-Geschicklichkeit als den Ausdruck tatsächlicher Gesetzmäßigkeiten an.

Besonders häufig tritt das Phänomen der Scheinkorrelation beim Vergleich von Zeitreihen auf. Dann kann man mit ganz sonderbaren Merkmalskombinationen sehr hohe Korrelationen erzielen. Man spricht dann auch, den abwertenden Charakter des Ausdrucks „Scheinkorrelation" noch steigernd, von *„Nonsens-Korrelationen"*.

Beispiel 5.22. Wir betrachten zwei Preisindexreihen

Jahr	1959	1960	1961	1962	1963	1964
Preisindex für Bausand 1958 = 100	102,9	106,4	111,2	112,7	116,4	119,6
Preisindex der Lebenshaltung 1962 = 100	93,6	94,9	97,1	100,0	103,0	105,4

Quelle der Daten: Statistisches Bundesamt Wiesbaden. Statistisches Jahrbuch für die Bundesrepublik Deutschland, S. 484 u. 497.

Wir bezeichnen die vorkommenden Variablen mit

X_1 = Bausandpreisindex

X_2 = Preisindex der Lebenshaltung

t = Zeit.

Der Korrelationskoeffizient der beiden Indizes wird

$\underline{r_{12} = 0{,}9804}$.

Man kann zweierlei unternehmen, um diesen hohen Korrelationskoeffizienten unter die Lupe zu nehmen:
- man betrachte die Korrelation der jährlichen *Änderungen*, etwa Differenzen von Jahr zu Jahr oder besser noch die jährlichen Wachstumsraten
- man bilde *partielle Korrelationskoeffizienten* mit der Zeit als kontrollierender Variablen.

Die Tabelle der *Jahresdifferenzen* wird

Jahr	1959/60	1960/61	1961/62	1962/63	1963/64
			Indexdifferenz Δ		
Preisindex für Bausand 1958 = 100	3,5	4,8	1,5	3,7	3,2
Preisindex der Lebenshaltung 1962 = 100	1,3	2,2	2,9	3,0	2,4

Die Korrelation der Differenzen ist negativ

$$r_{\Delta_1 \Delta_2} = -0,359.$$

Ein ähnliches Resultat liefert die partielle Korrelation bei kontrollierter Zeit. Es ist

$$r_{12} = 0,9804 \qquad r_{1t} = 0,9943 \qquad r_{2t} = 0,9935$$

und

$$r_{12|t} = \frac{r_{12} - r_{1t} \cdot r_{2t}}{\sqrt{1 - r_{1t}^2} \cdot \sqrt{1 - r_{2t}^2}} = -0,604.$$

Bei Zeitreihen kann man alle Korrelationsphänomene, von der interessanten Messung über die Scheinkorrelation bis zur echten Nonsens-Korrelation beobachten. Dies beruht im Grunde darauf, daß – zumindest kurzfristig – fast alle Zeitreihen einen ziemlich gleichmäßig-monotonen Verlauf zeigen. Wählt man nun aus der Vielfalt der angebotenen Daten Zeitreihenstücke aus, und sei es auch ganz willkürlich, so wird man in den meisten Fällen hohe Korrelationen bis nahe an die Werte + 1 oder − 1 erhalten, je nachdem, ob man gleichlaufende oder gegenläufige Zeitreihen nimmt. So wird man etwa die hohe positive Korrelation zwischen Import- und Exportwerten in der BRD zwar nicht als „unsinnig", aber doch als wertlos bezeichnen, da sie einfach der Ausdruck des allgemein expandierenden Außenhandels ist. Man wird jedoch andererseits nicht zögern, die hohe negative Korrelation zwischen (fallender) Säuglingssterblichkeit und (wachsender) Bierproduktion als Nonsens-Korrelation zu bezeichnen.

5.5.4 Nichtlineare Regression

Aus sachlichen Gründen kann das Interesse bestehen, die Streudiagramme von mehrdimensionalen Merkmalen durch andere Funktionen der abhängigen Variablen als durch lineare Funktionen zu erklären. Insbesondere ist das bei Zeitreihen der Fall.

Der Begriff „nichtlineare Regression" wird in zweifacher Weise gebraucht. Betrachten wir zunächst einige Beispiele von Funktionstypen, die zur Anpassung verwendet werden sollen:

α1) $y = a + bx^2$

α2) $y = a + b\log x_1 + cx_2^3$

α3) polynomische Regression

$$y = b_0 + b_1 x + b_2 x^2 + \ldots + b_k x^k$$

α4) Interaktionsmodelle

$$y = a + bx_1 + cx_2 + dx_1 x_2$$

β1) exponentielles Wachstumsmodell

$$y = ae^{bt}$$

β2) logistisches Wachstumsmodell

$$y = \frac{a}{1 + be^{-ct}} \, .$$

Die Beispiele der Gruppe α1) bis α4) einerseits und die Beispiele β1) und β2) andererseits unterscheiden sich grundlegend.

Die Beispiele der ersten Gruppe bilden kein wesentlich neues Problem. Sie sind *linear in den unbekannten Parametern* und können durch die Einführung neuer Variablen auf ein multiples lineares Regressionsproblem zurückgeführt werden. Zum Beispiel $y = a + bx^2$: durch $Y^* = Y$, $X^* = X^2$ erhält man $y^* = a + bx^*$.

Den Fall der polynomischen Regression verwandelt man in ein multiples lineares Regressionsproblem der Dimension $k + 1$, indem man die neuen Regressoren

$$X_1^* = X, X_2^* = X^2, \ldots, X_k^* = X^k$$

einführt. Man beachte hier den Unterschied zwischen

– der *erklärenden* Variablen X
– den *Regressoren* $X, X^2, \ldots, X^k$.

Die Streuungszerlegung und der Begriff des Bestimmtheitsmaßes lassen sich unmittelbar von der multiplen Regression her übertragen.

Die Modelle der zweiten Gruppe sind *nichtlinear in den unbekannten Parametern*. Grundsätzlich könnte man versuchen, die Methode der kleinsten Quadrate direkt anzuwenden. Im Falle des logistischen Wachstumsmodells ergäbe das die Minimierungsaufgabe

$$Q(a, b, c) = \sum_{t=1}^{T} \left(y_t - \frac{a}{1 + be^{-ct}} \right)^2 \ldots \text{Min}!$$

Es ist unmittelbar einleuchtend, daß dieser Weg ziemliche rechentechnische Schwierigkeiten bereitet.

Das *exponentielle Wachstumsmodell* kann man durch eine Variablentransformation linearisieren

$$y = ae^{bt} \quad \text{oder} \quad y = ar^t \quad \text{mit} \quad r = e^b.$$

Durch Logarithmieren erhält man

$$\ln y = \ln a + t \ln r.$$

Neue Variable und neue Parameter

$$\ln Y = Y^*, \quad \ln a = \alpha, \quad \ln r = \beta$$

führen auf das lineare Modell

$$y^* = \alpha + \beta t.$$

Die gesuchten Parameter erhält man durch die Umkehrtransformation

$$a = e^{\alpha}, \quad r = e^{\beta}.$$

Beispiel 5.23. Die durchschnittliche Wachstumsrate r des realen Bruttonationalprodukts von Österreich und der BRD in den Jahren 1960–1975 soll in einem exponentiellen Wachstumsmodell $y = ar^t$ mittels eines Regressionsansatzes geschätzt werden. Die Daten bzw. die beiden abhängigen Variablen sind in folgender Form gegeben:

Y_1 ... Österreich: Index des realen Bruttonationalprodukts auf der Basis 1937 = 100,
Y_2 ... Bundesrepublik Deutschland: Bruttonationalprodukt zu konstanten Preisen von 1962.

Da sich der unterschiedliche Maßstab bei der Messung des Bruttonationalprodukts in den zwei Ländern nur auf den Faktor a, nicht aber auf die Bestimmung der Wachstumsrate r auswirkt, können die aus beiden Reihen stammenden Ergebnisse miteinander verglichen werden.

Daten und Rechnung seien in nachstehender Tabelle zusammengefaßt:

Jahr	t	y_{1t}	y_{2t}	$\ln y_{1t} = y^*_{1t}$	ty^*_{1t}	$\ln y_{2t} = y^*_{2t}$	ty^*_{2t}
1960	1	213,9	328,4	5,366	5,366	5,794	5,794
1961	2	225,7	346,2	5,419	10,838	5,847	11,694
1962	3	231,5	360,1	5,445	16,334	5,886	17,659
1963	4	241,5	372,5	5,486	21,947	5,920	23,681

Quantitative Merkmale: Multiple Regression und Korrelation

Jahr	t	y_{1t}	y_{2t}	$\ln y_{1t}=y^*_{1t}$	ty^*_{1t}	$\ln y_{2t}=y^*_{2t}$	ty^*_{2t}
1964	5	256,1	397,3	5,546	27,728	5,985	29,923
1965	6	264,9	419,5	5,579	33,476	6,039	36,234
1966	7	278,2	431,7	5,628	39,398	6,068	42,474
1967	8	285,5	430,8	5,654	45,234	6,066	48,525
1968	9	298,6	462,3	5,699	51,292	6,136	55,226
1969	10	317,0	500,4	5,759	57,589	6,215	62,154
1970	11	339,4	529,4	5,827	64,099	6,272	68,989
1971	12	357,3	545,2	5,879	70,543	6,301	75,614
1972	13	380,0	563,5	5,940	77,222	6,334	82,344
1973	14	402,0	592,4	5,996	83,950	6,384	89,379
1974	15	418,6	595,0	6,037	90,554	6,389	95,828
1975	16	410,2	574,8	6,017	96,266	6,354	101,664
Σ				91,277	791,835	97,990	847,182

Quelle der Daten: Für die BRD: Statistisches Bundesamt Wiesbaden, Lange Reihen zur Wirtschaftsentwicklung 1976, S. 142.
Für Österreich: Statistisches Jahrbuch für die Bundesrepublik Deutschland 1977, S. 684, verkettet mit einer Indexreihe des österr. Instituts für Wirtschaftsforschung.

Die beiden Trendgeraden für $\ln y = y^*$ werden nun mittels der Formeln (5.63) und (5.64) mit $T = 16$ bestimmt.

$$y^*_{1t} = \alpha_1 + \beta_1 t: \quad \alpha_1 = \frac{11}{40} \cdot 91{,}277 - \frac{1}{40} \cdot 791{,}835 = \underline{5{,}3053}$$

$$\beta_1 = \frac{1}{340} \cdot 791{,}835 - \frac{1}{40} \cdot 91{,}277 = \underline{0{,}0470}$$

$$y^*_{2t} = \alpha_2 + \beta_2 t: \quad \alpha_2 = \frac{11}{40} \cdot 97{,}990 - \frac{1}{40} \cdot 847{,}182 = \underline{5{,}7677}$$

$$\beta_2 = \frac{1}{340} \cdot 847{,}182 - \frac{1}{40} \cdot 97{,}990 = \underline{0{,}0420} \; .$$

Die durchschnittlichen Wachstumsraten für Österreich und die Bundesrepublik Deutschland werden dann

$$r_1 = e^{\beta_1} = 1{,}0481 \qquad r_2 = e^{\beta_2} = 1{,}0429$$

oder in Prozent ausgedrückt:

$$p_1 = 4{,}81\,\% \qquad p_2 = 4{,}29\,\%.$$

Interessant ist der Vergleich mit einer durchschnittlichen Wachstumsrate, die durch ein geometrisches Mittel mit der Methode von Abschnitt 3.1.2 gemäß der Formel

$$r_G = \sqrt[T-1]{y_T/y_1}$$

bestimmt wurde.

Man erhält für 1960/1975:

$$r_{1G} = 1{,}0444 \qquad r_{2G} = 1{,}0380$$

Die relativ starke Abweichung von den offensichtlich genaueren Werten, wie sie mit der Regressionsmethode erhalten wurden, erklärt sich daraus, daß von 1974 auf 1975 ein Rückgang des realen Bruttonationalprodukts den allgemein steigenden Trend unterbrach. Diese letzte Bewegung fällt bei der einfachen Mittelbildung stärker ins Gewicht als bei der Regressionsmethode, welche die Werte „unterwegs" gleichmäßig berücksichtigt. Das geometrische Mittel für die Jahre 1960–1974, also *ohne* die Anomalität von 1975, paßt viel besser. Man erhält für 1960/1974

$$r_{1G} = 1{,}0491 \qquad r_{2G} = 1{,}0434.$$

5.5.5 Aufgaben und Ergänzungen zu Abschnitt 5.5

Aufgabe 5.34. Auf acht Versuchsfeldern soll untersucht werden, wie sich die Menge des eingesetzten Düngemittels auf den Ernteertrag auswirkt. Neben dem kontrollierbaren Düngemitteleinsatz muß jedoch auch die unterschiedliche Niederschlagsmenge berücksichtigt werden. Gegeben seien also die Variablen

Y = Ernteertrag in t/ha

X_1 = Düngemitteleinsatz in t/ha

X_2 = Gesamtniederschlagsmenge in Zoll

Die Versuchsdaten sind in nachstehender Tabelle angegeben.

Feld	x_{i1}	x_{i2}	y_i
1	2	72	8
2	3	66	7
3	3	72	10
4	4	70	12
5	4	68	13
6	5	67	15
7	5	65	14
8	6	72	17

a) Man untersuche den Einfluß von Düngemitteleinsatz und Niederschlagsmenge auf den Ernteertrag mittels eines multiplen Regressionsansatzes.
b) Berechne die beiden Einzelregressionen Ernteertrag bezüglich des Düngemitteleinsatzes und Ernteertrag bezüglich der Niederschlagsmenge und vergleiche die Ergebnisse mit den Resultaten unter a).
c) Berechne die Bestimmtheitsmaße für die in a) und b) angegebenen Regressionen.

d) Man führe den multiplen Regressionsansatz noch einmal durch und zwar mit Variablen, die mittels ihrer Abweichungen vom Mittelwert gemessen wurden (man verwende die Schreibweise von Formel (5.45). Vergleiche die sich nun ergebenden Normalgleichungen mit denen unter a). Wodurch unterscheiden sich die Ergebnisse?

Aufgabe 5.35. In Beispiel 5.9 und in Aufgabe 5.16 wurden Körpergewicht und Größe von Mädchen und Knaben ungefähr gleichen Alters aus einem Wiener Gemeindekindergarten angegeben. Berechnet man die beiden Regressionsgeraden des Körpergewichts bezüglich der Größe, so ergeben sich etwas unterschiedliche Steigungen. Man kann nun die beiden Gruppen zu einer Grundgesamtheit „Kinder" zusammenfügen und weitere Rechnungen anstellen.

a) Zeichne ein gemeinsames Streudiagramm für Knaben und Mädchen, markiere die Punkte für Knaben und Mädchen in verschiedenen Farben. Berechne nun die Regressionsgerade für die zusammengeworfenen Daten. Halten Sie das Resultat — insbesondere nach Inspektion des Streudiagramms — für stichhaltig?

b) Man möchte dennoch gerne die Daten für Knaben und Mädchen gemeinsam einsetzen, um zu einer Schätzung der Abhängigkeit des Gewichts von der Größe zu gelangen. Der in a) beschriebene Weg schien nicht ratsam. Man benutzt daher die Hilfsvariable (dummy variable) Z, welche bei der Merkmalsausprägung „Mädchen" den Wert 0, bei der Merkmalsausprägung „Knabe" den Wert 1 annimmt und setzt ein multiples Regressionsmodell

$y = a + bx + cz$

für die gepoolten Daten an. Durch den Koeffizienten c wird dann ein „Niveauunterschied" zwischen Mädchen und Knaben gemessen, durch b die — als gemeinsam angenommene — Veränderung des Körpergewichts bei Änderung der Größe. Dieses Verfahren heißt *Kovarianzanalyse*. Man führe dieses Verfahren durch und vergleiche das Ergebnis mit den Resultaten der Einzelregressionen und mit den Resultaten aus Punkt a).

Aufgabe 5.36. In *Menges* [1961, S. 127] finden sich Daten zur Schätzung einer Konsumfunktion für Tourismus $y = \alpha + \beta x$. Dabei nennt man β die marginale Neigung zum touristischen Konsum. Die Daten sind in untenstehender Tabelle angegeben. Dabei bedeuten

X = Nettosozialprodukt zu Marktpreisen in Mrd RM/DM
Y = touristischer Konsum in Mrd RM/DM
RM für die Jahre 1924–1938
DM für die Jahre 1949–1957

Ein Streudiagramm zeigt einen deutlichen Strukturbruch zwischen Vorkriegs- und Nachkriegszeit, der auf unterschiedliche Möglichkeiten des Tourismus, aber auch auf die verwendeten unterschiedlichen Währungseinheiten zurückgeht. Weiter ist jedoch auch ersichtlich, daß die marginalen Konsumneigungen in der Vor- und Nachkriegszeit nicht verschieden sein dürften.

Jahr	x	y
1924	31,5	1,88
1925	38,3	2,49
1926	40,2	2,65
1927	45,0	3,81
1928	48,2	4,22
1929	48,3	4,14
1930	44,8	3,20
1931	37,1	2,34
1932	30,2	1,70
1933	31,1	1,52
1934	35,4	1,62
1935	39,5	1,84
1936	43,8	2,20
1937	49,5	2,82
1938	54,7	3,51
1949	73,2	1,62
1950	87,1	3,40
1951	107,6	4,38
1952	120,9	6,14
1953	130,3	7,77
1954	140,4	9,72
1955	160,2	11,63
1956	175,8	13,08
1957	189,5	15,33

a) Man berechne die marginale Neigung zum touristischen Konsum mittels des Ansatzes der *Kovarianzanalyse*, wobei eine 0-1 Variable Vor- und Nachkriegszeit unterscheide.
b) Vergleiche das Ergebnis von a) mit den beiden getrennten Konsumfunktionen für Vor- und Nachkriegszeit. Welches Ergebnis bringt eine Rechnung, bei der die gepoolten Daten 1924 bis 1957 einer gewöhnlichen Regression unterworfen werden?

Ausgabe 5.37. Bestimme alle möglichen gewöhnlichen und partiellen Korrelationskoeffizienten für die Variablen Haushaltsgröße, Einkommen und Ausgaben für Nahrungsmittel aus Beispiel 5.16.

Hinweis: Man benutze die in Beispiel 5.17 angegebenen Summen zur Berechnung der Korrelationskoeffizienten.

Aufgabe 5.38. Bestimme alle möglichen gewöhnlichen und partiellen Korrelationskoeffizienten für die drei Variablen Düngemitteleinsatz, Niederschlagsmenge und Ernteertrag aus Aufgabe 5.34.

Aufgabe 5.39. Zeige, daß die beiden Versionen (5.115a) und (5.115b) zur Berechnung des partiellen Korrelationskoeffizienten $r_{12|34}$ tatsächlich dieselbe Größe liefern.

Aufgabe 5.40. Man untersuche den Zusammenhang zwischen dem Wirtschaftswachstum Österreichs und der BRD, indem man die Korrelation zwischen den jährlichen Wachstumsraten (ausgedrückt in Prozent) des realen Bruttonationalprodukts betrachtet. Man benutze dazu die Daten für die Jahre 1960–1975 aus Beispiel 5.23.

Aufgabe 5.41. An zwei Variablen X, Y werden die folgenden Meßwerte festgestellt:

x_i	1,3	2,8	3,9	4,2	5,4	5,5	7,0
y_i	13,5	11,4	12,1	11,7	15,0	18,8	26,0

Man berechne eine lineare und eine quadratische Regression von Y bezüglich X; vergleiche insbesondere die beiden Bestimmtheitsmaße, um die Güte der Anpassung durch ein lineares bzw. quadratisches Polynom miteinander vergleichen zu können.

5.6 Rangmerkmale: Ordinale Maße des Zusammenhanges

Die Merkmalsausprägungen von Rangmerkmalen lassen sich linear anordnen; daher ist die Frage, wie gut die Übereinstimmung der Reihenfolge von Merkmalsausprägungen sei, sinnvoll, und damit ist ein *Analogon zur Korrelationsrechnung* durchführbar. Man spricht daher auch von Rangkorrelationsrechnung. Die Ideen der Regressionsrechnung sind jedoch nicht mehr ohne weiteres anwendbar.

Anwendungsgebiete für die Rangkorrelationsrechnung sind vor allem Psychologie und die Sozialwissenschaften. Meßergebnisse in diesen Bereichen werden häufig durch Testscores, Punktewertungen oder Noten ausgedrückt, die genaugenommen nur einer ordinalen Skala zuzuordnen sind. Auch in Fällen, in denen ein Merkmal quantitativ, das andere Rangmerkmal ist, können höchstens Methoden der Rangkorrelation verwendet werden.

Anmerkung: Kruskal [1958] ist eine fundamentale Untersuchung über ordinale Zusammenhangsmaße. Der Autor betont in dieser Arbeit, daß ordinale Zusammenhangsmaße auch bei quantitativen Merkmalen anzuwenden sind, falls nicht ganz bestimmte Verteilungsannahmen gegeben sind (das Modell der multivariaten Normalverteilung). Der gewöhnliche Korrelationskoeffizient ist nämlich als Parameter dieses Modells erklärt. Ordinale Zusammenhangsmaße werden als „nichtparametrische" Zusammenhangsmaße angesehen. Dieser Standpunkt ist jedoch nur mit den Ideen der schließenden Statistik zu begreifen, hat aber nichtsdestoweniger auch für die deskriptive Statistik den Charakter einer Empfehlung, von Methoden der Rangkorrelation ausgiebig Gebrauch zu machen.

In den folgenden beiden Teilabschnitten werden zwei Gruppen von Maßzahlen behandelt, die Gruppe um *Spearmans* Rangkorrelationskoeffizient und eine Gruppe, die auf den Begriff der konkordanten und diskordanten Paare von Elementen aufgebaut werden kann. Diese beiden Gruppen finden vor allem ihre Anwendbarkeit bei gruppierten Daten bzw. beim Auftreten von „ties"[14]).

5.6.1 Der Spearman'sche Rangkorrelationskoeffizient

Es sei eine Grundgesamtheit $\mathbf{G} = \{a_1, a_2, \ldots, a_n\}$ gegeben. Aufgrund zweier Rangmerkmale — wir sprechen kurz von Variablen X und Y — werden jedem Element a_i zwei *Rangnummern* zugeordnet.

Element	$a_1, a_2, \ldots, a_n$
Rangnummer Variable X	$x_1, x_2, \ldots, x_n$
Rangnummer Variable Y	$y_1, y_2, \ldots, y_n$

Jedem Element der Grundgesamtheit wird also ein *Rangnummernpaar* zugeordnet:

$$a_i \to (x_i, y_i) \qquad i = 1, 2, \ldots, n.$$

Die Rangnummern $(x_1, x_2, \ldots, x_n)$ und $(y_1, y_2, \ldots, y_n)$ sind nichts anderes als zwei verschiedene Permutationen der Zahlen $(1, 2, \ldots, n)$.

Definition 5.20. Der *Spearman'sche Rangkorrelationskoeffizient* ρ ist der gewöhnliche Korrelationskoeffizient der Rangnummern.
Es sei

$$d_i = x_i - y_i.$$

Dann kann ρ nach folgender Formel berechnet werden:

$$\rho = 1 - \frac{6 \sum_{i=1}^{n} d_i^2}{n(n^2 - 1)} \qquad (5.116)$$

---

[14]) „tie" bedeutet im Sport soviel wie „punktegleich sein". Im folgenden werden wir bevorzugt diesen kurzen und prägnanten Ausdruck verwenden.

Beweis der Formel (5.116): Es seien $(x_1, x_2, \ldots, x_n)$ und $(y_1, y_2, \ldots, y_n)$ Permutationen von $(1, 2, \ldots, n)$. Dann ist

$$\Sigma x_i = \Sigma y_i = \sum_{i=1}^{n} i = \frac{1}{2} n(n+1)$$

$$\Sigma x_i^2 = \Sigma y_i^2 = \sum_{i=1}^{n} i^2 = \frac{1}{6} n(n+1)(2n+1)$$

und somit

$$\bar{x} = \bar{y} = \frac{1}{2}(n+1)$$

$$\Sigma(x_i - \bar{x})^2 = \Sigma(y_i - \bar{y})^2 = \Sigma x_i^2 - n\bar{x}^2 = \frac{1}{12} n(n^2 - 1) \qquad (5.117)$$

$$\Sigma(x_i - \bar{x})(y_i - \bar{y}) = \Sigma x_i y_i - n\bar{x}\bar{y} = \Sigma x_i y_i - n\bar{x}^2 . \qquad (5.118)$$

Es verbleibt nur noch die Berechnung von $\Sigma x_i y_i$:

$$d_i = x_i - y_i$$

$$d_i^2 = x_i^2 - 2x_i y_i + y_i^2$$

$$\Sigma d_i^2 = \Sigma x_i^2 - 2\Sigma x_i y_i + \Sigma y_i^2 = 2\Sigma x_i^2 - 2\Sigma x_i y_i$$

daraus

$$\Sigma x_i y_i = \Sigma x_i^2 - \frac{1}{2} \Sigma d_i^2 .$$

Einsetzen in (5.118)

$$\Sigma(x_i - \bar{x})(y_i - \bar{y}) = \Sigma x_i^2 - \frac{1}{2} \Sigma d_i^2 - n\bar{x}^2 = \frac{n(n^2-1)}{12} - \frac{1}{2} \Sigma d_i^2 .$$

Nach Definition 5.20 und Einsetzen von (5.117) folgt

$$\rho = \frac{\Sigma(x_i - \bar{x})(y_i - \bar{y})}{\sqrt{\Sigma(x_i - \bar{x})^2 \Sigma(y_i - \bar{y})^2}} = \frac{1/12\ n(n^2-1) - 1/2\ \Sigma d_i^2}{1/12\ n(n^2-1)} =$$

$$= 1 - \frac{6 \Sigma d_i^2}{n(n^2-1)} \qquad \square$$

Beispiel 5.24. Die Zwischenprüfungen in Mathematik und Statistik für Volkswirte werden an einer bestimmten Fakultät in zwei schriftlichen Klausurprüfungen abgewickelt, wobei jeweils maximal 100 Punkte erworben werden können. Für eine Gruppe von acht Kandidaten seien neben ihren Zwischenprüfungsergebnissen auch die Ränge, die sie bei einem Studieneingangstest erzielten, angegeben.

Kandidat	Rang beim Eingangstest	Klausurergebnis Mathematik	Statistik
A	4	36	28
B	6	82	72
C	1	73	39
D	3	84	50
E	5	95	70
F	7	17	33
G	2	41	53
H	8	29	47

Wir berechnen den Rangkorrelationskoeffizienten ρ des Eingangstests mit den beiden Klausurergebnissen. Dabei ist zu beachten, daß hohe Punktzahlen ein gutes Ergebnis bedeuten, also die niedrigen Rangnummern bekommen.

Mathematik

x_i	y_i	d_i	d_i^2
4	6	−2	4
6	3	3	9
1	4	−3	9
3	2	1	1
5	1	4	16
7	8	−1	1
2	5	−3	9
8	7	1	1
Σ		0	50

Statistik

x_i	y_i	d_i	d_i^2
4	8	−4	16
6	1	5	25
1	6	−5	25
3	4	−1	1
5	2	3	9
7	7	0	0
2	3	−1	1
8	5	3	9
Σ		0	86

$n = 8$;

$$\rho = 1 - \frac{6 \cdot 50}{8 \cdot 63} = \underline{0{,}405} \qquad \rho = 1 - \frac{6 \cdot 86}{8 \cdot 63} = \underline{-0{,}024}.$$

Es kann sein, daß auf Grund des ordinalen Meßverfahrens Elemente in dieselbe Rangklasse kommen, also vom Standpunkt dieser Messung ununterscheidbar sind. Man geht dann so vor: Ordne die Elemente nach ihrem Rang, Elemente mit gleichem Rang bekommen als modifizierte Rang*nummer* den Durchschnitt der Rangnummern zugeordnet, die sie erhalten hätten, falls sie unterscheidbar gewesen wären.

Beispiel 5.25. Es mögen acht Elemente fünf Rangklassen a, b, c, d, e zugeordnet werden, deren Ordnung durch die alphabetische Reihenfolge gegeben sei:

Rangmerkmale

Rangfolge	a	b	b	c	c	c	d	e
Rangnummern bei Unterscheidbarkeit	1	2	3	4	5	6	7	8
modifizierte Rangnummern	1	2,5	2,5	5	5	5	7	8

Die Definition 5.20 wird nun unmittelbar auf den Fall der „tied ranks" übertragen: Man berechne den gewöhnlichen Korrelationskoeffizienten der *modifizierten Rangnummern*. Man hat dafür Formeln ähnlich der Formel (5.116) entwickelt, welche ebenfalls Σd_i^2 benutzen, aber durch Korrekturglieder die ties berücksichtigen. Siehe hiezu etwa *Kendall* [1962, S. 38f.].

Anmerkung: Neuerdings wird in der Literatur wieder eine alte Maßzahl erwähnt, „*Spearmans* footrule" R. Sie benutzt $\Sigma |d_i|$ und kommt in den Versionen

$$R = 1 - \frac{3 \Sigma |d_i|}{n^2 - 1} \quad \text{und} \quad r = 1 - \frac{4 \Sigma |d_i|}{n^2} \tag{5.119}$$

vor, wobei die zweite vorzuziehen ist (wegen der Normierungsforderung für Korrelationskoeffizienten).

5.6.2 Maßzahlen, die auf der Betrachtung konkordanter und diskordanter Paare aufbauen

Wir besprechen zunächst eine zu dieser Gruppe gehörige Maßzahl, ohne zunächst noch die Begriffe „konkordant" und „diskordant" zu benutzen.

a) *Kendalls* τ

Die Elemente der Grundgesamtheit denken wir uns nun so geordnet, daß die Rangnummern eines Merkmals in natürlicher Reihenfolge erscheinen.

Element	$a_1, a_2, \ldots, a_i, \ldots, a_n$
Rangnummer Variable X	$1, 2, \ldots, i, \ldots, n$
Rangnummer Variable Y	$y_1, y_2, \ldots, y_i, \ldots, y_n$

Zu jeder Rangnummer y_i können nun zwei Zahlen u_i, v_i bestimmt werden wobei

$$\begin{aligned} u_i &= \text{Anzahl der } y_i \text{ folgenden } \textit{höheren} \text{ Rangnummern} \\ v_i &= \text{Anzahl der } y_i \text{ folgenden } \textit{niedrigeren} \text{ Rangnummern} \end{aligned} \tag{5.120}$$

sei.

Zur Definition von *Kendalls* τ benötigen wir zunächst nur die u_i.

Definition 5.21. Der *Kendall*sche Rangkorrelationskoeffizient τ ist gegeben durch

$$\tau = \frac{4 \sum_{i=1}^{n} u_i}{n(n-1)} - 1. \qquad (5.121)$$

Man kann zeigen, daß immer $-1 \leqslant \tau \leqslant +1$ gilt. Einen Wert von $\tau = 1$ erhält man bei vollständiger Übereinstimmung der Rangnummern, einen Wert $\tau = -1$ bei völliger Gegenläufigkeit.

Anmerkung. Anders wie bei *Spearmans* ρ wird eine Begründung der Formel (5.121) erst später unter Punkt c) gegeben.

Beispiel 5.26. Wir untersuchen den Zusammenhang zwischen Scheidungen und Geburten in den elf Ländern der BRD im Jahre 1974. Da die Verteilungsvoraussetzungen für die Berechnung des Korrelationskoeffizienten nicht gegeben sind, wird ein Rangkorrelationskoeffizient berechnet.

Bundesland	Ehescheidungen auf 1000 Ew.	Rang	Lebendgeburten auf 1000 Ew.	Rang
A Schleswig-Holstein	1,78	4	9,89	4
B Hamburg	3,27	2	7,77	11
C Niedersachsen	1,45	7	10,51	3[15])
D Bremen	2,93	3	9,07	8
E Nordrhein-Westfalen	1,41	10	9,81	6
F Hessen	1,63	5	9,87	5
G Rheinland-Pfalz	1,47	6	9,71	7
H Baden-Württemberg	1,44	8	11,07	1
I Bayern	1,43	9	10,51	2[15])
J Saarland	0,79	11	8,91	10
K Westberlin	3,50	1	8,97	9

Zur Berechnung von τ verwenden wir nun das folgende Schema:

Land	H	I	C	A	F	E	G	D	K	J	B
Geburten	1	2	3	4	5	6	7	8	9	10	11
Scheidungen	8	9	7	4	5	10	6	3	1	11	2
u_i	3	2	2	4	3	1	1	1	2	0	0
v_i	7	7	6	3	3	4	3	2	0	1	0

$n = 11 \quad \Sigma u_i = 19$

$$\tau = \frac{4 \cdot 19}{11 \cdot 10} - 1 = \underline{-0{,}309}$$

Quelle der Daten: Statistisches Bundesamt Wiesbaden, Fachserie A, Reihe 2, Natürliche Bevölkerungsbewegung 1974, S. 28.

b) Rangkorrelation bei gruppierten Daten: Goodman und Kruskals Gamma

Betrachten wir die bereits in Aufgabe 5.8 gegebene Kontingenztafel.

---

[15]) Durch die Berechnung der Geburtenziffer auf drei Dezimalen wurde hier ein „tiebreak" zwischen Bayern und Niedersachsen erzielt.

Zufriedenheit mit Studienfortgang	Leben im Studienort		
	langweilig	erträglich	reizvoll
nein	18	19	7
unentschieden	4	45	14
ja	12	58	27

Genaugenommen liegt hier ein zweidimensionales *Rang*merkmal vor. Die Merkmalsausprägungen der beiden Variablen

X = Zufriedenheit mit dem Studienfortgang
Y = Beurteilung des Lebens im Studienort

besitzen eine natürliche Ordnung, die übrigens bei der Anordnung der Tabelle schon berücksichtigt wurde. Eine Berechnung von Assoziationsmaßen allein schöpft die Information, die in der Tabelle steckt, nicht vollständig aus.

Um zu einem Rangkorrelationsmaß zu kommen, führen wir den Begriff der *konkordanten* und der *diskordanten Paare von Individuen* (bzw. Elementen der Grundgesamtheit) ein. Ist die Anzahl der Elemente einer Grundgesamtheit gleich N, so gibt es insgesamt $(1/2) N (N - 1)$ Elementpaare. Bei diesen Paaren kann man nun fünf Typen unterscheiden. Bezeichnen wir beispielsweise die Merkmalsausprägungen zweier Variablen X, Y wie folgt

Variable	Merkmalsausprägungen			
X	a	b	c	
Y	α	β	γ	δ

wobei die Reihenfolge des Alphabets zugleich die Ranganordnung ausdrücken soll. Nun können wir folgende Arten von Individuenpaaren (a_i, a_j) unterscheiden; wir geben zugleich das Symbol für ihre Anzahl:

konkordante Paare. Sie zeigen die Konstellation

	X	Y
a_i	a	β
a_j	c	δ

Die Rangreihung ist *gleichsinnig*
Anzahl: N_c

diskordante Paare. Sie zeigen die Konstellation

	X	Y
a_i	a	δ
a_j	b	α

Die Rangreihung ist *gegensinnig*
Anzahl: N_D

Weiter gibt es *Paare mit ties*:

	X	Y
a_i	b	γ
a_j	b	δ

tie bei der Variablen X, jedoch nicht bei Y.
Anzahl: T_x

	X	Y
a_i	c	β
a_j	a	β

tie bei der Variablen Y, jedoch nicht bei X.
Anzahl: T_y

	X	Y
a_i	c	α
a_j	c	α

tie bei den beiden Variablen X und Y.
Anzahl: T_{xy}.

Es gilt also:

$$N_c + N_d + T_x + T_y + T_{xy} = \frac{1}{2} N(N-1). \qquad (5.122)$$

Gegeben sei nun die Häufigkeitstabelle einer zweidimensionalen Verteilung, etwa am Beispiel einer 3 × 4-Tafel.

	α	β	γ	δ	Σ
a	f_{11}	f_{12}	f_{13}	f_{14}	$f_{1.}$
b	f_{21}	f_{22}	f_{23}	f_{24}	$f_{2.}$
c	f_{31}	f_{32}	f_{33}	f_{34}	$f_{3.}$
Σ	$f_{.1}$	$f_{.2}$	$f_{.3}$	$f_{.4}$	N

Man beachte, daß nun die Reihenfolge der Zeilen und Spalten wesentlich ist. Unsere nächste Aufgabe ist es, die fünf Anzahlen zu berechnen. Wir benötigen hier vor allem N_c und N_d. Formeln für T_x, T_y und T_{xy} werden in den Aufgaben des Abschnitts 5.6.3 vorgeschlagen.

Zunächst werden folgende Hilfsgrößen eingeführt:

$$C_{ij} = \sum_{k>i} \sum_{l>j} f_{kl} \qquad D_{ij} = \sum_{k>i} \sum_{l<j} f_{kl}. \qquad (5.123)$$

Dann gilt:

$$N_c = \sum_i \sum_j f_{ij} C_{ij} \qquad N_D = \sum_i \sum_j f_{ij} D_{ij}. \qquad (5.124)$$

Rangmerkmale

Die Berechnung der Größen N_c und N_D über die C_{ij} und D_{ij} kann nach einem einfachen Schema erfolgen, das in folgendem Beispiel vorgeführt sei.

Beispiel 5.27. Man berechne N_c und N_D für Tafel aus Aufgabe 5.8.

Tafel: f_{ij}

18	19	7
4	45	14
12	58	27

C_{ij}

144	41	0
85	27	0
0	0	0

D_{ij}

0	16	119
0	12	70
0	0	0

Zur Bestimmung von N_c und N_D braucht man nur die Felder von C_{ij} und D_{ij} mit den entsprechenden Feldern der f_{ij}-Tafel zu multiplizieren und summieren:

$$N_c = 18 \cdot 144 + 19 \cdot 41 + 4 \cdot 85 + 45 \cdot 27 = 4926$$
$$N_D = 19 \cdot 16 + 7 \cdot 119 + 45 \cdot 12 + 14 \cdot 70 = 2657$$

Goodman und *Kruskal* haben nun einen Rangkorrelationskoeffizienten vorgeschlagen, der ties völlig ausscheidet und nur konkordante und diskordante Paare berücksichtigt.

Definition 5.22. Der Rangkorrelationskoeffizient *Goodman und Kruskals Gamma* ist gegeben durch

$$\gamma = \frac{N_c - N_D}{N_c + N_D} \tag{5.125}$$

Beispiel 5.28. Man berechne *Goodman* und *Kruskal*s Gamma für den Zusammenhang zwischen Studienfortgang und Beurteilung des Studienorts. Mit den Werten aus Beispiel 5.27 erhält man sofort

$$\gamma = \frac{4926 - 2657}{4926 + 2657} = \underline{0{,}299}.$$

c) *Berechnung von τ und γ, falls Rangreihen mit ties vorkommen*

Grundsätzlich sind alle Möglichkeiten zur Entwicklung von Rangkorrelationskoeffizienten, die auf der Betrachtung von konkordanten Paaren beruhen, bereits im vorangehenden Punkt b) enthalten. Allerdings wäre es unpraktisch, längere Rangreihen erst in Kontingenztafeln zu übersetzen. Vielmehr wollen wir jetzt direkt an das in Punkt a) gegebene Schema zur Berechnung von τ anknüpfen.

Zunächst bemerken wir, daß die in (5.120) angegebenen Größen u_i und v_i so definiert waren, daß gilt:

$$\sum_{i=1}^{n} u_i = N_c \qquad \sum_{i=1}^{n} v_i = N_D. \tag{5.126}$$

Sofern *keine ties* vorkommen — was gerade den Fall von Punkt a) liefert — gilt:

$$N_c + N_D = \frac{1}{2} n(n-1)$$

und

$$N_c - N_D = 2N_c - \frac{1}{2} n(n-1)$$

Somit wird *Goodman* und *Kruskals* Gamma:

$$\gamma = \frac{N_c - N_D}{N_c + N_D} = \frac{2N_c - (1/2) n(n-1)}{(1/2) n(n-1)} = \frac{4N_c}{n(n-1)} - 1 =$$

$$= \frac{4 \Sigma u_i}{n(n-1)} - 1$$

das heißt: Bei Abwesenheit von ties gilt

$$\tau = \gamma. \quad (5.127)$$

Treten jedoch ties auf, so existieren verschiedene Vorschläge sie zu berücksichtigen. Man beachte zunächst, daß die Beziehungen (5.126) auch beim Auftreten von ties gelten. Somit kann der Koeffizient γ unmittelbar mittels des in Beispiel 5.26 gegebenen Schemas berechnet werden. Man erhält

$$\gamma = \frac{\Sigma u_i - \Sigma v_i}{\Sigma u_i + \Sigma v_i}. \quad (5.128)$$

Weitere Vorschläge stammen von *Kendall*[16])

$$\tau_a = \frac{\Sigma u_i - \Sigma v_i}{(1/2) n(n-1)} \quad (5.129)$$

$$\tau_b = \frac{\Sigma u_i - \Sigma v_i}{\sqrt{(\Sigma u_i + \Sigma v_i + T_x)(\Sigma u_i + \Sigma v_i + T_y)}} \quad (5.130)$$

Es gilt natürlich $\tau_a \leqslant \tau_b$.

---

[16]) Diese beiden Formeln sowie weitere Möglichkeiten werden in *Benninghaus* [1974, S. 149] angegeben. Überhaupt findet man in diesem Buch eine sehr ausführliche und leichtfaßliche Behandlung der auf konkordanten und diskordanten Paaren beruhenden Rangkorrelationsmaße. Allerdings muß darauf hingewiesen werden, daß die bei *Benninghaus* angegebene Formel (5.130) nicht mit der in *Kendall* [1962, S. 35] angegebenen übereinstimmt. Es geht um die unterschiedliche Berücksichtigung von T_{xy}.

Zur Berechnung von T_x und T_y: Tritt eine Gruppe von t ties bei einer Rangreihe, sei es für X, sei es für Y *allein* auf, so liefert diese Gruppe einen Beitrag von $(1/2)\,t\,(t-1)$ zur Anzahl T_x bzw. T_y. Treten jedoch in *beiden* Rangreihen ties auf, so muß man prüfen, ob nicht auch Beiträge zur Größe T_{xy} entstehen.

Beispiel 5.29. Die Merkmalsausprägungen der Variablen X und Y seien (mit Angabe der Ordnungsrelation):

$\alpha < \beta < \gamma < \delta$

$A < B < C$

Für eine Grundgesamtheit von $n = 6$ Elementen werden die Merkmalsausprägungen angegeben, und zwar so, daß für die Variable X die für das Rechenschema geforderte Reihenfolge bereits vorliegt.

Variable X	α	β	β	γ	δ	δ	
Variable Y	B	A	A	C	A	C	
u_i:	2	2	2	0	1	0	$\Sigma u_i = 7$
v_i:	3	0	0	1	0	0	$\Sigma v_i = 4$

Also:

$N_C = 7$

$N_D = 4$

$T_x = 1$ von $\begin{pmatrix} \delta\,\delta \\ AC \end{pmatrix}$

$T_y = 2$ von $\begin{pmatrix} \beta\,\delta \\ AA \end{pmatrix}, \begin{pmatrix} \gamma\,\delta \\ CC \end{pmatrix}$

$T_{xy} = 1$ von $\begin{pmatrix} \beta\,\beta \\ AA \end{pmatrix}$

$\frac{1}{2} n\,(n-1) = 15.$

Man beachte, daß T_x, T_y nicht durch isolierte Betrachtung der Rangreihen von X und Y gewonnen werden können; der Beitrag zu T_{xy} würde sonst doppelt gezählt.
Man erhält also folgende Rangkorrelationskoeffizienten:

$$\gamma = \frac{7-4}{7+4} = \frac{3}{11} = \underline{0{,}273}$$

$$\tau_a = \frac{7-4}{15} = \frac{3}{15} = \underline{0{,}200}$$

$$\tau_b = \frac{7-4}{\sqrt{(7+4+1)(7+4+2)}} = \frac{3}{\sqrt{12 \cdot 13}} = \underline{0{,}240}\,.$$

5.6.3 Aufgaben und Ergänzungen zu Abschnitt 5.6

Aufgabe 5.42. Um die Werte von *Kendalls* τ und *Spearmans* ρ vergleichen zu können, berechne man

a) *Kendalls* τ für die Daten aus Beispiel 5.24
b) *Spearmans* ρ für die Daten aus Beispiel 5.26.

„Normalerweise" ist für Koeffizienten, die nicht zu nahe an $+1$ oder -1 liegen, ρ dem Absolutbetrag nach ungefähr um 50 Prozent größer als τ. Es gelten die beiden Ungleichungen

Daniels Ungleichung

$$-1 \leq 3\,\frac{n+2}{n-2}\,\tau - 2\,\frac{n+1}{n-2}\,\rho \leq 1 \tag{5.131}$$

Durbin/Stuart-Ungleichung

$$\Sigma d_i^2 \geq \frac{4}{3}\Sigma v_i \left(1 + \frac{\Sigma v_i}{n}\right). \tag{5.132}$$

Näheres zum Vergleich von τ und ρ siehe *Kendall* [1962, S. 12ff.].

Aufgabe 5.43. Man berechne γ und die zwei angegebenen Versionen von τ für die Variablen X und Y, falls die Ordnung in beiden Fällen durch das Alphabet ausgedrückt wird:

Variable X: β γ β γ γ α δ α β γ ε
Variable Y: B K D H E C F A I G J

Aufgabe 5.44. In Beispiel 5.26 wurde der Zusammenhang zwischen Ehescheidungen und Geburtenziffern in den elf Ländern der BRD untersucht. Die Verwendung der rohen Geburtenziffern berücksichtigte allerdings nicht die möglicherweise unterschiedliche Altersverteilung der weiblichen Bevölkerung. Man vergleiche daher mit der allgemeinen Fruchtbarkeitsziffer, welche die Anzahl der Lebendgeborenen auf 1000 Frauen im Alter von 15 bis 45 Jahren bezieht.

Land:	A	B	C	D	E	F	G	H	I	J	K
allgemeine Fruchtbarkeitsziffer:	51	39	54	45	48	49	49	53	52	43	47

Der Code für die Länder und die Ehescheidungsziffern sind aus Beispiel 5.26 zu entnehmen.
Man berechne *Kendalls* τ für den Zusammenhang von Ehescheidung und Fruchtbarkeitsziffer

Quelle der Daten: Siehe bei Beispiel 5.26. Bereinigte Ehescheidungsziffern nach Ländern sind in der o.a. Quelle leider nicht enthalten.

Aufgabe 5.45. In einer bekannten deutschen Illustrierten wurden die Ergebnisse einer Meinungsumfrage veröffentlicht, welchem von 13 Politikern man zutrauen würde, mit einer Krisensituation fertig zu werden. Als Ergebnis kam eine Punktewertung zustande; die sowohl für Männer und Frauen, als auch für SPD/FDP-Anhänger und CDU/CSU-Anhänger getrennt angegeben wurde (die Daten sind hier nicht geändert, sondern nur umgeordnet und verschlüsselt).

Politiker Code	Männer	Frauen	SPD/FDP Anhänger	CDU/CSU Anhänger
A	28	24	32	20
B	16	16	20	13
C	51	48	33	70
D	73	74	88	59
E	66	64	72	59
F	20	13	10	25
G	15	11	7	20
H	13	19	26	6
I	14	11	16	9
J	13	11	18	5
K	18	16	12	23
L	39	35	47	27
M	35	39	23	54

Man untersuche die Übereinstimmung zwischen Männern und Frauen einerseits und zwischen SPD/FDP und CDU/CSU-Anhängern andererseits mittels der Rangkorrelationskoeffizienten τ_a, τ_b und γ.

Aufgabe 5.46. In einer deutschen Sonntagszeitung werden die Spieler der Fußball-Bundesliga nach Noten bewertet. In jedem Spiel werden Noten ausgeteilt, deren Skala von 6 = „Weltklasse" bis zu 0 = „Hat das Geld nicht verdient" reicht. Auf diese Weise kann für jeden der 18 Ligavereine eine Punktesumme pro Spielrunde angegeben werden. Daneben findet man auch die Punktesumme für alle bisherigen Spiele der Saison.
Aus den angegebenen Daten nach der 13. Spielrunde am 29.10.1977 lassen sich eine Reihe von Gütemaßen für die einzelnen Vereine bilden. Das „offizielle" Gütemaß ist der „Tabellenstand". Daneben führen wir weiter an: Summe der erzielten Tore, Notensumme der 13 Runden, Notensumme des Tages. Die nachstehend angegebene Reihenfolge der Vereine gibt zugleich den Tabellenstand an:

Verein	erzielte Tore	Gesamt-Notensumme	Noten des Tages
1. FC Köln	41	468	36
Schalke 04	21	461	35
1. FC Kaiserslautern	24	463	37
Fortuna Düsseldorf	21	461	37
Borussia Mönchengladbach	26	459	40
Eintracht Frankfurt	28	464	36
VfB Stuttgart	20	465	30
Eintracht Braunschweig	21	444	15
Hamburger SV	21	441	34
Borussia Dortmund	25	435	33
1. FC Saarbrücken	18	440	33
Hertha BSC	17	442	38
Bayern München	27	451	31
MSV Duisburg	23	438	30
VfL Bochum	14	444	33
Werder Bremen	17	424	37
FC St. Pauli	24	424	29
1860 München	10	413	27

Es ist der Zusammenhang der offiziellen Reihung mit den drei anderen Gütemaßen mit den Rangkorrelationskoeffizienten γ und τ_a zu bestimmen.

Aufgabe 5.47. Die nachstehende Tabelle zeigt die Ergebnisse einer Folgestudie bei 223 straffälligen Jugendlichen nach Abschluß ihres Verfahrens. Die Jugendlichen werden nach ihrem Intelligenzgrad, gemessen in einem I.Q-Test, und nach der Beurteilung ihres Verhaltens in der Folgezeit gegliedert.

Intelligenzgrad	Verhaltensweise gemäß Folgestudie		
	gut	hinreichend	schlecht
normal und darüber	23	5	12
schwach	20	13	10
untere Grenze	22	20	17
geistig defekt	26	26	29

Die Tafel kann als Häufigkeitsverteilung eines zweidimensionalen Merkmals aufgefaßt werden. Man berechne *Goodman* und *Kruskal*s γ für den Zusammenhang zwischen Intelligenzgrad und Folgeverhalten.

Quelle der Daten: *David/Pearson* [1961, S. 64].

Aufgabe 5.48. Zur Ergänzung der Formeln (5.123) und (5.124) für die Anzahl der konkordanten und der diskordanten Paare zeige man, daß für die allgemeine Häufigkeitstabelle eines zweidimensionalen Rangmerkmals gilt:

$$T_x = \sum_i \sum_j f_{ij} \sum_{k>i} f_{kj} \tag{5.133}$$

$$T_y = \sum_i \sum_j f_{ij} \sum_{l>j} f_{il} \tag{5.134}$$

$$T_{xy} = \frac{1}{2}\sum_i \sum_j f_{ij}^2 - \frac{1}{2}N. \tag{5.135}$$

Literaturverzeichnis

Die Literatur- und Quellennachweise werden in drei Gruppen gegliedert. Die erste Gruppe enthält eine Auswahl von zusammenfassenden Darstellungen der deskriptiven Statistik sowie auch einige allgemeine Statistik-Lehrbücher in denen dem Thema „deskriptive Statistik" ein relativ breiter Raum gewidmet wurde. Den Abschluß dieser ersten Gruppe bilden Aufgabensammlungen, aus denen weiteres Übungsmaterial entnommen werden kann. Die zweite Gruppe vereinigt Nachweise zu Spezialthemen; auch in dieser Gruppe finden sich noch allgemeine Lehrbücher, sofern in ihnen spezielle Belege zu Einzelfragen enthalten sind. In der dritten Gruppe schließlich sind alle Datensammlungen und Quellenwerke aus dem Bereich der amtlichen Statistik zusammengestellt, aus denen numerische Beispiele entnommen wurden.

1. Allgemeine Literaturhinweise

Anderson, O.: Probleme der statistischen Methodenlehre. 3. Aufl., Würzburg 1957.
Benninghaus, H.: Deskriptive Statistik. Stuttgart 1974.
Blalock, H.M.Jr.: Social Statistics. New York 1960.
Calot, G.: Cours de statistique descriptive. 2. Aufl., Paris 1973.
Cramer, U.: Statistik für Sie 1. Deskriptive Statistik. 2. Aufl., München 1976.
Ferschl, F.: Methodenlehre der Statistik I. In zwei Teilen. Skripten Bonn und Wien, mehrere Auflagen.
Flaskämper, P.: Allgemeine Statistik. Grundriß der Statistik. Teil I. 2. Aufl., Hamburg 1949.
Hansen, G.: Methodenlehre der Statistik. München 1974.
Kellerer, H.: Statistik im modernen Wirtschafts- und Sozialleben. 11. Aufl., Hamburg 1968.
Menges, G.: Grundriß der Statistik. Teil 1: Theorie. Köln 1968.
Menges G., und H.J. Skala: Grundriß der Statistik. Teil 2: Daten. Opladen 1973.
Most, O.: Allgemeine Statistik. 8. Aufl., Baden-Baden 1966.
Palumbo, D.J.: Statistics in Behavioral Science. 2. Aufl., New York 1977.
Pfanzagl, J.: Allgemeine Methodenlehre der Statistik. 2. Aufl., Berlin 1964, 5. Aufl., Berlin 1972.
Stange, K.: Angewandte Statistik. Erster Teil: Eindimensionale Probleme. Berlin 1970.
Tukey, J.W.: Exploratory Data Analysis. Reading, Ma., 1977.
Wagenführ, R.: Statistik leicht gemacht. Band I: Einführung in die deskriptive Statistik. 6. Aufl., Köln 1971.
Wallis, W.A., und H.V. Roberts: Methoden der Statistik. 2. Aufl., Freiburg 1962.
Wetzel, W.: Statistische Grundausbildung für Wirtschaftswissenschaftler I: Beschreibende Statistik. Berlin 1971.
Yule, G.U., und M.G. Kendall: An Introduction to the Theory of Statistics. 14. Aufl., London 1958.

1.1 Aufgabensammlungen

David, F.N., und E.S. Pearson: Elementary Statistical Exercises. Cambridge 1961.
Flaskämper, P.: Statistische Aufgaben. Hamburg 1953.
Labrousse, C.: Statistique. Exercises corrigés avec rappels de cours. 4. Aufl., Paris 1972.
Schneider, G.: Aufgabensammlung zur statistischen Methodenlehre. 7. Aufl., München 1965.

2. Spezielle Literaturhinweise

Beckmann, M.J., und *H.P. Künzi*: Mathematik für Ökonomen II. Berlin 1973.
Blyth, C.R.: On Simpson's Paradox and the Sure Thing Principle. Journal of the American Statistical Association 67, 1972, 364–373.
Braun, M.: Die bayerische Elektrizitätsversorgung in den 70er Jahren. Bayern in Zahlen 31 (7), 1977, 233–235.
Bruckmann, G.: Einige Bemerkungen zur statistischen Messung der Konzentration. Metrika 14 (2–3), 1969, 183–213.
Cochran, W.G.: Sampling Techniques. 2. Aufl., New York 1963.
Esenwein-Rothe, I.: Allgemeine Wirtschaftsstatistik – Kategorienlehre –. 2. Aufl., Wiesbaden 1969.
Ferschl, F.: Zum Begriff „Statistische Masse". Statistische Hefte 14 (2), 1975, 250–255.
Fisher, I.: The Making of Index Numbers. 3. Aufl., Reprint, New York 1967.
Goodman, L.A., und *W.H. Kruskal*: Measures of Association for Cross Classifications. Journal of the American Statistical Association 49, 1954, 732–764.
Guttman, L.: What is Not What in Statistics. The Statistician 26 (2), 1977, 81–107.
Hampel, F.R.: The Influence Curve and Its Role in Robust Estimation. Journal of the American Statistical Association 69, 1974, 383–393.
Hildebrand, D.K., J.D. Laing und *H. Rosenthal*: Prediction Analysis of Cross Classifications. New York 1977.
Hofstätter, P.R.: Das Fischer Lexikon. Psychologie. Stichwort Typenlehre. 5. Aufl., Frankfurt 1960.
Kendall, M.G.: Rank Correlation Methods. 3. Aufl., London 1962.
– : Multivariate Contingency Tables and Some Further Problems in Multivariate Analysis. In: Multivariate Analysis IV, hrsg. von M.P. Krishnaiah. Amsterdam 1977, 483–494.
Krelle, W.: Produktionstheorie. Tübingen 1969.
Kreyszig, E.: Statistische Methoden und ihre Anwendungen. Göttingen 1965.
Kruskal, W.H.: Ordinal Measures of Association. Journal of the American Statistical Association 53, 1958, 814–861.
Lorenz, M.O.: Methods of Measuring the Concentration of Wealth. Quarterly Publications of the American Statistical Association 9 (70), 1905, 209–219.
Marinell, G.: Multivariate Verfahren. München 1977.
Menges, G.: Ökonometrie. Wiesbaden 1961.
Mittenecker, E.: Planung und statistische Auswertung von Experimenten. 3. Aufl., Wien 1960.
Moore, G.H.: Errors in GNP Forecasts. The American Statistician 26 (4), 1972, 52–53.
Münzner, H.: Probleme der Konzentrationsmessung. Allgemeines Statistisches Archiv 47, 1967, 1–9.
Pfanzagl, J.: Allgemeine Methodenlehre der Statistik II. 2. Aufl., Berlin 1966.
– : Theory of measurement. Würzburg 1971.
Piesch, W.: Statistische Konzentrationsmaße. Tübingen 1975.
Schneeweiß, H.: Ökonometrie. 2. Aufl., Würzburg 1974.
Steiner, K.: Zur Lebenssituation der Bonner Studenten. Manuskript, Bonn 1971.
Theil, H.: Applied Economic Forecasting. Amsterdam 1966.
– : Economic Forecasts and Policy. 2. Aufl., Amsterdam 1975.
Weichselberger, K.: Über die Parameterschätzung bei Kontingenztafeln, deren Randsummen vorgegeben sind, I und II. Metrika 2, 1959, 100–130 und 198–229.
Yule, G.U.: On the Methods of Measuring Association between Two Attributes. With Discussion. Journal of the Royal Statistical Society 75, 1912, 579–652.

3. Benutzte Quellenwerke

Bundesministerium für innerdeutsche Beziehungen: Bericht der Bundesregierung und Materialien zur Lage der Nation. Bonn 1971.

Österreichisches Statistisches Zentralamt: Beiträge zur österreichischen Statistik. Heft 358: Natürliche Bevölkerungsbewegung 1973.

Statistisches Amt der Landeshauptstadt München: Münchner Statistik, Jahresbericht 1974, 1975.

Statistisches Bundesamt Wiesbaden: Struktur des Bauhauptgewerbes 1975. Wirtschaft und Statistik 1976 (2), 116–119.

– : Lange Reihen zur Wirtschaftsentwicklung 1976. Stuttgart 1976.

– : Statistisches Jahrbuch für die Bundesrepublik Deutschland 1965; 1968; 1976; 1977.

– : Fachserie A Bevölkerung und Kultur Reihe 2: Natürliche Bevölkerungsbewegung 1973; 1974.

– : Fachserie 1 Bevölkerung und Erwerbstätigkeit Reihe 3: Haushalte und Familien 1977.

– : Fachserie D Industrie und Handwerk. Handwerkszählung 1968, Heft 2: Unternehmen nach Wirtschaftsgruppen und Größenklassen; Heft 3: Unternehmen nach Gewerbezweigen; Nebenbetriebe.

– : Fachserie M Preise, Löhne, Wirtschaftsrechnungen: Reihe 12: Verdienste und Löhne im Ausland I Arbeitsverdienste und Arbeitszeiten; Streiks und Aussperrungen 1974.

– : Fachserie M Preise, Löhne, Wirtschaftsrechnungen: Reihe 15: Arbeitsverdienste Oktober 1974.

United Nations Statistical Office: Statistical Yearbook 1975.

Autorenregister

Anderson, O. 158, 174
Beckmann, M.J. 270
Benninghaus, H. 7, 8, 208, 212, 292
Blyth, C.R. 224
Bortkiewicz, L.V. 162, 188
Bruckmann, G. 124

Calot, G. 7, 141, 162, 182, 188
Carli, G.R. 154
Cochran, W.G. 264
Cramér, H. 215

David, F.N. 56, 296

Essenwein-Rothe, I. 158

Ferschl, F. 24
Fisher, I. 184
Fisher, R.A. 112, 118

Gini, C. 128
Goodman, L.A. 7, 207, 291
Guttman, L. 6

Hampel, F.R. 79, 92

Kaldor, N. 256
Kendall, M.G. 197, 224, 287, 292, 294
Krelle, W. 65
Kretschmer, E. 199
Kreyszig, E. 31
Kruskal, W.H. 7, 207, 283, 291
Künzi, H.P. 270

Laspeyres, E. 157
Lorenz, M.O. 128, 137
Lowe, J. 157, 158

Marinell, G. 242
Menges, G. 281
Mittenecker, E. 272
Moore, G.H. 262
Münzner, H. 104, 124, 128

Paasche, H. 157
Palumbo, D.J. 212
Pearson, E.S. 56, 296
Pearson, K. 110, 115, 216
Pfanzagl, J. 7, 19, 83, 129, 141, 142, 145, 174, 175, 202, 272
Piesch, W. 124

Quetelet, A. 220

Schneeweiß, H. 270
Schneider, G. 226
Stange, K. 108
Steiner, K. 223

Theil, H. 261
Tukey, J.W. 6

Wagenführ, R. 105
Weichselberger, K. 208, 221
Westphal, K. 199

Yule, G.U. 197, 220, 221, 224

Sachregister

Abgangsmasse 24
Abgrenzung der Grundgesamtheit 17, 24
absolute Häufigkeit 27, 33, 39, 197
– Konzentration 124, 140
absolutes Moment 114
– Streuungsmaß 86
Abweichung
–, durchschnittliche **89**, 90f., 103
–, maximale 90
–, wahrscheinliche 89, 92
äquivalente Sachverhalte 141f.
arithmetische Mittel 48ff., 65, 71, 89, 110
–, gewogenes 48f., 52f.
–, gewöhnliches 48
–, Minimaleigenschaft des 51
Assoziation, Maße der prädiktiven 208ff.
Assoziationsmaße 195, 206
–maß von Goodman und Kruskal 210f.
–rechnung 195
Ausfuhrkoeffizient 146
Ausreißer 71, 79

Basiskorrektur 149
bedingte (relative) Häufigkeit 202
– Verteilung 201, 203f., 225
bedingtes Merkmal 201
Befriedigungsindex 173f.
Bereinigung nach Kalendertagen 144
Besetzungszahl (s. absolute Häufigkeit)
Bestandsmassen 24f.
Bestimmtheitsmaß 195, 248, 249f., 251, 272
Bevölkerung, stabile 176
–sdichte 142
Bewegungsmasse 24f.
Beziehungszahl **143**, 145f.

CES-Produktionsfunktion 65
Chi-Quadrat 213ff.
Cobb-Douglas-Produktionsfunktion 65
codierte Daten **55**, 96, 117
Cramérs Kontingenzmaß 216
cross-product-ratio 208

Daniels Ungleichung 294
Daten
–, codierte **55**, 96, 117
–matrix 270

–organisation 27ff.
deskriptive Statistik 15, 24, 48, 195
Dezile 73
Dezilmittel 73
Diagramm
–, Häufigkeits- 33f.
–, Stab- 33f.
–, Streu- 225f.
Dichtekurve 74
dichtester Wert, (s. Modalwert)
diskordante Paare 208, 287, 289
diskretes Merkmal 19, 20f., 27, 33f., 36f.
Dispersionsmaße (s. Streuungsmaße, relative)
Durbin-Stuart Ungleichung 294
durchschnittliche Abweichung 89ff., 103
Durchschnittswertindex 171f.

Eigenschaft 18
Einflußkurve 80
Einteilungsgrund 17
Elemente der Grundgesamtheit 16, 23f.
empirische Grundgesamtheit 16, 23ff., 47, 197
– Verteilungsfunktion 36f., 67, 72
Entropie 104, **105**
Entscheidungstheorie 15f.
Entsprechungszahl 143, **146**
Erhebung, statistische 22
erklärende Variable 277
erwartete Häufigkeit 213, 218
Eta-Koeffizient, Pearsonscher 251, **252**
exponentielles Wachstumsmodell 277f.
extensives Merkmal **25**, 122
Extrapolation 244

Faktoren
–, Unabhängigkeit von 185
–, Zerlegung in 185
Fishers (I) Idealindex 182
Fishers (R.A.) Momentenkoeffizient der Schiefe **112**, 114
Flächendeutung der Häufigkeit 40
Fluktuationsphänomen 83
Footrule, Spearmans 287

Gamma, Goodman und Kruskals 291
geometrisches Mittel **58**ff., 65

Sachregister

−, gewogenes 58
−, gewöhnliches 58
Gewichte
−, allgemeine 49f., 59, 61, 64
−, normierte 48ff., 52, 58f., 61, 63
Gini-Maß der Streuung 89, 140
Gini-Koeffizient der Konzentration 140
Gleichverteilung 121
Gliederungszahl 143f.
Goodman und Kruskals Gamma 291
− Lambda 210
Grundgesamtheit
−, Abgrenzung der 17, 24
−, Element der 16, 23ff.
−, empirische 16, 23ff., 47, 197
−, Kardinalzahl der 16

häufbares Merkmal 25f.
Häufigkeit
−, absolute 27, 33, 39, 197
−, bedingte relative 202
−, erwartete 213, 218
−, Flächendeutung der 40
−, korrigierte 40, 43
−, kumulierte 36, 68
−, marginale 201
−, relative 27, 33, 39, 42, 197
Häufigkeit
−sdiagramm 33f.
−sdichte 43, 74
−spolygon 33, 35
häufigster Wert (s. Modalwert) 74f., 110
harmonisches Mittel 58ff., 65
−, gewogenes 61
−, gewöhnliches 61
Hauptkomponentenmethode 242
Herfindahl-Index 140
Histogramm 33f., 38f., 41ff., 75
Identifikationsmerkmal 25
Index
−, Befriedigungs- 173f.
−, Durchschnittswert- 171f.
−, einfacher (s. Meßzahlenreihen)
−, Fishers Ideal- 182
−, Herfindahl- 140
−, Mengen- 158ff.
−, Output- 159
−, Preis- 153ff., 157f., 161
−reihen, Verkettung von (s. Meßzahlenreihen)

−, Sub- (s. Teilindex)
−, Teil- 168f.
−, Umsatz- 159, 161
−, zusammengesetzter 152
Indifferenztafel 212f.
Indizes, Verkettung von 163, 165
induktive Statistik 15f., 48, 83f., 92f., 195
intensives Merkmal 25
Interaktion
−smodell 277
− von Faktoren 182
Intervall, Urlisten- 31f.
−, zentrales 66
Invarianzeigenschaft von Verteilungsmaßzahlen 86, 92, 113

Kalendertage, Bereinigung nach 144
Kardinalzahl der Grundgesamtheit 16
Kaufkraftparität 183ff.
Kendalls Rangkorrelationskoeffizient (s. Kendalls Tau)
Kendalls Tau 287, 294
Kettenformel für Meßzahlen 148
Klasse 17, 27, 197
−, marginale 201
−, modale 75, 208
−, offene 30, 43, 58, 71
Klassen
−, Anzahl der 30, 48
−breite 30f., 39f., 55
−−, Einheit der 40, 42
−−, Maßzahl der 40
−einteilung 17, 19, 27, 29ff., 36, 52
−grenzen 30ff., 35, 37, 39
−mitte 30, 35, 48, 52f., 94
−−, codierte 55
kleinste Quadrate, Methode der 93, 233ff., 265
Kollektiv 23
Kolligationskoeffizient von Yule 224
Kombinationsfälle 26
konkordante Paare 208, 287, 289
Kontingenzkoeffizient
−, Pearsons 216
−maß, Cramérs 216
−−, Tschuprovs 215, 216
−, mittlere quadratische (s. Phi-Koeffizient)
−, quadratische 213f.

Sachregister

−tafel 23, **206**
Konzentration 122ff.
−, absolute 124, 140
−, Gini-Koeffizient der 140
−, Herfindahl-Index der 140
−, Lorenzkurve der 124, **125f.**, 130
−, relative 124, 126
−smaß von Lorenz-Münzner **127f.**, 130
Korrelation, partielle 263, 272ff.

Korrelation, Nonsens- 275f.
−, partielle 263, 272ff.
−, Rang- 287, 294
−, Schein- 272ff.
−skoeffizient 195, 226ff., **229**, 250
−, Eigenschaften des 231ff.
−, multipler 262
−, partieller 274
−, Punkt-biserialer 254
Korrekturfaktor 40, 43
Kovarianz 230
−analyse 281f.
Kreuzproduktverhältnis (s. cross-product-ratio) 208, 221
kumulierte Häufigkeit 36, 68
Kurtosis, Momentenkoeffizient der 113f.
−maße 113
Lagemaßzahl 48ff.
Lageparameter (s. Lagemaßzahl)
Lambda, Goodman und Kruskals 210
Laspeyres
−, Mengenindex nach 159f.
−, Preisindex nach 157f., 161
Lehrlingsstatistik 25
leptokurtische Verteilung 112f.
lineare Transformation 51, 55, 113
linksschiefe Verteilung 109f.
logistisches Wachstumsmodell 277
Lokalisationsparameter (s. Lagemaßzahl)
Lorenzkurve der Konzentration 124, **125ff.**
Lorenz-Münzner, Konzentrationsmaß von 130
Lowe, Preisindex nach 157f.

marginale Häufigkeit 201
− Klasse 201
− Verteilung 200, 204
Masse
−, statistische 24f.

− −, diskrete 24
− −, stetige 24
Massen
−, Abgangs- 24
−, Bestands- 24f.
−, Bewegungs- 24f.
−erscheinung 14
−, Zugangs- 24
Maßzahlen
−, Genauigkeit von 47
−, Informationsvermittlung durch 47
−, Konstruktion von 141ff.
maximale Abweichung 90
mean difference (s. Gini-Maß der Streuung)
Medial 139
Median 22, 65, 66ff., 89, 110
−, Minimumseigenschaft des 70
median deviation 92
Mengenindex 158ff.
− nach Laspeyres 160f.
− nach Paasche 160f.
Merkmal 17, 19
−, bedingtes 201
−, diskretes 19, 20f., 27, 33f., 36f.
−, extensives **25**, 122
−, häufbares 25f.
−, intensives 25
−, mehrdimensionales 22f., 195ff.
−, qualitatives **19**, 22, 27, 195, 206ff.
−, quantitatives 19ff., 22, 27, 29, 46, 195, 225ff.
−, stetiges 19, **21**, 34, 37f. 52
−, Identifikations- 25
−, Rang- 19, **20**, 22, 70, 195, 283ff.
Merkmale, unabhängige 203f., 233
Merkmalsausprägung 17ff., 25, 27, 29, 36, 48
mesokurtische Verteilung 113
Meßergebnis 17
Meßgenauigkeit 21
Meßreihe 23
Messung 19, 21
Meßvorgang 17
Meßzahl 143
Meßzahlenreihen 147ff.
−, Umbasierung von 148
−, Verkettung von 148f., 165f.
Meßziffer

–, Output- (s. Outputindex)
–, Preis- 154ff., 167
–, Umsatz- (s. Umsatzindex)
Methode der kleinsten Quadrate 93, 233ff., 265
metrische Skala 22
midrange (s. Mittelpunkt)
Minimumseigenschaft
– des arithmetischen Mittels 51
– des Medians 70
– von Streuungsmaßen 91
Mittel
–, arithmetisches 48ff., 65, 71, 89, 110
– –, gewogenes 48f., 52f.
– –, gewöhnliches 48
–, geometrisches 58ff.
– –, gewogenes 58
– –, gewöhnliches 58
–, harmonisches 58ff., 65
– –, gewogenes 61
– –, gewöhnliches 61
–, provisorisches 55
–, quadratisches 63ff., 89
– –, gewogenes 63
– –, gewöhnliches 63
mittlere Quartilsdistanz 47, 87, 103
Mittelpunkt 73
modale Klasse 75, 208
Modalwert 74f., 110
Modus (s. Modalwert)
Moment 108ff.
–, absolutes 114
–, gewöhnliches 114, 116
–, statisches 115
–, Trägheits- 115
–, zentrales 114ff.
Momentenkoeffizient
–, der Schiefe (s. Fishers Momentenkoeffizient der Schiefe)
–, der Kurtosis 113f.
multimodale Verteilung 74
multipler Korrelationskoeffizient 262

Nettoproduktionsindex 160
nichtlineare Regression 263, 276ff.
Nominalskala 22
Nonsenskorrelation 275f.
Normalgleichungen der Regressionsrechnung 235, 265, 270
Normalverteilung 97, 113

offene Klasse 30, 43, 58, 71
Ogive 38
order statistics 65, 66, 85
Ordinalskala 22, 70
orthogonale Regression 241f.
Outputindex 159

Paasche
–, Mengenindex nach 160f.
–, Preisindex nach 157f., 161
Paare
–, diskordante 208, 287, 289
–, konkordante 208, 287, 289
partielle Korrelation 263, 272ff.
partieller Korrelationskoeffizient 274
Pearsons Eta-Koeffizient 251, **252**
– Kontingenzkoeffizient 216
– Schiefekoeffizienten 110
Phi-Koeffizient **215**, 219
platykurtische Verteilung 112f.
polynomische Regression 277
population (s. Grundgesamtheit)
Potenzmittel 64f.
Prädikat 17
Prädikatenfamilie 17
Prädiktionsmaße 207
Preisindex 153ff.
– nach Laspeyres 157f., 161
– nach Lowe 157f.
– nach Paasche 157f.
Primärstatistik 26
Produktionsfunktion 65
Prognose 244, 246

Quadrate, Methode der kleinsten 93, 233ff., 265
quadratisches Mittel 63ff., 89
–, gewogenes 63
–, gewöhnliches 63
qualitatives Merkmal 19, 22, 27, 195, 206ff.
Quantil 71, **72**, 87, 113
–smittel 73
Quantilskoeffizient
– der Kurtosis 113
– der Schiefe 111
quantitatives Merkmal 19ff., 22, 27, 29, 46, 195, 225ff.
Quartil 73, 111
–sdispersionskoeffizient 103

Sachregister

−sdistanz, mittlere 47, 87, 103
−skoeffizient der Schiefe 111
Randverteilung (s. marginale Verteilung)
range (s. Spannweite)
Rangkorrelationskoeffizient 195, 284f.
− von Goodman und Kruskal (Gamma) 291
− von Kendall (Tau) 287, 294
− von Spearman (Rho) 284ff.
Rangnummer 20, 286f.
Reallohnvergleich 183f.
rechtsschiefe Verteilung 109f.
Reduktionsfaktor 55
Referenzgröße 178
Regressand 264
Regression
−, multiple 269ff.
−, nichtlineare 263, 276ff.
−, orthogonale 241f.
−, polynomische 277
−sebene 263ff., 265
−sgerade 233ff., 234
−shyperebene 269
−skoeffizient 235, 239, 267, 272
−srechnung 195
Regressor 264, 277
Reihe, statistische 23
relative Häufigkeit 27, 33, 39, 42, 197
− bedingte Häufigkeit 202
relatives Streuungsmaß 86
Restgruppe 18
Rho, Spearmans 284ff.

Sachverhalte, äquivalente 141f.
Scheidewert (s. Medial)
Scheinkorrelation 272ff.
Schiefe
−, Fishers Momentenkoeffizient der 112, 114
−koeffizient, Pearsons erster 110
−−, Pearsons zweiter 110
−maßzahl 109ff.
−, p-Quantilskoeffizient der 111
−, Quartilskoeffizient der 111
schließende Statistik (s. induktive Statistik)
Sekundärstatistik 26
Semi-Interquartilsdistanz (s. Quartilsdistanz, mittlere)

Sheppard-Korrektur 97
Simpsons Paradoxon 224
Skala
−, metrische 22
−, Nominal- 22
−, Ordinal- 22, 70
Spannweite 88
Spearmans Footrule 287
− Rho 284ff.
Stabdiagramm 33f.
stabile Bevölkerung 176
Standardabweichung 89f.
Standardisierung 174ff.
statisches Moment 115
Statistik
−, deskriptive 15, 24, 48, 195
−, induktive 15f., 48, 83f., 92f., 195
−, praktische 13, 17, 19, 26
−, Primär- 26
−, Sekundär- 26
−, theoretische 13
statistische Reihe 23
− Variable 20
− Verteilung 16
Steilheitsmaße (s. Kurtosismaße)
Steinerscher Verschiebungssatz 51, 94, 102
Sterbeziffer
−, allgemeine 176
−, standardisierte 176
stetiges Merkmal 19, 21, 34, 37f., 52
Stichprobe 47
Streudiagramm 225f.
Streuung
−skoeffizient 86
−smaß, absolutes 86
−−, relatives 86
−−zahl 83ff.
−szerlegung 93, 99ff., 246ff.
Strichliste 28f.
Stufenkurve 37
Subindex (s. Teilindex)
Summenkurve 36, 37f., 67
symmetrische Verteilung 92, 109, 112

Tabellendarstellung von Verteilungen 27
Tau, Kendalls 287, 294
Teilindex 168f.
Theils Ungleichheitsmaß 261
tie 284, 290f., 293

Trägheitsmoment 115
Transformation, lineare 51, 55, 113
Trendgerade 242ff.
Tschuprovs Kontingenzmaß 215, 216

Umbasierung von Meßzahlenreihen 148
Umsatzindex 159, 161
Unabhängigkeit 202
Ungleichheitsmaß, Theils 261
Ungleichung
–, Daniels 294
– von Durbin/Stuart 294
unimodale Verteilung 74
universe 24
Urliste 18, 23, 31
Urlistenintervall 31f.

Variable
–, erklärende 277
–, statistische 20
–, Zähl- 21
Varianz 47, 92ff., 93
–, innerhalb der Gruppen 100, 246
–, zwischen den Gruppen 100, 246
Variationskoeffizient 102, 103, 140
Verhältniszahl 143
Verkettung
– von Meßzahlenreihen 148f.
– von Indizes 163, 165
Verschiebungssatz, Steinerscher 51, 94, 102
Verteilung
–, bedingte 201, 203f., 225
–, geometrische Darstellung von 33ff.
–, leptokurtische 112f.
–, linksschiefe 109f.
–, marginale 200, 204

–, mesokurtische 113
–, multimodale 74
–, platykurtische 112f.
–, rechtsschiefe 109f.
–, statistische 16
–, symmetrische 92, 109, 112
–, Tabellendarstellung von 27
–sfunktion, empirische 36f., 67, 72
–smaßzahlen 46ff.
–sparameter (s. Verteilungsmaßzahlen)
–stabelle 27, 29, 32, 42, 198
Verursachungszahl 143
Vierfeldertafel 206, 218ff.
Volumindex (s. Mengenindex)
Wachstum
–sfaktor 59f.
–smodell, exponentielles 277f.
– –, logistisches 277
–srate 59
wahrscheinliche Abweichung 89, 92
Wahrscheinlichkeitstheorie 16, 43
Warenkorb 156ff., 160, 163, 165f.
Wölbungsmaß (s. Steilheitsmaß)

Yule-Koeffizient 220f.
Yule's Kolligationskoeffizient 224

Zählvariable 21
Zeitreihe 59, 242ff.
zentrales Intervall 66
Zentralwert (s. Median)
Zerlegung 17, 22
Zufall 16
Zugangsmasse 24
Zusammenhang
–, negativer 219, 227f.
–, positiver 219, 228